农用地污染土壤修复技术

宋立杰　安　淼　林永江　赵由才　编著

北　京
冶　金　工　业　出　版　社
2021

内 容 提 要

本书系统地介绍了我国农用地土壤污染的现状、防治管理体系、环境调查与评估、土壤修复技术和策略、植物修复和化学钝化修复技术，以及修复实践等内容。

本书可供环境工程专业技术人员、高等学校师生阅读，也可供有关工程技术人员和科研人员参考。

图书在版编目(CIP)数据

农用地污染土壤修复技术/宋立杰等编著. —北京：冶金工业出版社，2019.1（2021.5重印）
（实用农村环境保护知识丛书）
ISBN 978-7-5024-7975-6

Ⅰ.①农… Ⅱ.①宋… Ⅲ.①农业用地—污染土壤—修复
Ⅳ.①X53

中国版本图书馆CIP数据核字（2018）第289453号

出 版 人 苏长永
地　　址 北京市东城区嵩祝院北巷39号 邮编 100009 电话 (010)64027926
网　　址 www.cnmip.com.cn 电子信箱 yjcbs@cnmip.com.cn
责任编辑 杨盈园 美术编辑 彭子赫 版式设计 孙跃红
责任校对 郑 娟 责任印制 李玉山
ISBN 978-7-5024-7975-6
冶金工业出版社出版发行；各地新华书店经销；北京虎彩文化传播有限公司印刷
2019年1月第1版，2021年5月第2次印刷
169mm×239mm；13印张；254千字；195页
44.00元

冶金工业出版社 投稿电话 (010)64027932 投稿信箱 tougao@cnmip.com.cn
冶金工业出版社营销中心 电话 (010)64044283 传真 (010)64027893
冶金工业出版社天猫旗舰店 yjgycbs.tmall.com
（本书如有印装质量问题，本社营销中心负责退换）

序　言

据有关统计资料介绍，目前中国大陆有县城1600多个：其中建制镇19000多个，农场690多个，自然村266万个（村民委员会所在地的行政村为56万个）。去除设市县级城市的人口和村镇人口到城市务工人员的数量，全国生活在村镇的人口超过8亿人。长期以来，我国一直主要是农耕社会，农村产生的废水（主要是人禽粪便）和废物（相当于现在的餐厨垃圾）都需要完全回用，但现有农村的环境问题有其特殊性，农村人口密度相对较小，而空间面积足够大，在有限的条件下，这些污染物，实际上确是可循环利用资源。

随着农村居民生活消费水平的提高，各种日用消费品和卫生健康药物等的广泛使用导致农村生活垃圾、污水逐年增加。大量生活垃圾和污水无序丢弃、随意排放或露天堆放，不仅占用土地，破坏景观，而且还传播疾病，污染地下水和地表水，对农村环境造成严重污染，影响环境卫生和居民健康。

生活垃圾、生活污水、病死动物、养殖污染、饮用水、建筑废物、污染土壤、农药污染、化肥污染、生物质、河道整治、土木建筑保护与维护、生活垃圾堆场修复等都是必须重视的农村环境改善和整治问题。为了使农村生活实现现代化，又能够保持干净整洁卫生美丽的基本要求，就必须重视科技进步，通过科技进步，避免或消除现代生活带来的消极影响。

多年来，国内外科技工作者、工程师和企业家们，通过艰苦努力和探索，提出了一系列解决农村环境污染的新技术新方法，并得到广泛应用。

鉴于此，我们组织了全国从事环保相关领域的科研工作者和工程技术人员编写了本套丛书，作者以自身的研发成果和科学技术实践为出发点，广泛借鉴、吸收国内外先进技术发展情况，以污染控制与资源化为两条主线，用完整的叙述体例，清晰的内容，图文并茂，阐述环境保护措施；同时，以工艺设计原理与应用实例相结合，全面系统地总结了我国农村环境保护领域的科技进展和应用技术实践成果，对促进我国农村生态文明建设，改善农村环境，实现城乡一体化，造福农村居民具有重要的实践意义。

赵由才
同济大学环境科学与工程学院
污染控制与资源化研究国家重点实验室
2018 年 8 月

前　言

土壤是构成生态系统的基本环境要素，是人类赖以生存的物质基础，也是经济社会发展不可或缺的宝贵资源。近年来，我国在土壤污染防治方面进行了积极探索和实践，取得了显著成效。但是由于我国部分地区经济发展方式总体粗放，产业结构和布局仍不够合理，导致污染物排放总量较高；加上土壤污染防治工作起步较晚，已有工作基础还很薄弱，土壤污染防治体系尚待完善。根据2014年《全国土壤污染状况调查公报》，我国耕地土壤调查污染点位超标率为19.4%，明显高于草地和未利用地，其中轻微、轻度、中度和重度污染点位比例分别为13.7%、2.8%、1.8%和1.1%，主要污染物为镉、镍、铜、砷、汞、铅、滴滴涕和多环芳烃。根据第二次全国土地调查结果，中重度污染耕地有5000万亩左右。我国土壤环境总体状况堪忧，特别是部分农村地区土壤污染较为严重，对农产品质量安全和人们身体健康构成了严重威胁。

针对逐渐凸显的土壤污染问题，各级政府日益重视，为推进农用地土壤环境保护，相关政策陆续出台。2014年，环保部编制了《土壤环境保护和污染治理行动计划》并组织实施，其重点之一就是实施重度污染耕地种植结构调整。在2015年修订实施的《中华人民共和国环境保护法》中，将农田污染防治、土壤污染防治及环境保护专项支出等纳入立法主要内容。2016年5月，国务院发布《土壤污染防治行动计划》，明确要求各省制定并公布土壤污染防治工作方案，确定重点任务和工作目标，到2020年受污染耕地安全利用率达到90%左右，到2030年受污染耕地安全利用率达到95%以上。2018年8月，全国人大常委会会议全票通过了《中华人民共和国土壤污染防治法》，规定国家建立农用地分类管理制度，按照土壤污染程度和相关标准，将农用地划分为优先保护类、安全利用类和严格管控类，这些都为农用地土壤环境保护提供了良好的政策支持。

为了促进我国农用地土壤污染防治事业的发展，作者总结了国内外农用地污染土壤情况及修复技术，特编写了本书。本书共分7章，系统全面地阐述了我国农用地土壤污染的特点、现状和危害，介绍了国外典型国家和我国的农用地土壤污染防治管理体系、农用地土壤环境调查与监测、农用地污染土壤修复技术和策略、农用地污染土壤植物修复、农用地污染土壤化学钝化修复技术以及农用地土壤污染修复实践等内容。本书对贯彻落实《中华人民共和国环境保护法》和《土壤污染防治行动计划》等法律法规和文件精神，加强农用地土壤环境的监督管理，防控农用地土壤污染风险，避免土壤污染危害，保障农产品质量安全和公众健康有积极意义。本书编写分工为：安森、宋立杰（第1章），宋立杰、赵由才（第2章），刘惠（第3章），齐晓宝（第4章），宋立杰（第5、6章），林永江（第7章）。本书可供高等学校师生、高中生、环境工程工程师、职业学校师生、政府和企业技术和管理人员等参考。

本书所引用的文献资料在参考文献尽可能列出，如某些文献可能被遗漏，请有关原作者谅解，在此向本书引用的参考文献作者表示感谢！

由于作者水平有限，书中若有不足之处，敬请读者批评指正。

作　者

2018年9月

目　录

1 概　　论

1.1　农用地土壤污染的定义和特点

1.1.1　农用地和农用地土壤污染

根据《中华人民共和国土地管理法》，农用地是指直接用于农业生产的土地，包括耕地、林地、草地、农田水利用地、养殖水面等。2017 年 11 月 1 日，新的国家标准《土地利用现状分类》（GB/T 21010—2017）发布实施，采用一级、二级两个层次的分类体系，共分为 12 个一级类、73 个二级类，第三次全国土地调查就采用该分类标准。农用地涉及耕地、园地、林地、草地、交通运输用地、水域及水利设施用地和其他土地 7 个一级类，以及 0101 水田、0102 水浇地、0103 旱地、0201 果园、0202 茶园、0203 橡胶园、0204 其他园地、0301 乔木林地、0302 竹林地、0303 红树林地、0304 森林沼泽、0305 灌木林地、0306 灌丛沼泽、0307 其他林地、0401 天然牧草地、0402 沼泽草地、0403 人工牧草地、1006 农村道路、1103 水库水面、1104 坑塘水面、1107 沟渠、1202 田坎 22 个二级类。

农用地土壤污染就是指农用地土壤生态系统由于外来物质、生物或能量的输入，使其有利的物理、化学及生物特性遭受破坏而降低或失去正常功能的现象。广义上讲，因任何有毒有害物质的进入导致土壤质量的下降，或人为因素导致的表土流失等，也应视为土壤污染。

识别土壤污染通常可用通过以下几种方法：（1）土壤中污染物含量超过土壤背景值的上限值；（2）土壤中污染物含量超过《土壤环境质量　农用地土壤污染风险管控制标准（试行）》（GB15618—2018）的风险管制值（表 1-1）；（3）土壤中污染物对生物、水体、空气或人体健康产生危害。并可进一步从以下三个方面认定：其一是土壤物理、化学或生物性质的改变，使植物受到伤害而导致产量下降或死亡；其二是土壤物理、化学或生物性质已经发生改变，虽然植物仍能生长，但部分污染物被农作物吸收进入作物体内，使农产品中有害成分含量过高，人畜食用后可引起中毒及各种疾病；其三是因土壤中污染物含量过高，从而间接地污染空气、地表水和地下水等，进一步影响人体健康。

从环境科学角度讲，人类活动所产生的污染物，通过多种途径进入土壤，当进入土壤中的污染物种类和数量超出土壤自净作用范围时，自然动态平衡遭到破坏，导致土壤正常功能逐渐失调或丧失，同时由于土壤中有害和有毒物质的迁移转化，最终通过食物链进入人体，对人体健康造成直接或间接的危害，这种现象称为土壤污染。所以，土壤污染往往同时具有以下三个条件：一是人类活动引起的外源污染物进入土壤；二是土壤环境质量下降，有害于生物、水体、空气或人体健康；三是污染物浓度超过土壤污染临界值。

表 1-1　农用地土壤部分重金属污染风险管制值　　(mg/kg)

序号	污染物项目	风险管制值			
		pH 值≤5.5	5.5<pH 值≤6.5	6.5<pH 值≤7.5	pH>7.5
1	镉	1.5	2.0	3.0	4.0
2	汞	2.0	2.5	4.0	6.0
3	砷	200	150	120	100
4	铅	400	500	700	1000
5	铬	800	850	1000	1300

1.1.2　农用地土壤污染的特点

与大气污染和水体污染不同，土壤污染不容易被人们发现，因为土壤是复杂的三相共存体系。有害物质在土壤中可与土壤颗粒相结合，部分有害物质可被土壤生物分解或吸收。当土壤有害物迁移至农作物，再通过食物链损害人畜健康时，土壤本身可能还继续保持其生产能力，这也增加了对土壤污染危害性的认识难度，以致污染危害持续发展。土壤环境污染危害具有隐蔽及滞后性、累积性、不均匀性和不可逆转性等。

(1) 隐蔽性及滞后性。水体和大气的污染一般比较直观，土壤污染则不同。土壤污染问题从产生到发现一般要经历很长一段时间，往往是粮食、蔬菜、水果或牧草等农作物的生长状况改变，或摄食受污染农作物的人或动物健康状况发生变化才会引起人们察觉。特别是土壤重金属污染，往往要通过对土壤样品进行分析化验和对农作物重金属的残留进行检测，甚至研究其对人、畜健康状况的影响才能确定。

(2) 累积性。由于土壤不易发生迁移、扩散和稀释，土壤中污染物质会不断积累，最终超标。

(3) 不均匀性。由于土壤中的污染物转移速度慢，且土壤土质差异大，导致污染物分布不均匀。

(4) 不可逆转和难治理性。土壤一旦受到污染往往极难恢复，特别是重金属对土壤的污染几乎是一个不可逆过程，而许多有机化学物质的污染也需要一个比较长的降解时间。一般地，大气和水体受到污染时，切断污染源之后，在稀释和自净作用下，大气和水体中的污染物可逐步降解或消除，污染状况也有可能会改善。但积累在土壤中的难降解性污染物很难靠稀释和自净作用来消除。土壤重金属污染一旦发生，仅仅依靠切断污染源的方法很难恢复。土壤中重金属污染物大部分残留于土壤耕层，很少向下层移动。这是由于土壤中存在着有机胶体、无机胶体和有机-无机复合胶体，它们对重金属有较强的吸附和螯合能力，限制了重金属在土壤中的迁移。解决土壤重金属污染问题，有时要靠换土、淋洗等特殊方法。因此，治理污染土壤通常成本较高、治理周期较长。

1.2 农用地土壤污染的来源和危害

1.2.1 土壤污染途径

根据主要污染物的来源，土壤环境污染的主要途径如下：

（1）水。污染源主要是工业废水、城市生活污水和受污染的地表水体。据报道，在日本由受污染地表水体造成的土壤污染占土壤环境污染总面积的80%，而且绝大多数是由污水灌溉造成的。

地表径流造成的土壤污染，其分布特点是污染物一般集中于土壤表层，因为污染物质大多以污水灌溉形式从地表进入土壤。但是，随着污水灌溉时间的延长，某些污染物质可随淋溶水向土壤下层迁移，甚至到达地下水层。水型污染是土壤污染的最主要发生类型，其分布特点是沿被污染的河流或干渠呈树枝状或呈片状分布。

（2）大气。土壤中的污染物质来自被污染的大气，大气中颗粒物的沉降可引起土壤环境污染。

由大气造成的土壤环境污染，可分为点源污染和面源污染两类。点源土壤污染的特点是，以大气污染源为中心呈椭圆状或条带状分布，长轴沿主风向伸长。其污染面积和扩散距离取决于气象条件（风向、风速等）和污染物质的性质、排放量，以及排放形式。有报道称，中欧工业区采用高烟囱排放的SO_2等酸性物质可扩散到北欧斯堪的那维亚半岛，使该地区土壤酸化。面源土壤污染的特点是，由于污染源分散或呈流动状，土壤污染无明显边界且污染面积广。例如，因大气污染造成的酸性降水乃至土壤酸化，就是一种广域范围、跨越国界的大气污染现象，是一种“越境公害”。而汽车尾气是低空排放，只对公路两旁的土壤产生污染。大气污染型土壤的污染物质主要集中于土壤表层（0~5cm）。

（3）固体废弃物。在土壤表面堆放或处理、处置固体废物、废渣，不仅占用大量耕地，并且污染物还可通过大气扩散或降水淋溶，使周围地区的土壤受到污染。固体废物系指被丢弃的固体状和泥状物质，包括工矿业废渣、污泥，城市垃圾，电子产品垃圾等。固体废弃物污染属点源性质，主要造成土壤环境的重金属、油类、病原菌和某些有毒有害有机物的污染。

（4）农业生产。农业生产施用过量的化肥、农药，以及城市垃圾堆肥、厩

肥、污泥等会引起土壤环境污染。其主要污染物质是化学农药和污泥中的重金属。因此，化肥既是植物生长发育必需营养元素的给源，又是环境污染因子。

农业污染型土壤污染的轻重程度与污染物质的种类、主要成分，以及施药、施肥制度等有关。污染物质主要集中于表层或耕层（0~20cm），其分布比较广泛，其污染特征属于面源污染。

土壤污染路径如图1-1所示。

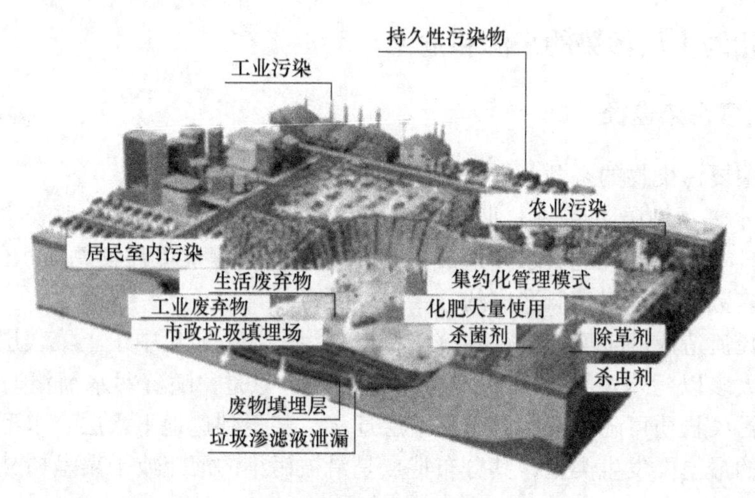

图1-1　土壤污染路径

1.2.2　农用地土壤污染的来源

1.2.2.1　农业污染

我国农村地区以农业建设为主，农民利用土地进行生产，不断地提高农业生产效率。随着科学技术水平以及生产力的不断提升，许多农民开始利用化肥、杀虫剂以及农药等来解决农业生产过程中遇到的诸多难题，这些化学制品的使用尽管能有效地提高农业生产效率，但同时也造成了严重的土壤污染。

农业土壤污染的主要途径是化肥、农药、地膜、畜禽养殖等。

我国是一个农业大国，化肥施用量巨大。化肥的过度使用导致土壤酸化，造成土壤胶体分散、结构破坏、土壤板结，另外未被作物吸收的氮、磷等随着农田排水扩散，造成更大面积的土壤污染。

农药曾一度被认为是农业发展史上三大技术革命之一，但是，农药的长期大量使用，使土壤中的农药残留不断累积，污染程度不断加大。农民施用的某些农药会随着降雨进入土壤，并长期残留，严重损害土壤中有益微生物的生存，而且会导致农产品农药残留量超标，危害人体健康。

农用地膜良好的增温保墒效果对中国农业产生了重大的、积极的作用，但同时随着地膜覆盖技术的普及，残留农用地膜也带来了一系列的负面影响，大量的残留地膜破坏土壤结构，危害作物正常生长发育并造成农作物减产，进而影响到农业环境。

我国畜禽养殖规模化水平较低，粪便利用率不高，畜禽养殖污水基本都是直排，其主要污染物为化学需氧量（chemical oxygen demand，COD）、生化需氧量（biological oxygen demand，BOD）、氨氮（ammonia nitrogen，NH_4-N）、总氮（total nitrogen，TN）、总磷（total phosphorus，TP），一个规模养殖场的排污量不亚于一个中型工业企业的排污量。此外，由于畜禽饲料通常会添加铜、铅等微量元素和抗生素、动物生长激素，未被畜禽吸收的微量元素和有机污染物随粪便排出体外，这种不合格的畜禽粪便肥料也会造成土壤污染。因此，集约化畜禽养殖场的畜禽粪便已成为有毒物质集中的“毒品库”，有机肥的使用导致土壤重金属、多氯联苯、有机酚类、亚硝酸胺类物质积累，严重污染土壤环境。

1.2.2.2　工业污染

大量的工业“三废”经过各种途径进入到农业环境中。随意堆积的工业废弃物中重金属等有毒物质会在雨水的淋洗下，向土壤中释放其有效态成分，造成有害物质在农业环境的积累、迁移，从而导致环境污染。根据资料，我国废水排放量从1995年的373亿吨上升到2013年的695亿吨，增加了近1倍；二氧化硫排放一直处于一种比较顽固的状态——2000万吨左右；烟（粉）尘排放总量与固体废弃物排放总量均呈降低趋势，但工业二氧化硫、烟（粉）尘排放量却在波动上升，工业固体废弃物年产生量仍达每年3亿吨之多。三废虽然排放前经过了处理，但由于进入农业环境中的污染物通过富集、迁移，特别是一些乡镇企业的“三废”处理率很低，给农业环境造成极大威胁，农业污染事故时有发生，农产品质量状况令人担忧。我国工业固体废弃物主要来源于有色金属矿采选、有色金属冶炼、石油开采、石油加工、化工、焦化、电镀、制革等行业。

1.2.2.3　生活污染

由于农村地区生活污水和垃圾污染源点多面广，种类和数量明显上升，可降解物质的比例不断下降，治理难度大等原因，农村生活污水和垃圾越来越成为影响农业和农村环境的一个突出问题。未经处理的生活污水用于灌溉农田，污水中的有害物质会进入农田，污染土壤。此外，生活中的固体垃圾种类繁多，所含的有毒物质也各不相同，既有放射性元素，又有病原菌和寄生虫，这些垃圾进入农田之后，经过雨水浸淋，其中的有毒物质逐渐渗出侵入土壤，改变土质和土壤机构，影响土壤中微生物活动，并妨碍植物的生长。

珠江三角洲地区是广东省重要的经济中心区域，现已成为世界知名的加工制造和出口基地，初步形成了电子信息、家电等企业群和产业群。罗小玲、郭庆荣等以珠三角地区工业型和种植型两类典型农村为例，通过监测与评价农田和菜地两种耕地以及企业周边、养殖场周边和垃圾点周边三类污染场地土壤重金属污染现状，发现该地区工业型农村耕地以铜超标为主（超标率22.2%），种植型农村耕地以镉超标为主（超标率16.7%），其余耕地重金属超标率低或不超标。耕地中农田的重金属污染程度比菜地严重。工业型农村污染地以铜超标为主，超标率33.3%；其次是镉和锌，超标率均为11.1%；其他重金属不超标。种植型农村污染场地以镉、镍超标为主，超标率均为26.1%；其次为铜和砷，超标率分别为17.4%和8.7%；其他重金属不超标。三类污染场地中，工业型农村土壤重金属超标情况相对最重的是垃圾点周边，而种植型农村土壤重金属超标程度相对最重的是养殖场周边。高度集约化的农业生产方式是造成珠三角农村耕地土壤重金属污染的主要原因；同时，众多的制造业“三废”排放加剧了土壤重金属累积。此外，畜禽养殖废弃物、生活垃圾的无序堆放也是造成农村土壤重金属污染的原因。

1.2.2.4　污水灌溉

农村地区的工业企业在生产过程中直接将没有经过加工和处理的工业“三废”排放在工厂周边，污染物质会随着地表径流进入附近的河流或沟渠，这些河流和沟渠许多时候又会成为农田灌溉的重要水源，长期使用就会导致土壤之中的重金属、有毒物质超标，在农田之中产生一个无形的污染带，严重破坏农村地区的土壤以及地表水。根据2014年《全国土壤污染状况调查公报》，在调查的55个污水灌溉区中，有39个存在土壤污染。在1378个土壤点位中，超标点位占26.4%，主要污染物为镉、砷和多环芳烃。

1.2.2.5　矿产资源开发

矿产资源开发过程和矿藏开采后的废弃物使矿区环境受到不同程度的破坏，其中影响最深的便是土壤环境。污染物主要通过三种途径进入土壤，一是通过大气干湿沉降进入土壤；二是随矿山废水进入土壤；三是废石、尾矿的不合理堆放。煤矸石不但直接占用大量农田，而且在风力、降水等自然力的作用下，通过直接渗透、飘尘沉降、雨水冲刷等方式将大量有害有毒物质，如汞、铬、镉、铜、砷等带入土壤，煤矸石中含有的放射性物质还会导致土壤的辐射性污染。

1.2.2.6　放射性物质污染

放射性物质污染主要来自核爆炸的大气散落物，工业、科研和医疗机构产生的液体或固体放射性废弃物，它们释放出来的放射性物质进入土壤，能在土壤中积累，形成潜在的威胁。如核裂变产生的两个重要的长半衰期放射性元素是90锶（半衰期为28年）和137铯（半衰期为30年），空气中的放射性90锶可被雨水带入土壤中。因此，土壤中含90锶的浓度常与当地降雨量成正比。

1.2.3 农用地土壤污染的危害

近十年来，我国经济高速发展，工业生产产生的“三废”和城市生活垃圾随意堆放以及污水灌溉、农药和化肥不合理使用等因素，使得土壤污染问题越来越严重。从目前情况看，我国土壤污染的总体现状与趋势已从局部蔓延到区域；从城市、城郊延伸到乡村：从单一污染扩展到复合污染；从有毒有害污染发展至有毒有害污染与氮、磷富营养污染的交叉；形成点源与面源污染共存，生活污染、农业污染和工业排放叠加，各种新旧污染与二次污染相互复合或混合的态势。土壤污染的发展态势对我国耕地资源可持续利用和粮食安全提出了严峻的挑战。

1.2.3.1 土壤污染导致严重的直接经济损失

土壤污染破坏了生态系统的结构和功能，不仅改变了土壤的理化性质，使土壤质量变差，而且污染物质会阻碍或抑制土壤微生物的区系组成与生命活动，影响土壤营养物质的转化和能量交换，导致土壤活性下降，抑制土壤呼吸，对作物的组织和结构产生影响，造成植株矮小、减产、种子退化、农副产品质量下降，制约绿色农业持续发展，使农业生态环境循环系统恶化或中断。据初步调查，我国受镉、砷、铬、铅等重金属污染的耕地面积近2000万公顷，约占总耕地面积的1/6；其中工业“三废”污染耕地1000万公顷，污水灌溉的农田面积已达330多万公顷。对于各种土壤污染造成的经济损失，目前尚缺乏系统的调查资料。仅以土壤重金属污染为例，每年因重金属污染全国粮食减产1000多万吨、被重金属污染的粮食多达1200万吨，合计经济损失至少200亿元：对于农药和有机物污染、放射性污染、病原菌污染等其他类型的土壤污染导致的经济损失，目前尚难估计，但是这些类型的土壤污染问题确实存在，并且也很严重。自我国加入WTO以来，绿色食品和无公害食品日益受到全世界关注，我国出口农副产品也因质量问题而受阻，土壤污染给我国经济造成了巨大影响，成为农业可持续发展的“瓶颈”。

1.2.3.2 土壤污染导致农产品安全问题

我国大多数城市近郊土壤都受到不同程度的污染，许多地方粮食、蔬菜、水果等食物中的镉、铬、砷、铅等重金属含量超标或接近临界值。据报道，1992

年全国有不少地区已经发展到生产“镉米”的程度，每年生产的“镉米”多达数亿公斤。仅沈阳某污灌区被污染的耕地已多达2500多公顷，致使粮食遭受严重的镉污染；江西省某县多达44%的耕地受到镉污染，并形成670公顷的“镉米”区。据南京环境保护研究所报道，南京市的市售蔬菜几乎都受到一定程度的硝酸盐污染。其中，大白菜和青菜的硝酸盐污染最重，其次为菠菜、萝卜受到的污染。北京、上海等大中城市蔬菜的硝酸盐污染超标现象也十分普遍。土壤污染除导致食品安全问题外，也明显地影响农作物的其他品质，如有些污水灌溉地区的蔬菜的味道变差、易烂，甚至出现难闻的异味，农产品的储藏品质和加工品质不能满足深加工的要求。

1.2.3.3 土壤污染危害人体健康

土壤污染导致污染物在植（作）物中积累，并最终通过食物链富集到人体和动物体中，危害人畜健康，引发癌症和其他疾病。土壤被污染后，对人体产生的影响大多是间接的，主要通过土壤—植（作）物—人体或土壤—水—人体这两个基本途径影响人体。

土壤污染对人体健康主要产生以下影响：

（1）引起中毒。工业废水中含有大量铅、镉等有毒重金属，污水灌溉后可以通过稻米进入人体，造成慢性镉中毒（痛痛病）和铅中毒；氟（F）污染引起骨骼硬化；含砷、汞的农药污染土壤引起慢性砷中毒和汞中毒；“三废”和农药污染土壤后，经雨水冲刷污染地表水和地下水，人类通过饮水、食物，家畜通过饲料都可引起中毒。我国大部分省市近郊农田土壤已受到了不同程度的重金属污染，危害事件频发，湖南大米Cd超标、广东仁化和安徽怀宁儿童血铅超标等都引起了社会各界广泛的关注。

（2）诱发癌症。近年来的研究进一步证实，重金属镉、苯氧基除草剂、取代苯杀虫杀菌剂、卤代烷类熏蒸杀虫剂等对人体有致癌作用。土壤被放射性物质污染后，通过放射性衰变，能产生α、β、γ射线，这些射线能穿透人体组织，使机体的一些组织细胞死亡。这些射线对机体既可造成外照射损伤，又可通过饮食或呼吸进入人体，造成内照射损伤，使受害者产生头昏、疲乏无力、脱发、白细胞减少或增多等病症。20世纪70年代以来，通过对致癌物质的研究，还发现许多工业城市及其近郊的土壤中含有苯并（a）芘等致癌物质。

（3）致突变、致畸作用。土壤中的某些污染物能引起人类细胞染色体异常变化。许多多环芳烃化合物（如受到广泛关注的苯并（a）芘）都是致突变物，它们的来源分布很广，汽油、煤油、煤炭及木柴的不完全燃烧都可产生多环芳烃化合物。核能发电厂使用过的核燃料也是致突变物质。

土壤中的一些化学物质，如放射性物质、某些类固醇、乙二醇醚等，也能影响人类遗传物质变化或影响胎儿正常发育。

（4）传播疾病。被含有病原体的粪便、垃圾和污水污染的土壤，可成为有关疾病的传播媒介，如伤寒、副伤寒、痢疾、结核病、病毒性肝炎等传染病。另外破伤风、气性坏疽、肉毒杆菌等能在土壤中长期生存，成为人们感染相关疾病的重要原因。因土壤污染而传播的寄生虫病有蛔虫病和钩虫病等，人与土壤直接接触，或生吃被污染的蔬菜、瓜果，就容易感染这些寄生虫病。有些人畜共患的传染病或与动物有关的疾病，也可通过土壤传染给人。

1.2.3.4 土壤污染导致其他环境问题

（1）土壤与大气。土壤通过影响大气环境间接影响人体健康。在土壤中含有大量的有机物，能够在好氧微生物以及甲烷菌的作用下分解释放出 CO_2、CH_4 和 NO_x 等温室气体，影响气候的变化，而气候的变化又会反过来影响有机质的分解速率，进而影响温室气体的产生。“温室效应”是当今全球面临的主要环境问题之一，气温升高会引起海平面上升、气候异常、粮食减产以及生命损失等。最近有研究发现，湿地是大气中甲基卤化物甲基溴（CH_3Br）和甲基氯仿（CH_3CCl_3）的重要来源地，而 CH_3Br 现在被认为是破坏臭氧层的第三种重要的化学物质，但没有受到足够的重视。CH_3Br 也是主要的土壤熏蒸杀虫剂。

（2）土壤与水体。土壤中的各类物质，在雨水作用下会通过地表径流、渗流、地下径流发生迁移其中一部分最终将进入饮用和娱乐水体中。土壤中的各种元素和物质通过多种渠道进入水体，其含量过多或者过少都会对人体健康产生不良影响。土壤中存在的 Ca^{2+} 和 Mg^{2+} 会增加水体的硬度，有证据表明，硬水地区居民中某些组织内钙、镁浓度较软水地区高，而 Ca^{2+} 和 Mg^{2+} 的增加会引起心血管病。土壤中氮肥的大量使用导致硝酸盐和氨态氮进入地表水或渗入地下水，硝酸盐在人体内可被细菌还原成亚硝酸盐，这是一种有毒物质，可直接使人体中毒缺氧，产生高铁血红蛋白症，严重者神志不清、抽搐、呼吸急促，抢救不及时可至死亡；另外，亚硝酸盐在人体内与仲胺类作用形成亚硝胺类，它在人体内达到一定剂量时是致癌、致畸、致突变的物质，可严重危害人体健康。常年饮用高氟含量的饮用水是引起氟中毒的主要原因，有资料表明中国约有 6788 万人患有氟斑牙病。另外，作为土壤肥料的粪便，也会携带一些细菌、病毒进入水体，从而引起人体内肠道感染和急性腹泻等症状。

（3）影响环境卫生。被有机废弃物污染的土壤，是蚊蝇孳生和鼠类繁殖的场所，而蚊、蝇和鼠类又是许多传染病的媒介，因此，被有机废物污染的土壤，在流行病学上被视为是特别危险的物质。被有机废弃物污染的土壤还容易腐败分解，散发出恶臭，污染空气，有机废弃物或有毒化学物质又能阻塞土壤孔隙，破坏土壤结构，影响土壤的自净能力；有时还能使土壤处于潮湿污秽状态，影响居民健康。

1.3 我国农用地土壤污染现状

经济的快速发展、土地的不合理利用和工业生产造成了严重的土壤污染问题，直接影响农业发展、农产品安全和人体健康。我国目前农田土壤重金属污染呈现由点向面、由大中城市周边向远郊农村扩散的趋势，许多地区农田土壤重金属污染呈现出区域性和流域性污染发展态势，导致农田土壤环境质量恶化与农产品质量安全威胁十分严重，特别是在一些经济发达地区。在南方酸性水稻区，如湖南、江西、湖北、四川、广西、云南、广东等地区，农田土壤重金属镉污染超标现象较为普遍，稻米镉超标明显。据有关文献不完全统计，我国耕地受到镉、铅、砷、铬、汞等重金属污染近2000万公顷，约占总耕地面积的1/6，其中重金属镉污染耕地面积占近40%，主要涉及11个省25个地区。

2005年4月~2013年12月，我国开展了首次全国土壤污染状况调查。调查范围为中华人民共和国境内（未含香港特别行政区、澳门特别行政区和台湾地区）的陆地国土，调查点位覆盖全部耕地，部分林地、草地、未利用地和建设用地，实际调查面积约630万平方千米。调查采用统一的方法、标准，基本掌握了全国土壤环境质量的总体状况。2014年4月17日，环境保护部、国土资源部发布《全国土壤污染状况调查公报》，表明全国土壤总超标率达到16.1%，总体不容乐观；污染类型以无机污染（重金属）为主，有机污染（农药）次之；耕地、林地、草地和未利用地四种土地利用类型的土壤点位超标率分别为19.4%、10.0%、10.4%和11.4%。耕地质量总体堪忧，主要污染物为镉（Cd）、镍（Ni）、铜（Cu）、砷（As）、汞（Hg）、铅（Pb）、滴滴涕和多环芳烃。

1.3.1 重金属污染

我国在近30多年改革开放的过程中，土壤镉含量算术平均值从1990年的0.097mg/kg上升到2014年的点位超标（0.3mg/kg）7%，表明有大量的镉进入土壤。有研究表明，我国年排放到大气中的镉高达2186t，燃煤排放镉强度最高可大于0.20kg/km^2。估算每年进入农田的镉高达1417t，其中来自于大气沉降的镉高达493t，占总量的35%；家畜粪便778t，占总量的55%；很多人误以为化肥是镉的主要污染源，但来自化肥的镉为113t，占总量的8%，其中来自复合肥6%，磷肥2%；由于灌水进入农田的镉为30t，占总量的2%。在进入农田的总量为1417t的镉中，每年通过各种途径带走的镉为178t，也就是每年只有13%的镉被排出，而87%滞留在农田中。以耕层20cm、土壤容重为1.15g/cm^{3}进行计算，土壤镉含量年增0.004mg/kg。按照这个速度，从1990年的土壤背景值起算，50年内所有耕地土壤都将超过目前的标准（0.3mg/kg）。上述数据表明在这数十年中有大量的镉进入土壤，是《公报》中耕地重金属污染点位超标率达19.4%，镉的点位超标率为7.0%的主要原因。

我国农产品质量安全形势十分严峻，每年生产的镉含量超标农产品已超过14.6×10^8kg。湖南是中国南方耕地重金属污染最严重的省份，尤其是“长株潭”（长沙、株洲、湘潭）地区，该区域耕地土壤重金属以镉为主，镉超标面积多达几百万亩（1亩=1/15hm^2），并出现了“镉大米”事件，严重威胁到当地农产品质量安全和人体健康。

据报道，我国太湖流域蔬菜、水稻等农产品重金属污染现象严重；杭州耕地污染区出产稻米中Pb、Cd等有毒重金属超标率分别高达92%和28%，其中Cd含量超标最高，更是达到15倍，出现了严重的“镉米”现象；东莞和顺德等地蔬菜中重金属超标率为31%，水稻超标率高达83%，最高超标达91倍。我国华南地区部分城市近年来更是有超过50%的农业耕地遭受Cd、As、Hg等重金属污染。据中国科学院南京土壤研究所调查研究发现，长江三角洲地区农田土壤污染除了常见的农药污染外，重金属与持久性有机污染物污染呈现快速增长趋势。此外，西北、西南、华中等地区也存在较大面积的重金属污染区域，我国农业土壤安全形势一片严峻。土壤重金属超标带来的水稻、小麦等粮食作物重金属超标问题已引起社会的广泛关注，土壤重金属污染防治与修复工作亟待加强。

根据“广东珠江三角洲多目标地球化学调查”“广东省珠江三角洲经济区农业地质与生态地球化学调查”等项目成果，在经济发达的广州、佛山、东莞等珠江三角洲主要经济区土壤环境质量较差，大部分区域为三级土壤及劣三级土壤，面积达9298.3km^2；形成异常范围最大的毒害元素以Cd、Hg、As、Cu、F为主，并伴有Pb、Cr、Zn、Ni等毒害元素，且部分土壤污染已危及农产品质量安全。2008年调查结果表明，广州市蔬菜铅超标率达22.2%；东莞农田土壤中Cd、Pb、Hg、As的平均含量均高于广东省土壤的背景值，尤其是Pb和Hg分别超出背景值的16倍和3倍；珠三角典型区域超过50%的农田土壤已经受到不同程度的污染，污染等级超过警戒线的土壤样品达75%，而污染处于严重等级的土壤样品则高达25.9%。

我国的Cd污染土壤涉及11个省市的25个地区，中国仅Cd污染的耕地就有530万公顷左右。近些年，“镉米”“血铅”“砷毒”等重金属事件频发，让重金属污染成为最受关注的公共事件之一。中原地区为小麦主要生产区之一，2016年8月《华夏时报》报道中原某市小麦镉含量超标34倍，报道中的环保志愿者对部分企业周边1000m范围内的土壤进行取样并送第三方检测公司检测，结果发现，按照中国《国家土壤环境质壤量标准》（GB 15618—1995），取样土壤中镉含量最高超标545.5倍，最低超标1.77倍。此外又分别选取某企业周边5m、100m、200m、500m四处地块的小麦样品送检第三方，结果发现，参照中国《食品安全国家标准——食品中污染物限量》（GB 2762—2012），小麦样品中镉含量最高超标 34.1 倍，最低 8.2 倍，至 2017 年该农田生产的小麦均已被政府收购存储，并未流向市场。

除此之外，一些重金属污染严重的地区，稻田有效镉含量甚至是国家允许值的 26 倍，最为众学者关注的当数湖南长株潭地区的农耕土壤 Cd 污染问题。另外有研究学者对浙江省 38 个城镇地区的农业土壤进行取样分析，其中 14.65%的土壤重金属污染情况严重，土壤中含镉浓度最高，浙江南湖的 150 块农田和 16 个主要村镇 44%~60%的表层土壤样品中的镉含量超过了中国农耕土壤质量标准，其镉浓度已超过最大浓度限值，按照原来的化肥施用量，预计在 9 年后，土壤中镉浓度将达顶峰。从相关学者对天津市郊的 193 个土壤样品分析中也可看出，土壤样品的镉浓度普遍超出土壤背景浓度，最大浓度达 5.2mg/kg。不仅如此，沈阳市和四川省部分地区的农耕土镉超标问题也相继曝出。这些研究说明现今中国部分地区农耕土壤均存在着不同程度的 Cd 污染情况。

1.3.2 农药污染

据统计，目前世界上生产和使用的农药有几千种，施用量大约以每年 10%的速度递增。我国是一个农业大国，农药使用量居世界第一，每年达 50 万~60 万吨，其中的 80%~90%最终进入土壤环境，造成约 87 万~107 万公顷的农田土壤受到农药污染。我国农药使用量较大的地区有上海、浙江、山东、江苏和广东，其中上海和浙江的农药使用量最高，分别为 10.8kg/hm^2 和 10.41kg/hm^2。

根据统计，以小麦为主要农作物的北方干旱地区农药施用量小于南方水稻产区；而蔬菜、水果的农药用量明显高于其他农作物。目前，农药污染已成为我国影响范围最大的一类有机污染，且具有持续性（表 1-2）和农产品富集性。随着使用量和使用年数的增加，农药残留逐渐增加，呈现点-线-面的立体式空间污染态势。

表 1-2 农药半衰期

农药种类	半衰期/年
含铅、铜、汞或砷等农药	10~30
有机氯农药	2~4
有机磷农药	0.02~0.2
氨基甲酸酯类农药	0.02~0.1
其他农药	0.01~0.5

1.3.2.1 除草剂

近年来，除草剂的增长率远高于杀虫剂和杀菌剂，约占农药产量比重的1/3。

目前全国农田化学除草面积较 1980 年增加了十多倍，据估算除草剂将以每年 200 万公顷次的速度增加，每年需除草剂 6.7 万~8.6 万吨，占农药需求总量的 30% ~40%，未来 10 年全国化学除草面积可能会增加 0.31 亿公顷。中国农药市场先后有近百个除草剂产品，其中以莠去津、扑草净、西草净制剂为主的三嗪类，2,4-D 等苯氧羧酸类，以苄嘧磺隆、甲磺隆制剂为主的磺酰脲类和乙草胺、丁草胺等酰胺类除草剂是市场的主流品种。莠去津、甲磺隆、绿磺隆、咪唑乙烟酸、氟磺胺草醚和豆磺隆是长残效除草剂，使用量占除草总面积的 15% 左右。草甘膦作为一种高效、低毒、广谱、适用范围极广的灭生性除草剂，由于其优良的传导性，最初主要用于非粮食作物以及免耕土壤上的除草，随着抗草甘膦转基因作物的发展，草甘膦的应用从非粮食作物转向粮食作物，使其在全球的使用正以每年 20% 的速度递增。

随着除草剂的大量施用，造成的环境影响也日益突显。研究表明，在南非、瑞士、西班牙、法国、芬兰、德国、美国和中国等莠去津使用历史较长的国家，地表水和地下水均受到了不同程度的污染。欧洲委员会有关饮用水的规定中（80/778/EC）要求，任何农药在饮用水中含量不能超过 0.1μg/L，农药总含量不能超过 0.5μg/L。我国在 1998 年规定莠去津Ⅰ、Ⅱ类地表水中的标准为 3μg/L。然而，美国 USGS 在 1991~1992 年调查发现，West Lake 湖的 13 个水样中就有 11 个水样的莠去津浓度超过了饮用水的标准，1996 年再次调查地下水时仍发现 50%的水井样品中检测出莠去津和它的代谢物。Oldal 等调查了匈牙利土壤中农药活性成分和残留，发现 24 个土壤样品中只有 2 个样品含有莠去津，浓度分别为 0.07mg/kg 和 0.11mg/kg；但是地下水样品中测到莠去津 166~3067μg/L，乙草胺 307~2894μg/L，二嗪农 15~223μg/L 和扑草净 109~160μg/L。德国自 1991 年 3 月开始禁止在玉米田施用莠去津，Tappe 等于 1991~2000 年对德国地下水监测时发现，莠去津及其衍生物的检出量仍呈不断上升的趋势。莠去津是我国玉米田主要施用的除草剂，2000 年我国莠去津的使用量为 2835t，仅辽宁省使用量就超过 1600t。由于莠去津水溶性较强，农田中的大量施用使它成为各国河流、小溪等水体中检出率最高的除草剂。我国淮河信阳、阜阳、淮南、蚌埠 4 个监测断面检测到莠去津的残留量分别为 76.4μg/L、80.0μg/L、72.5μg/L、81.3μg/L。

严登华等人剖析了东辽河流域地表水体中莠去津的含量和富集特征的时空分异，得出辽河流域旱田分布区和非旱田分布区内地表水中莠去津的平均含量分别为 9.71μg/L 和 8.85μg/L，7 月份流域地表水中莠去津含量最高，可达 18.93μg/L。目前，关于我国土壤中除草剂残留的报道较少。王万红等报道了辽北农田土壤中除草剂的残留特征，莠去津、乙草胺和丁草胺 3 种除草剂均有检出，其中莠去津和乙草胺全部检出，丁草胺检出率相对较低，仅为 27.8%；残留量莠去津、乙草胺和丁草胺分别为 0.14~21.20μg/kg、0.53~203.20μg/kg 和 nd~30.87μg/kg。在高使用量的条件下，土壤中草甘膦的浓度可能达 2mg/kg，若考虑土壤对草甘膦的吸附，土壤表层中实际的浓度要比这个数值高得多。

1.3.2.2 杀虫剂

杀虫剂包括新烟碱类、拟除虫菊酯类、有机磷类、氨基甲酸酯类、天然类、其他结构类等六大主类。在全球农药市场中，2011 年杀虫剂约占了 28%的市场份额，销售额达到了 140 亿美元；2014 年在农药市场的销售份额占比 29.5%，销售额为 186.19 亿美元。杀虫剂最大的应用作物为果蔬，其他应用较多的有大豆、水稻、棉花等。从 2014 年全球销售情况来看，有机磷类杀虫剂市场销售额占杀虫剂市场的 15.3%，在杀虫剂所有类别中排名第四。统计用于农业的有机磷类杀虫剂品种有 46 个，其中销售额排在前 7 名的依次是毒死蜱、乙酰甲胺磷、乐果、丙溴磷、敌敌畏、喹硫磷和马拉硫磷。拟除虫菊酯类杀虫剂市场销售额占杀虫剂市场的 17.0%，在杀虫剂类别中排名第三，其中销售额和年增长率排在前 5 位的依次是高效氯氟氰菊酯、溴氰菊酯、氯氰菊酯、联苯菊酯和氯菊酯。氨基甲酸酯类杀虫剂市场销售额占杀虫剂市场的 6.7%，在杀虫剂类别中排名第六。

用于农业的氨基甲酸酯类杀虫剂有 17 个，其中使用较多品种有 4 个，依次为灭多威、克百威、杀螟丹和丁硫克百威。在中国，除杀螟丹外，其他 3 个均被限制使用。新烟碱类杀虫剂市场销售额占杀虫剂市场的 18%，在杀虫剂类别中排名第二。用于农业的新烟碱类杀虫剂有 7 个，分别为噻虫嗪、吡虫啉、噻虫胺、啶虫脒、噻虫啉、呋虫胺和烯啶虫胺。近年来，该类型产品中多个品种受到管制，尤其是自 2013 年底起，噻虫嗪、吡虫啉和噻虫胺等在欧盟的使用受到限制。天然类杀虫剂主要包括植物源、动物源和微生物源物质及其代谢物。2014 年销售额排前 4 名的天然类杀虫剂依次为阿维菌素、多杀霉素、乙基多杀菌素、甲氨基阿维菌素苯甲酸盐；销售额较大的微生物杀虫剂主要有苏云金杆菌、坚强芽孢杆菌、蜡蚧轮枝菌等；销售额较大的植物提取物杀虫剂有印楝素等。有机氯类杀虫剂市场销售额仅占杀虫剂市场的 0.7%，目前市场上有机氯类杀虫剂主要有硫丹、三氯杀螨醇和林丹。有机氯类杀虫剂虽然在发展中国家保持了一定的销售额，但在发达国家的销售额一直在下降。此外，2014 年销售额较高的其他类杀虫剂有氟虫腈、氯虫苯甲酰胺、氟苯虫酰胺、螺虫乙酯、茚虫威、吡蚜酮、虫螨腈、氟啶虫胺腈、氰氟虫腙、乙虫腈和氟啶虫酰胺。

我国杀虫剂的使用情况与全球杀虫剂的销售状况类似。以江苏省为例，农用杀虫剂使用量占农药使用量的比重远高于杀菌剂和除草剂，2000 年以来每年杀虫剂的使用量在 5 万~7 万吨，约占农药使用总量的 60%以上。从杀虫剂种类来看，有机磷类杀虫剂使用量最大，约占杀虫剂使用总量的 70%；其次是新烟碱类，约占18%；氨基甲酸酯类和杂环类约占12%。2000年以来，不同类型农药使用量所占杀虫剂比重变化不大。高毒的氨基甲酸酯类杀虫剂虽然用量下降，一些中等毒性的氨基甲酸酯类农药2004~2008年用量不降反升，比2000年前后用量增加二倍以上。至2007年，甲胺磷、甲基对硫磷等高毒农药品种基本停止使用，水胺硫磷、甲基异柳磷、克百威等高毒品种虽未被取消登记，但使用量降幅较大。敌百虫、乐果和咪嗪酮等中等毒性杀虫剂用量变化不大，如敌百虫在2000~2009年基本保持在年使用量1000t左右。

辛硫磷、毒死蜱、氟虫腈、吡蚜酮等中等毒性杀虫剂用量迅速上升，其中辛硫磷的用量几乎增加了1倍，毒死蜱取代甲胺磷成为用量最大的有机磷杀虫剂。多年施用农用杀虫剂对环境造成了不可避免的污染。有机氯农药（OCPs）因高生物富集性和放大性、高毒性的原因，在大多数国家已禁止使用，但是OCPs的污染问题仍是世界各国所面临的重大环境和公共健康问题之一。我国在20世纪50~80年代曾使用过OCPs，其中六六六（HCHs）490万吨，滴滴涕（DDTs）40万吨，分别占全球总用量的33%和20%。尽管自20世纪80年代中期后已基本禁用OCPs，但部分地区土壤中OCPs的残留量依然相当严重。2004年，我国对5个省市表层土壤中OCPs污染状况调研结果表明，DDTs仍是土壤中OCPs污染的主要组成，约占总量的90%左右，平均浓度从高到低依次为江苏省高于湖南省高于湖北省高于北京市高于安徽省。根据我国《土壤环境质量标准》（GB 15618—1995）的规定，HCHs和DDTs在一级土壤中标准限值为50μg/kg，我国大部分地区土壤中OCPs污染水平集中在中低浓度水平，但部分地区OCPs的浓度分布差异较大，存在OCPs污染严重超标的现象，如广州、成都、呼和浩特等城市。安琼等对南京地区土壤中OCPs残留分析的结果表明OCPs在不同类型土壤中的残留量依次为露天蔬菜地高于大棚蔬菜地高于闲置地高于旱地高于工业区土地高于水稻土高于林地；耿存珍等报道青岛地区不同类型土壤中OCPs残留量为菜地高于农田高于公路两侧区域；Li等报道了珠江三角洲地区HCHs和DDTs的平均含量从高到低依次为农田高于稻田高于天然土壤。这说明了土地的耕作类型不同，对于OCPs的使用量也不同，从而使不同类型的土壤中OCPs呈现出不同的残留水平。作为一种危害性极高的OCPs，硫丹曾广泛用于棉花、烟草、茶叶和咖啡等农业生产，导致在许多国家和地区的土壤、大气、雨水、地下水等样品中检测到其残留。近年来，我国在多个省份及流域的各种环境介质中检出硫丹。对我国的37个城市及3个背景点的空气监测发现，α-硫丹和β-硫丹的浓度范围分别为0~1190pg/d^{3}和0~422pg/d^3；同时发现，含量较高采样点出现在棉花种植区，表明农业使用是我国空气中硫丹的重要来源。水环境中同样有硫丹的存在，我国太湖中也检测出硫丹，浓度为0.32pg/L。有机磷、氨基甲酸酯、拟除虫菊酯类农药应用非常广泛，这些非持久农药与土壤都有较强的结合能力。有机磷杀虫剂在土壤中的结合残留量高达26%~80%，氨基甲酸酯类农药西维因的结合残留量达49%，拟除虫菊酯类农药的结合残留量达36%~54%。有机磷农药在蔬菜、粮食和一些畜产品中的残留引起的农药中毒事件，引起了人们的高度重视。

1.3.2.3　杀菌剂

农药杀菌剂是防治作物病害最重要的武器，主要用于水果、蔬菜、中草药等的病害防治，近年来一直是研究的热点。据统计，2012~2014年全球杀菌剂销售额分别占农药总销售额的26.3%、25.8%和25.9%。我国杀菌剂的需求量从2000年的5.98万吨到2012年的7.94万吨，增加了32.7%，2013年我国的杀菌剂用量同比增加4.68%。苯醚甲环唑等三唑类杀菌剂需求量增幅较大，制剂量从2000年的1.9万吨到2012年的3.04万吨，增加了59.7%。近年来，世界上杀菌剂新品种的开发取得很大进展，包括三唑类、酰胺类、嘧啶胺类、甲氧基丙烯酸酯类杀菌剂等。从农药市场需求量来讲，全球杀菌剂增长速度达到近8%，三唑类杀菌剂仍将是主角；甲氧基丙烯酸酯类杀菌剂因其现阶段无可替代的作用效果将逐渐占据杀菌剂的主角地位。由于大部分杀菌剂为较低效或低效农药，在施用后一段时间内才可以看到明显的防治效果，因此使用过程中用量常被刻意提高数倍甚至数十倍，杀菌剂就成了蔬菜生产的重要污染源之一。欧盟早在1996年就指出异菌脲、腐霉利、百菌清、苯菌灵、代森类等几种杀菌剂是作物生产中主要的危害残留物。法国国家环境所2003年的一份调查报告显示，法国90%的河流及58%的地下水中含有杀菌剂、除草剂及杀虫剂等农药。由于我国农药监管的重点是高毒高残留的杀虫剂，而对杀菌剂的监管重视不够，因此杀菌剂的用量一般会比登记用量大几倍甚至十几倍，特别是多菌灵、福美双、代森锰锌等在我国已经有很长的使用历史。在我国生产的水果、蔬菜中，多菌灵和百菌清的检出率均较高，某些地方还会超标。

1.3.3　多氯联苯污染

多氯联苯（polychlorinated biphenyls，PCBs）是人工合成的具有重大生态影响和长期环境危害的有机氯化合物，也是《POPs公约》中在世界各地禁止或限制使用的12种持久性有机污染物之一。大多PCBs是对人类和动物有较高毒性的物质，近年来的实验室研究和流行病学调查都表明它会抑制生物体免疫系统的功能，导致生物体内分泌紊乱，产生类雌激素效应和抗雌激素效应。目前有关PCBs在沉积物、水体、底泥和生物质的研究较多。近年来，土壤PCBs污染也引起了广泛的关注，已有有关城市、工业区、农田及公园土壤PCBs污染的相关报道。

上海市由于近年来快速的工农业、建筑、人口与交通的发展，正面临严重的环境污染问题。有报道指出，上海市大气、沉积物、城市污泥及海洋生物都普遍受到了 PCBs 的污染。蒋煜峰、王学彤等采集了上海市农村及郊区的 36 个表层土壤样品，用气相色谱法对土壤中的多氯联苯（PCBs）残留进行了分析，揭示了土壤中 PCBs 的残留水平、分布、组成特征及来源。结果表明，试区土壤中共检出 62 种 PCB，总浓度最高 2530ng/kg，最低 71.7ng/kg，平均含量 534ng/kg。从整体采样区域来看，其污染可能来源于城区污染导致的区域大气沉降或是因全球大气传输。上海农村及郊区土壤 PCBs 污染物以 Tri-CBs 和 Tetra-CBs 为主，主要以工业 Aroelor1242 来源为主。相关性分析显示，土壤中 PCBs 与 TOC 具有显著相关性，尤其是对于挥发性较强的低氯代 PCBs，表明 TOC 是影响上海市土壤中 PCBs 持留的重要因素之一。聚类分析显示，部分采样点 PCBs 污染与工业品使用有关，但可能还存在其他来源。

1.4 我国农用地土壤污染问题

近年来，党中央和国务院高度重视农用地土壤污染防治与粮食安全生产，明确将“保护耕地资源，防治耕地重金属污染”作为《全国农业可持续发展规划（2015—2030 年）》的重点任务；国务院 2016 年 5 月 28 日印发《土壤污染防治行动计划》（简称“土十条”），对今后一个时期我国土壤污染防治工作做出了全面战略部署；党的十九大报告中提出要“强化土壤污染管控与修复，加强农业面源污染防治”，“确保国家粮食安全”等。下文以湖南为例介绍我国农用地土壤污染问题。

1.4.1 农产品质量安全与耕地质量下降的矛盾仍然十分突出

湖南是全国粮食生产核心区之一。目前湖南粮食库存已达到了历史的最高点，粮食生产多年登上 300×10^8kg 台阶。湖南省农业生产中存在的诸多矛盾和难题主要在于供给侧结构的问题，应深入推进农业供给侧结构性改革，把湖南打造成“以精细农业为特色的优质农副食品供应基地”。实施耕地休耕制度是实现农业供给侧结构性改革的重要举措，是“藏粮于地、藏粮于技”的具体途径。从现实意义讲，一是缓解耕地负荷过重。湖南现有耕地 6200 万亩，其中，水田 4950 万亩。常年农作物播种面积达 1.3 亿亩以上，水稻面积和产量稳居全国第一，粮食生产任务一直很重，耕地长期高强度、掠夺式经营，导致耕地质量退化，严重影响了耕地的综合产能。二是农业生态环境已经亮起了“红灯”。多年来全省土肥水药资源超强度利用，每亩耕地化肥用量达到了 34.3kg，农药用量达 11×10^4t，而利用率仅有 31.5%，农业面源污染严重。三是土壤重金属污染突出，保障农产品质量安全形势十分严峻。湖南“长株潭”地区耕地大面积稻米镉超标现象依然存在，农产品质量安全保障任务还十分艰巨。建议国家进一步重视湖南省重金属污染治理与修复工作，将其作为推进农业供给侧结构性改革的重要试点。

1.4.2 重金属污染区休耕制度的科技支撑明显不足

围绕重金属污染区休耕制度试点工作，湖南省在耕地重金属污染调查、休耕技术模式探索、休耕效果评估等方面了做了大量的基础性研究工作。组织相关力量对“长株潭”地区800多万亩耕地开展重金属污染调查工作，完成了土壤-农产品“一对一”样品分析。根据土壤全镉污染程度和稻米镉含量，初步划分了重点休耕区域，如2016年休耕地块中，重金属污染耕地可达标生产区1.38万亩、管控专产区8.11万亩、替代种植区0.52万亩。而2017年新增的10万亩休耕耕地的划分标准则发生了变化，仅划分为安全利用区和严格管控区。现行的重金属污染耕地休耕划分方法对休耕农田的划分尚无明确的标准，造成该休耕的得不到休耕，而不该休耕的却被休耕。休耕耕地划分应该在分类分级的基础上进行，划分为优先保护类、安全利用类和严格管控类。

根据重金属污染特征，建立了以农艺调控为主、边生产边修复的非工程性技术路径。但是，技术设计思路仍然以安全利用为主，技术模式比较单一，难以满足生产实际的现实需求。根据分区分类的治理原则，有些耕地需采用植物移除修复技术模式，而该项工作仍处于田间试验阶段，无法大面积推广应用。今后需应用综合性方法，如“低累积作物+高富集植物+水肥栽培调控+化学调控+微生物调控方式”等模式对重金属污染耕地进行修复。

1.4.3 重金属污染区休耕制度的体制机制不够完善

休耕制度不仅是生产制度的更新，更是农业理念上的认识更新。重金属污染区休耕制度的体制机制仍然存在如下不够完善的地方：

(1) 休耕认识还不到位，部分地方政府承担休耕任务的积极性不高。从思想认识上看，湖南全省有关休耕地的思想还不够完全统一，部分人或部门市县区政府对休耕认识还不到位，不愿意承担休耕任务，对湖南落实休耕制度持消极被动态度，担心引发粮食生产的大滑坡，或者还是注重地方经济发展，忽视农业绿色发展和生态文明建设工作。

(2) 顶层设计还不够完善，缺乏科学的休耕计划。

(3) 从组织机制上看，湖南全省成立了领导工作小组，共同研究部署了全省休耕试点实施方案，由于重金属污染治理修复是一项长期性的工作，顶层设计还不够完善，缺乏科学的休耕计划。

(4) 休耕政策的可持续性和预期性还不够明朗。休耕时限不明确，对下一步的休耕工作，国家层面还没有明确的整体规划。休耕试点资金计划尚未完全落地，而政府与休耕农户的协议有时限，制度上难以保证休耕方案的可持续性。

（5）休耕补贴标准过低，项目单一，不能适时动态调整，影响休耕积极性。由于各种不确定因素的存在，粮食价格每年会出现波动，这些不确定性会让休耕得不到应有的保护，影响农民的积极性。同时，缺乏明确的休耕耕地管护费。南方水田休耕后如不加强管护，休耕耕地将出项“一年长草、两年长柴、三年长树”的现象，目前休耕补贴资金来源于重金属污染耕地修复及农作物种植结构调整试点项目，而没有直接的休耕耕地管护费。

（6）休耕耕地计税面积与实际面积不完全一致，存在确权的问题。由于历史原因，历史的计税面积普遍小于实际确权面积，如果继续以计税面积核算，农民意见很大，增加了休耕政策落地的操作难度。

（7）建议后续休耕面积以确权面积为核算标准。

（8）土地流转、工程监督、考核评估、培训教育等工作机制也有待进一步完善，应建立有效的重金属耕地休耕制度试点工作体系。

（9）如对农产品质量和生态环境构成安全隐患，急需加强农用地土壤环境的监督管理，防控农用地土壤污染风险，防止造成污染危害，实现安全利用。

2 农用地土壤污染防治管理体系

2.1 先进国家的土壤污染防治管理体系

2.1.1 美国

19世纪90年代，美国开始进入城市化和工业化社会，人口剧烈膨胀，日益增多的废水、废气和垃圾等污染物大量排放，使土壤受到严重污染，降低了土壤质量，影响了农业生产，甚至危害到了人们的身体健康。20世纪30年代，震惊全球的“黑色风暴”事件爆发在了美国的中西部地区，事件发生后，农村土壤污染对农业生产的损害横扫整个中西部地区，政府极为忧虑，与此同时，该事件也拉开了美国开始注重农村土壤污染问题并着手进行相关立法的序幕。很快，美国在40年代就出台了《土壤保护法》，明确把保护土壤定为基本国策，设立专门机构负责土壤保护工作，并实行严格的管理制度。到了60年代，又制定出《联邦危险物质法》《固体废物处置法》，旨在保护土壤免受固体废弃物的污染，对土壤进行防护，促进农业生产发展，但对危险废物的泄漏特别是对被遗弃或无主的受污染土壤治理没有规定。

20世纪60年代，随着美国经济的迅速发展和全球经济的快速复苏，美国的经济重心由城市向农村转移，大量的工厂地址由城市转向农村，搬迁的企业留下的土地大量的废弃，给周围居民和后来的经营者带来了极大的环境危害。20世纪70年代，又一大全球性事件爆发于美国，即“诺夫运河污染事件”，该事件直接成为美国《综合环境反应、赔偿和责任认定法案》，也即《超级基金法》出台的催化剂。此法着重解决的问题是，防治处理不当的危险物质对土壤造成污染、破坏自然环境。《超级基金法》是一部在真正意义上弥补美国土壤污染防治立法空白的法律，被尊为美国在土壤污染防治法律法规体系中的基本法。

《超级基金法》的施行确实让美国的土壤环境得到了极大的改善，但新的土壤污染问题层数不穷，《超级基金法》不得不面对被修改的命运，于是在1986年，美国颁布了该法的修正案，即《超级基金修订和补充法案》，为出现的新的土壤污染问题提供了法律依据。21世纪初，美国为适应土壤变化的实际情况，又施行了《小企业责任减免和棕色地带复兴法》（又被称为《棕色区域法》），该法不仅制定了详细的土壤污染评估标准，明确规定保护土地所有者和使用者的权利，同时还对防止土壤污染的责任人和非责任人做出了区分。在土壤污染防治问题上，美国经过几十年的立法研究和经验总结，土壤污染法律法规体系已经形成完整的模型。

为防治土壤污染，美国向来以政策为指导，以《超级基金法》为准绳，多措施并举。在《超级基金法》的统领下，美国政府成立了用于为治理土壤污染提供资金支持的信托基金，名为“超级基金”，该基金的运行资金主要来源于财政拨款和各项专门税的税收。《超级基金法》的目的是建立一个迅速反应机制，旨在消除毒害物质对土壤的污染。该法案的内容主要有：第一，该法适用于污染者不明或者无主污染场地的防治。第二，规定了治理土壤污染的责任主体，即总统、州政府、地方政府、废物设施的所有人或营运人等。第三，该法确立了谁污染谁治理原则，规定了土壤、工厂等资产的污染人、所有人和使用人是治理土壤污染的义务人；此外，《超级基金法》特别强调了承担治理污染土壤所需费用的主体，包括泄漏危险物质设施的所有人或经营人以及危险设施所属的土地的所有人或营运人。暂时找不到费用承担主体的，由信托基金先承担治理费用，之后，信托基金会发起诉讼，对可以找到的义务人追要其为整治恢复污染土壤付出的费用。第四，《超级基金法》在责任制度方面做出了非常清晰的规定：（1）溯及既往制度，危险物排放发生在该法颁布前，但损害结果发生在该法颁布后也应当适用该法；（2）严格责任制度，即使责任主体对污染物质泄漏不存在过错也要承担责任；（3）连带责任制度，污染者人数众多且责任不可分割，各污染者都应承担责任。

在有效的法律保障下，美国政府又制定了一系列技术规范和指南，为土壤污染防治过程中环境管理机制的落实提供技术依据，规范和指导场地环境调查、风险评估和棕地修复等行为。主要包括以下几方面。

2.1.1.1 《土壤筛选导则》

《土壤筛选导则》（Soil Screening Guidance，SSG）为场地管理者确定基于风险和特定场地背景的土壤筛选水平提供了分层次的管理框架。土壤筛选水平不是国家修复标准，其旨在确定污染场地面积、暴露途径和化学污染物浓度等，促进污染场地评估和土壤修复。它由使用标准指南、场地概念模型、地表和地下土壤筛选数据质量目标、污染物化学性质和人体健康基准等附加文件组成，用于指导污染场地的初步筛选，进而确定是否需要开展进一步的“修复调查”和“可行性研究”，或无需采取任何修复行动。

2.1.1.2 美国环保署第9区初步修复目标行动值

美国各区或州均制定了适用于本地实际情况的土壤环境质量标准，其中，美国第9区（临太平洋西南部地区）的初步修复目标值根据毒理学参数和物理化学常数的修正进行实时更新，提供了用于计算场地修复目标的详细技术信息。考虑到其与第3区和第6区均以风险评价为理论基础且计算方法类似，因此，美国环保署将第3区风险浓度（Region 3 Risk-Based Concentrations，RBCs）、第6区人体健康中度限定筛选水平（Region 6 Human Health Medium-Specific Screening Levels，HMSSL）和第9区初步修复目标值（Region 9 Preliminary Remediation Goals，R9PRGs）合并，为居住用地、商业/工业用地土壤、大气和饮用水制定了最新的超级基金场地化学污染物的区域筛选水平（Regional Screening Levels for Chemical Contaminants at Superfund Sites，RSLs）。在计算的筛选水平同时考虑其他环境法规设定的浓度限值（如安全饮用水法最大污染物水平）和特定暴露条件下基于风险计算的浓度限值。

2.1.1.3 《国家优先控制场地名录》和危害排序系统

受资金、资源、人力、时间等因素限制，为使更多的受污染土地得到及时治理，美国建立了国家优先控制场地名录（National Priorities List，NPL），有助于污染场地修复优先性排序，确定哪个场地需要深入调查。污染场地被列入国家优先控制场地名录的主要判别依据是危害排序系统（Hazard Ranking System，HRS），利用初步场地评估的有限信息，评估该场地对人类健康和周边环境的潜在威胁。基本操作程序为：首先，通过现场调查初步评价污染状况，并将信息录入超级基金信息系统；然后，通过危害排序系统判定土壤污染程度，评估场地对人体和环境的危害程度，对于经判定后仍需开展进一步详细评估的场址，列入优先修复名录；随后，对优先修复名单上的场地，按照场地环境详细调查、修复方案设计与可行性研究、工程施工、竣工验收、污染修复设施运行与维护等流程操作，验收合格的地块将从优先修复名录中除名。

2.1.1.4 场地修复技术筛选矩阵

美国修复技术圆桌会议（FRTR）推荐在决策初期使用场地修复技术筛选矩阵（Remediation technologies screening matrix，RTSM）评价修复技术，将64种原位和异位土壤/地下水修复技术分成14大类，筛选变量包括适用污染物类型、成本、修复周期、技术推广程度等16个指标，评价标准包括优于平均值、平均值、低于平均值和其他。场地修复技术筛选矩阵记录了大量工程案例的场地污染及修复信息，针对场地污染表征调查、修复技术初筛和修复技术综合评价等污染场地修复技术筛选的不同阶段，设计不同的数据信息表格，供评估者查询，尤其为相似背景场地修复的技术筛选与可行性评估节省了时间投入与经济成本。

至此，美国形成了一套完善的涵盖法律、技术规范及管理制度的土壤污染防治体系（图2-1），涉及的主要保障机制与有效管理手段包括：污染者、所有者

和使用者严格连带无限责任制；污染付费、税收政策与政府补助等相结合的多渠道长效融资机制；基于风险的筛选、评估与管控，场地污染分类与优先修复；各级政府、投资者、公众等利益相关者在土壤污染防治各环节的广泛参与；规范完整的土地管理程序和信息完善机制；先进的修复技术研发与筛选体系等。在其联动作用下，截至2016年，1337个污染场地被列入美国国家优先修复名录，其中392个场地得到有效治理，从名录中移除，极大地推动了美国棕地的管理与再利用进程。

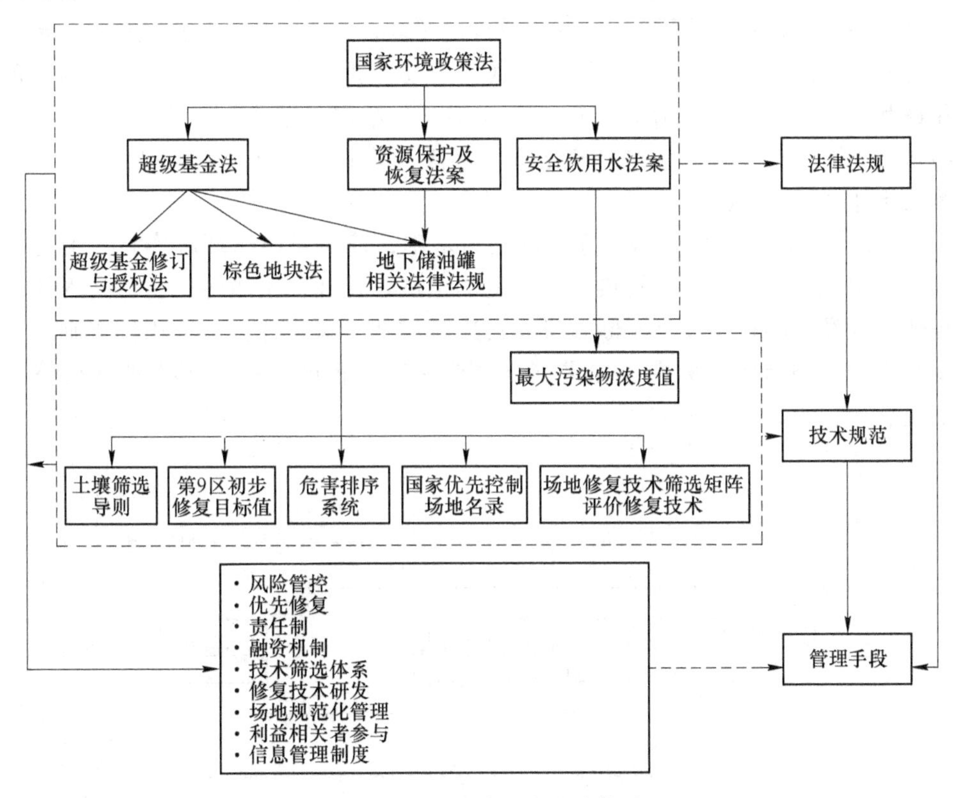

图 2-1　美国土壤污染防治体系

美国一系列的土壤污染防治立法活动，基本上控制住了国内土壤污染的蔓延之势，并且用立法的形式保证了对土壤治理和修复工作的顺利开展；此外，严格的责任追究制度在保障土地所有者和使用者权力的同时，也规范了他们的行为；同时，美国在土壤污染防治相关立法制定方面非常注重维护国民权益、保障土壤资源。

2.1.2　荷兰

除欧盟层面的法律制度和技术框架外，在国家层面上，荷兰和德国较早关注土壤污染防治工作并已取得有效成果。

荷兰是最早制定土壤保护专项法律的欧洲发达国家之一。1983 年的《土壤修复临时法》（Interim Soil Remediation Act）基于土壤背景值和专家经验提出了最初的 A、B、C 土壤标准值体系（SQSs），引入“多功能土壤”的定义，认为土壤修复的标准为可满足任何功能的土地再利用用途。1987 年《土壤保护法》（Soil Protection Act）生效，强调土壤污染的防治，首次引入“污染者付费”的理念。2008 年《土壤质量法令》（Soil Quality Decree）发布，强调土壤的可持续管理，探索健康的人居环境与土壤功能间的平衡，并考虑到土壤治理成本和治理目标的可行性，以“适用性”原则替代“多功能土壤”原则，即根据土地当前用途和再开发用途确定治理目标。2013 年《土壤修复通告》（Soil Remediation Circular）作为土壤保护法的补充法案，重新定义了土壤修复标准和目标，用以判断土地修复的紧迫性。

如图 2-2 所示，以完善的立法框架为基础，荷兰对土壤环境实行涵盖污染预防、土地可持续利用和污染场地修复的全过程管理，土壤污染防治技术体系也随实践经验的积累得到不断改进。污染者付费、风险评估、适用性原则、可持续利用、制定技术标准等先进创新思想在很大程度上推动了土地的可持续利用。

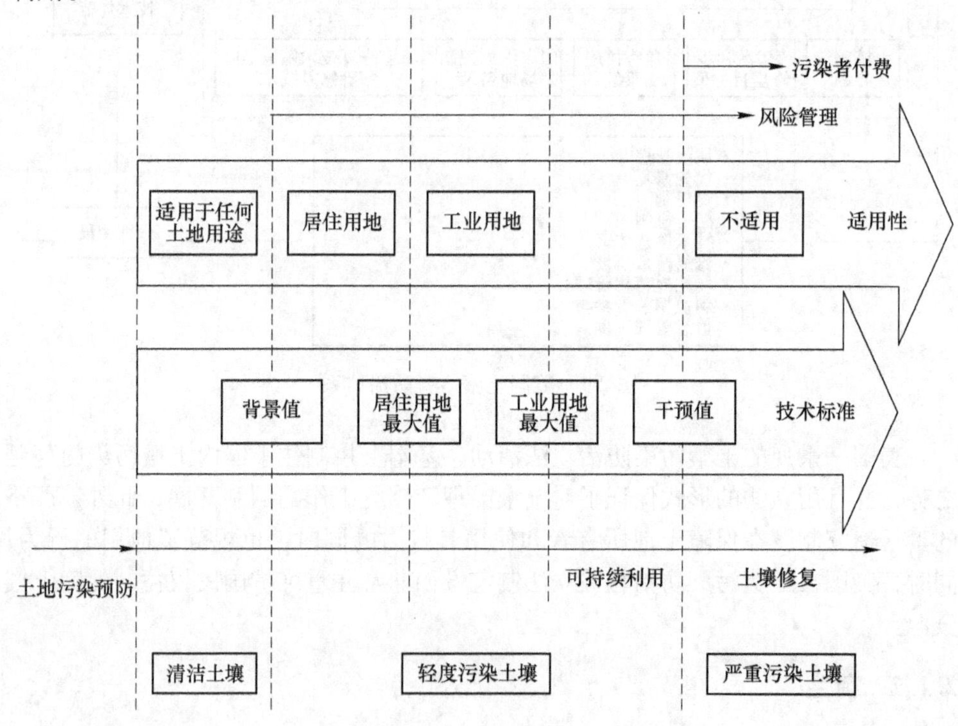

图 2-2　荷兰土壤污染防治技术体系

荷兰政府在土壤环境管理实践中认识到，越早开展土壤污染防治工作，所付出的社会经济成本就越小，预防成本仅约为治理修复成本的1%，因此强调“预防为主，兼顾治理”的土壤管理模式。

此外，执行政策或受政策影响的利益群体的接纳支持度，将在很大程度上影响土壤污染防治工作的成效，因此，主张在管理决策的早期阶段考虑各工业和环境群体的利益需求。制定土壤质量标准和风险评估技术框架是荷兰成功开展土壤污染防治工作的另一个关键决定性因素该框架包括：基于全国范围农业用地和自然保护地等随机采取的未受扰动土壤中252种土壤污染物浓度确定土壤背景值；基于人体健康和生态毒理风险确定干预值；基于农业、居住和工业等不同土地利用方式的风险限值确定最大值。

根据背景值和干预值，将土地分为清洁土壤、轻度污染土壤和严重污染土壤，考虑适用性原则，清洁土壤适用于任何用途的土地利用，轻度污染土壤根据最大值又划分为居住适用类型和工业适用类型，严重污染土壤不适用于任何土地用途的直接开发。

对受到污染但未超过干预值的土壤纳入可持续利用管理，对超过干预值的土壤按“场地环境调查—风险评估及基于风险的治理目标和措施—修复技术筛选及可行性评价—修复结果评估检测”的程序开展土壤修复，按照污染者付费、土地所有者负责（无法确定污染者）、当地政府部门负责（确定土地所有者免责）的原则，合理分配污染者、业主、政府、开发者等各责任人职责，筹措修复资金。

2.1.3 德国

德国是欧洲土壤污染防治立法方面的典范。20世纪末《联邦土壤保护法》颁布后，经过数十年的发展，德国在土壤污染防治方面积累了许多立法和实践经验，目前已建成一套严密完整的土壤污染防治法律法规体系。德国的土壤污染防治立法体系，以《联邦土壤保护法》为心脏，以《循环经济与废弃物管理法》及《联邦污染控制法》等配套法律为血肉，并配合以地方各州的土壤污染防治立法为重要填充内容。

20世纪70年代，德国先后出台了《肥料和植物保护法》《联邦矿山法》《废弃物法》等一系列法律法规，这些法律法规中部分篇章涉及了土壤污染防治的相关问题，但是针对土壤污染的具体防护和治理工作，还处于一个空白。基于此种情况，德国联邦开始认为建立一套综合的土壤污染防治体系很有必要。

《联邦土壤保护法》于1998年实施后便成为德国土壤污染防治领域的核心法律，是德国制定的首个系统完整的对农村土壤污染进行防治的法规，共分为5大部分、26个章节。第一部分总则部分规定了该法的制定目的和适用范围，该法的根本目的是可持续并且可恢复地保持土地的功能，控制土壤发生有害变化的趋势。德国法非常重视概念阐述，总则对土壤污染、污染场地、有害变化的概念作了说明。典型的例子如把对土壤造成不利影响、危害人类和环境的现象称为“有害变化”。第二部分原则和义务部分对土壤污染责任人、污染地处理原则、负责监管的部门、评估土壤风险的标准作了规定。该部分明确了对使用土壤造成不良影响的行为应该负责的责任人，包括土壤占有人、财产所有人以及可能致使土壤个性改变的行为人。还明确了确定污染场地的标准：（1）触发值，超过该数值说明土壤有可能存在污染；（2）行动值，超过该数值则需对土壤进行技术调查和风险评估；（3）预防值，超过该数值表明土壤需要修复。第三部分补充规定部分详细地介绍了治理污染场地的程序。具体包括调查方案和修复方案的基本要求、政府主管部门的功能以及信息公开等。负责调查和修复污染土壤的责任人，在开展调查和修复工作之前必须公开污染土壤的相关信息，因为污染土壤周围的利害关系人有知悉的权利。正式开始调查和修复工作后，必须摸清污染物质的特性以及分布范围，明确土壤污染的修复时间。第四部分农业土地利用的规定部分详细说明了防治农村土壤污染的过程中应采取的措施，旨在可持续利用土地资源，保护地力。第五部分是其他规定，涉及防治土壤污染其他方面的内容。包括要求从事土壤污染防治或风险评估工作的个人或机构必须具备专业的知识和技术装备资质。在国家层面上要求各州政府和联邦政府之间要搭建一个平台共同分享土壤污染信息、治理污染的费用以及土壤污染风险评估标准等。联邦政府负责建立数据共享平台，各州负责汇总信息。该部分同时对污染土壤的行为人需要承担的治理污染的费用和责任做出了规定。

为了促进《联邦土壤保护法》更好的施行，德国在该法颁布的一年后又出台了《联邦土壤保护与污染场地条例》，条例细化了法律的内容，进而完善了德国的土壤污染防治法律法规体系，增加了现有条文的实用性。条例一共设置了八大部分、十四个大章和四个附件。总则、对污染土壤的调查、对污染土壤的风险评估和修复、补充性规定和例外情形、预防有害变化对土壤的不利影响等共同形成。4 个附件包括对调查方案和修复方案的要求、对触发值/预防值/行动值的规定、分析土壤污染样品和保证样品质量要求、调查评估土壤有害变化。该条例清楚地说明了场地被断定有土壤污染的具体情形，以指导对场地的调查。例如，有毒害物质曾经在一个场地使用或者处理过，在生产环节有可能因管理不善或者监管不严致使土壤受到污染，那么基本可以被认定为是污染场地。条例还规定了污染土壤的行为人负有修复污染土壤的责任，修复过程中要对修复技术的适当性进行评价，并保证修复后场地要能够达到之前的使用水平。此外还必须保证修复后的土壤在未来较长时间内，污染物质不再增多，不影响人们的身体健康和生态环境的稳定。

为深入落实《联邦土壤保护法》的实施，并进一步丰富其内容，德国各州

的地方性土壤污染防治立法也如火如荼地进行着，典型的有《巴伐利亚土壤保护法》、《萨尔州土壤保护法》等。同时，作为欧盟的主要成员国，德国政府对增强在国际范围内的土壤污染防治合作给予高度的关注，比如加强双边、多边之间的发展规划，推进与中欧、东欧国家的合作。加强土壤污染防治的国际合作有利于相互汲取成功的治污经验，为研发先进的治污技术创造了条件。为此，德国专门制定了《生态农业法》，这部法律是欧盟推行农业清洁生产体系的一个重要组成部分，而且通过制定农用地休耕制度、减少化肥、农药的施用量等措施来缓解农用地土壤污染。

总结以上德国在土壤污染防治方面的立法经验可以得出，德国采用的是独立的立法模式，系统翔实地规定了土壤污染防治的各项制度，不仅方便国家从整体上掌控全国的土壤污染问题，还能高效地治理受污染的土壤。在整个法律体系上，德国同时具有一般性的农用地污染防治立法和具体的专门的农业土壤防治实施规范，正是完备的土壤污染防治法律体系为德国保护农业生态环境、保障农业的可持续发展做出了巨大的贡献。

2.1.4 日本

第二次世界大战结束以后，日本经济快速恢复，然而日本经济的高速增长伴随着资源能源的高投入、高消耗和污染物的高排放，偏重于重工业的经济增长模式带来了严重的环境污染和生态破坏，尤以土壤污染最为严重。日本之所以是世界公认的公害大国，最主要的原因就是世界八大公害事件中，四件爆发在日本。20 世纪 50 年代，因慢性镉中毒导致的骨痛病事件在日本爆发，这一事件直接把日本政府的视线拉到了防治土壤污染的问题上。日本政府为了防治土壤污染颁布了一系列的法律法规和政策，其主要目的是为了防止公害事件的再次发生。

经历过几次公害事件后，日本终于在 1970 年施行《农用地土壤污染防治法》，自此日本正式开启以立法的形式控制农村土壤污染。该法的立法目的是防治危险品对耕地土壤的污染，持续利用被污染的耕地。其涵盖了认定农村土壤污染、采取措施防治耕地污染以及量定和考察耕地污染等内容。1993 年日本对该法进行修订，以便明确规定阻碍农产品正常生长的各种手段，禁止研究威胁到人类身体健康的农牧业出产物，最终实现该法保护土壤资源、保证国民身体健康、维护基本生活环境的目的。

由于公害事件频频爆发，日本的土壤环境屡遭重创，虽然日本一再通过立法控制土壤污染，但严峻的土壤污染形势却仍不见好转。在此重大压力下，2002 年日本政府为了明确对工业用地土壤污染的调查和治理办法，特别颁布了《日本土壤污染对策法》。紧接着，日本政府又公布了《土壤污染对策法实行令》和《土壤污染对策法实行细则》，作为前法的配套规定，这两部法规对土壤污染对策法进行了更为精细的解读。

《日本土壤污染对策法》对污染土壤的调查范围、确定超标污染的区域、治理污染的措施以及相应的报告检查制度进行了规定，还提出了可以成为调查对象的污染土壤的条件以及消除污染后土壤应被恢复的程度。此法从应对环境风险的角度，对工厂企业活动以及城市开发所带来的土壤污染做出了规制。主要内容如下：首先，调查和报告部分规定了在土壤受到污染并且达到了损害人体健康的污染程度时，政府机关有权命令土壤的使用人、所有人对具体的土壤污染进行调查，再将调查情况呈送给都、道等各级行政部门。其次，在制定污染区域部分，明确规定对一个区域土壤情况的调查结果达不到环境标准时，都、道、府等行政区域有权将该土壤划定为污染区域并在全国公示。再次，各行政区域长官调查清楚造成土壤污染的原因后，在各方都无异议的情况下，应发布命令强制污染行为人承担起治理污染的责任，同时采取措施防止污染扩大化；若土地所有者或管理者不是直接的行为人，在其采取措施后，可以向污染责任人追偿清洁污染土壤所发生的费用。最后，该法在法律责任部分明确土壤所有者是负责土壤污染的基本责任人，承担相应的民法责任，例外情况是有“适当原因”可归罪给实施污染的人，则土壤所有人可以在承担了惩罚以后向实施污染的人进行追偿。

《土壤污染对策法》的有效实施改变了日本被动防治土壤污染的局面，把之前无法衡量的环境社会效益转化为可以计算的经济效益，直接推动了日本各环保产业的兴起，同时有力地改善了日本的土壤污染状况。

2.1.5 对我国的启示

对美国、荷兰和日本等先进国家土壤污染防治技术体系进行系统分析发现，各国土壤污染防治制度及管理方法既相似又存在差异，一套完整的土壤污染防治体系必须围绕风险全过程可持续管理的核心原则，从法律、管理制度及技术规范三个层面构建。其发展趋势具有如下特点：(1) 政府主导下，更多层级与更多部门的明确分工、联合监管和协调推动作用；(2) 范围更广、信息更全、公开度更透明的土壤环境质量监测工作；(3) 更多样性的创新融资机制，保证土壤污染防治稳定充足的经济来源；(4) 贯穿于土壤污染防治各个阶段的风险管控和可持续管理思想；(5) 责任人界定及责任的不断严格、完善，保护无辜利益者权利；(6) 鼓励更多利益相关者更早及全过程参与土壤环境管理决策；(7) 修复技术向环境友好型、多手段原位联合修复、快速设备化修复方向演化。

污染场地因多位于城市人口密集地区，存在较大的环境安全隐患，但目前，我国土壤污染防治仍面临法律法规缺失、技术标准配套落后、管理体系不完善等诸多问题和挑战，借鉴发达国家丰富的先进管理经验将有助于建立健全我国土壤

污染防治技术体系，从而快速有效实现土壤质量保护和土壤污染治理的长期目标。

2.1.5.1 由“重技术、轻体系”向“法律-技术-管理”三元体系转变

由于土地快速开发的需求，对资本收益、工程周期和成本节约的追求，使得工程实践中更偏向以客户需求为导向的短时高效的修复技术，虽然在一定程度上加快了修复技术研发和工程化应用，但同时严重忽视了法律体系和管理体系建设，存在盲目修复、资源浪费、二次污染风险、影响社会公平等隐患，不利于土地修复、开发和城市发展的可持续性。因此，为保障风险管控方案的有效落实，提高土壤修复治理效果及降低污染防治成本，我国应将全面构建法律法规体系、技术标准体系和可持续管理体系三元一体的“法律-技术-管理”土壤污染防治技术体系作为当前工作的重点方向。

2.1.5.2 加快推动土壤污染防治法律法规体系建设

由于土壤污染的严重性和场地管理的复杂性，土壤污染防治难以通过环境介质法律法规的分散式管理实现，尽管《土壤污染防治行动计划》（简称“土十条”）作为当前和今后一个时期我国土壤污染防治的行动纲领，在一定程度上为土壤质量管理提供了政策性指引。不应加快土壤污染防治专门立法，包括针对污染问题突出的农田、场地的污染防治相关法律法规，尤其需明确土壤污染防治工作中各部门职责与协作机制、土壤环境调查与信息公开机制、责任追溯与基于市场的融资机制、公众参与机制等的相关规定。增强土壤污染防治顶层设计的法律效力，不仅有助于完善土壤污染防治法律体系的系统性，为各部门开展工作提供法律支持，而且能有效缓解严峻的土壤环境形势，提高土壤生态系统服务功能。

2.1.5.3 完善土壤污染防治技术标准体系

作为环境执法和管理的基本依据和主要工具，原则层面的法律法规必须有依法制定的标准、指南等技术规范的配套才能有效落实。借鉴国外经验，应根据现阶段土壤质量现状、污染特点和现实挑战，及时修订、制定针对不同土地利用类型、不同区域的土壤环境质量标准，针对不同污染物、不同场地特征、不同再利用用途的修复技术筛选和修复标准指南，以及针对不同污染物、不同治理修复技术的工程技术规范，咨询和修复企业的行业准入及从业人员技能标准等，完善污染调查、风险评估、治理修复和修复结果验收相关技术体系。

2.1.5.4 建立基于风险分类分级的可持续管理体系

我国土壤类型的多样性和土壤污染的复杂性决定了应按污染程度和土地用途

实施土壤环境风险分类分级管理的基本决策。对农用地应按污染程度实施风险分级管控，全面治理农田土壤污染及农作物重金属超标情况，具体表现为：对清洁土壤（对应“土十条”中未污染和轻微污染类别）采取优先保护，对轻度污染土壤采取农艺调控，对中度污染土壤采取治理修复，对重度污染土壤采取替代种植措施等。对建设用地根据企业生产状态（新建、在产、搬迁后土地用途变更和搬迁后闲置）分别实施以污染预防、清洁生产、安全利用和防止污染扩散为重点的分类管理措施，形成建设用地污染预防、环境调查、风险评估、治理修复、全过程监管和可持续再利用的技术体系。在保障人体健康和环境安全的同时，深入学习发达国家绿色可持续修复的内涵、原则、评价指标、技术和管理要求，将绿色可持续性理念贯穿修复设计和施工全过程，鼓励各利益方的积极参与与监督。首先，从环境敏感性的角度降低或消除生态风险，减少修复行为自身的环境足迹，预防产生二次污染；其次，从社会可接受的角度刺激经济生产力，综合考虑人体健康、技术可行性、公众接受度、市场价值等的平衡；再次，从城市发展的角度结合土壤环境功能和城市空间规划，合理确定土地再利用用途，关注土地流转再利用过程环境、社会及经济效益的有机统一；最后，积极探索信息数据库与共享、部门职责与协调、私人与社会融资、公众参与决策等管理机制，以完善管理体系并保障其有效实施。

2.2 我国土壤污染防治管理政策

我国是一个传统的农业大国，农用地土壤污染问题存在已久，各种问题不断出现，污染状况也日渐加深。国家高度重视相关的污染治理工作，将土壤污染防治工作提上议事日程，放在与大气、水污染防治同等重要的位置，全面推进土壤污染防治工作。“十一五”期间，环境保护部组织开展了全国土壤污染状况调查，启动了土壤环境质量标准修订工作。“十二五”期间，出台了一系列土壤污染防治政策文件，加快推进土壤污染防治立法，制订实施了重金属综合防治规划，启动土壤污染治理与修复试点示范，全面部署土壤污染防治工作，编制土壤污染防治行动计划等。

2.2.1 法令规章层面

我国目前涉及土壤污染防治内容的法律法规主要有综合性法律、单行环境保护法、资源保护法及资源保护条例等。其中综合性保护法有《中华人民共和国宪法》《中华人民共和国刑法》《中华人民共和国环境保护法》等，这些法律中相关条款直接或间接对土壤环境提出了综合性的保护要求。单行环境保护法有《中华人民共和国水污染防治法》《中华人民共和国固体废物污染环境防治法》《中华人民共和国放射性污染防治法》等，这些法律是在预防水、固体及放射性固体

废物污染的基础上提出对土壤的保护，旨在对水、固体废物及放射性固体废物导致的污染进行防治。

从国家整体角度来看，首先是宪法，作为法律体系中的母法，宪法中关于农用地土壤污染防治的规定对其他法律具有不可忽视的指导作用。宪法的第十条和第二十六条的规定虽然没有直接针对农用地土壤污染，表明了政府有义务和责任对环境保护采取行动。另外，我国法律体系中还有许多法律涉及了农用地土壤污染防治的相关内容，例如2015年修订实施的《中华人民共和国环境保护法》第二十条中也有了这样类似的规定，此外，在《中华人民共和国农业法》中也有类似的规定，第五十八条规定："农民和农业生产经营组织应当保养耕地，合理使用化肥、农药、农用薄膜。"在《基本农田保护条例》第三条规定了我国基本农田保护的方针是"全面规划、合理利用、用养结合、严格保护"；第五条规定任何单位和个人都有保护基本农田的义务；第十七条规定禁止破坏基本农田；第十九条规定国家鼓励施用有机肥，合理施用农药和化肥。

除了这些单行法律，我国的许多政府规章和条例对农用地土壤污染防治也有较多的规定。例如2005年国务院印发了《全国土地利用总体规划纲要（2006—2020年）》，在文件的第三版中强调了我国"必须要坚持18亿亩耕地红线"，并且对全国范围内各个地区的基本农田做了明确的划分，要求在土地利用和保护上保证基本农田的优先级。此后，中央政府颁布了诸多的条例来针对土壤污染，其中涉及农用地土壤的有2005年的《关于落实科学发展观加强保护环境的决定》，2007年一号文件《中共中央　国务院关于推进社会主义新农村建设的若干意见》，2008年出台的《关于加强土壤污染状况防治工作的意见》，以及2013年的《畜禽规模养殖污染防治条例》要求需采取畜禽规模养殖污染的综合利用手段，提高废弃物资源的再利用率，降低农业用地土壤污染的生态风险；2014年的《高标准农田建设通则》也要求地方政府的相关部门做好基本农田的污染防治工作，履行环境污染检测和评价的协作职责，定期报告基本农田的污染现状和防治效果。

《土壤污染防治行动计划》（土十条）的出台使我国农用地土壤污染防治有了依据。"土十条"明确了当前土壤污染防治工作的总体原则，"预防为主，保护优先，风险管控，突出重点区域、行业和污染物，实施分类别、分用途、分阶段治理，严控新增污染、逐步减少存量"，但具体到农用地土壤污染防治，尚未给出微观可操作性措施。

"土十条"出台后，地方土壤污染防治工作加快推进，仅湖北省和福建省就出台了多项的土壤地方法律法规。地方农用地土壤污染防治工作的重点内容和措施，不同地方各有特点和侧重。综观地方有关农用地土壤治理的相关内容，可以总结为以下三点：（1）落实《土壤污染防治行动计划》，在各地区范围内进行农用地土壤污染状况详查；（2）开展农用地土壤污染治理与修复试点项目，尤其是重金属污染的农用地土壤修复试点项目；（3）加强推进农用地土壤污染的控制及对污染源的监管工作。

2018 年 8 月 31 日，十三届全国人大常委会第五次会议表决通过了《中华人民共和国土壤污染防治法》，这是我国首次制定的专门的法律来规范防治土壤污染，将于 2019 年 1 月 1 日起施行。土壤污染防治法共 7 章、99 条。明确了土壤污染防治应当坚持预防为主、保护优先、分类管理、风险管控、污染担责、公众参与的原则。在土壤污染预防和保护方面，要求设区的市级以上地方人民政府生态环境主管部门应当按照国务院生态环境主管部门的规定，根据有毒有害物质排放等情况，制定本行政区域土壤污染重点监管单位名录，向社会公开并适时更新；并强化农业投入品管理，减少农业面源污染，加强对未污染土壤和未利用地的保护。法律提出国家建立农用地分类管理制度，按照土壤污染程度和相关标准，将农用地划分为优先保护类、安全利用类和严格管控类；对不同类的农用地，法律分别规定了不同的管理措施，明确了相应的风险管控和修复要求。土壤污染防治法的出台实施，是贯彻落实党中央有关土壤污染防治的决策部署，也有助于完善中国特色法律体系，尤其是生态环境保护、污染防治的法律制度体系，更为开展土壤污染防治工作，扎实推进净土保卫战提供法治保障。

2.2.2 规范性文件层面

2004 年后，国务院及环境保护部针对土壤污染防治工作出台了一系列规范性文件。涉及工作主要包括针对特定场地的土壤污染防治工作、土壤调查专项工作及土壤污染防治工作总体安排等方面。

针对特定场地的土壤污染防治工作对象主要为工业企业场地和地震灾区。针对工业企业场地再次开发利用过程的土壤污染防治工作，2004 年，原国家环境保护总局颁布《关于切实做好企业搬迁过程中环境污染防治工作的通知》；2012 年，环境保护部颁布《关于保障工业企业场地再开发利用环境安全的通知》；2014 年，国务院颁布《关于推进城区老工业区搬迁改造的指导意见》；同年，环境保护部颁布《关于加强工业企业关停、搬迁及原址场地再开发利用过程中污染防治工作的通知》；2016 年，环境保护部公布《污染地块土壤环境管理办法》。这些文件的出台，旨在保护人民群众的生命安全，保障工业企业场地再开发利用的环境安全。要求在对原址土地进行场地土壤环境质量调查和风险评估的基础上，开展土壤功能修复和再开发利用工作。针对地震灾区土壤污染防治工作，2008 年，环境保护部颁布《关于发布〈地震灾区土壤污染防治指南（试行）〉的公告》，旨在保障农产品质量安全、人民群众身体健康和防止地震灾区土壤污

染。要求在对灾区土壤污染进行调查和风险评估的基础上，结合灾区重建工作实际开展土壤治理、修复工作。

针对土壤调查专项工作，2006 年，原国家环境保护总局颁布《关于成立国家环境保护总局土壤调查专项工作领导小组及办公室的通知》，标志中国正式启动全国土壤调查专项工作。目前，这项工作的主要工作成果有《全国土壤污染状况调查公报（2014 年）》。

针对土壤污染防治工作总体安排，2008 年环境保护部颁布《关于加强土壤污染防治工作的意见》；2013 年，国务院颁布《关于印发近期土壤环境保护和综合治理工作安排的通知》；2016 年，国务院颁布《关于印发土壤污染防治行动计划的通知》，对土壤污染防治工作提出从污染状况调查、健全法律法规和标准体系、加强监管能力建设、投入机制、科技支撑、宣传教育与培训、目标考核等方面进行强化。这些文件的出台将加快中国土壤污染防治立法工作开展。

2.2.3　标准体系

中国现行土壤环境标准体系主要包括四类：第一类是环境质量（评价）标准，包括 2 项土壤环境质量标准：《土壤环境质量 农用地土壤污染风险管控标准（试行）》(GB 15618—2018)、《土壤环境质量 建设用地土壤污染风险管控标准（试行）》(GB 36600—2018)，分别适用于耕地（园地、牧草地可参照执行）和建设用地土壤污染风险筛查和分类/风险管制；4 项特定用地土壤质量评价标准，分别适用于食用农产品产地、温室蔬菜生产用地、展览会用地和核设施退役场址，主要是针对农业用地、展览会用地、核设施退役场址等土壤环境质量提出相应标准要求。第二类是技术导则与规范，主要是针对污染场地调查、环境监测、风险评估、土壤修复等规定了基本原则、程序、内容及技术要求，规范了污染场地土壤污染防治工作，对放射性污染和致病性生物污染场地未提出相应规范要求，对农用地土壤污染的风险评估也未提出规范要求。第三类是监测规范方法标准，包括 9 项土壤环境质量监测方法和 34 项土壤污染物测定方法，涉及反映土壤质量中总砷、铅、镉、总汞、铜、锌、镍、六六六、滴滴滴和全氮含量的测量方法，针对土壤污染的有机污染物和无机污染物制定规范测定方法。第四类是基础类标准，包括 2 项相关术语标准，规定了土壤质量词汇和场地环境管理相关的名词术语与定义。

表 2-1 汇总了截至 2018 年 8 月底发布的国家层面的土壤修复重点政策，可见，近十年来我国土壤污染防治工作取得了积极进展，具有中国特色的土壤污染防治体系正在逐步构建和形成。

表 2-1　我国土壤污染防治管理体系主要组成

类别	序号	发布时间	名　称	主　要　内　容
法令规章	1	2011 年 3 月	《土地复垦条例》	强调土地复垦过程要保护土壤质量与生态环境
	2	2011 年 12 月	《重金属污染综合防治“十二五”规划》	确定内蒙古、江苏省等 14 个重金属污染综合防治重点省份、138 个重点防治区域和 4452 家重点防控企业；规划到 2015 年，重点区域铅、汞、铬、镉和类金属砷等重金属污染物的排放比 2007 年减少 15%
	3	2014 年 4 月	《中华人民共和国环境保护法》修订案	增加土壤修复的内容，《中华人民共和国土壤污染防治法》列入第一类立法计划项目，《土壤污染防治行动计划》获环保部通过
	4	2015 年 11 月	《国家环境保护“十三五”科技发展规划》	预计投入 300 亿元建设一批国家环境保护重点实验室和国家环境保护工程中心。其中，土壤和地下水污染防治领域投入 30 亿元，占总投入的 10%
	5	2016 年 5 月	《土壤污染防治行动计划》（简称“土十条”）	到 2020 年，土壤污染恶化趋势得到遏制；农用地土壤得到有效保护；建设用地土壤安全得到基本保障；土壤污染防治示范取得明显成效；强调政府和社会资本合作（PPP）模式，带动更多社会资本参与土壤污染防治
	6	2016 年 7 月	《土壤污染防治专项资金管理办法》	重点支持范围包括土壤污染状况调查及相关监测评估；土壤污染风险管控；污染土壤修复与治理；关系我国生态安全格局的重大生态工程中的土壤生态修复与治理；土壤环境监管能力提升以及与土壤环境质量改善密切相关的其他内容
	7	2016 年 12 月	《污染地块土壤环境管理办法（试行）》	明确了土地使用权人、土壤污染责任人、专业机构及第三方机构的责任，并从开展土壤环境调查、土壤环境风险评估、污染地块风险管控、污染地块治理与修复，以及治理与修复效果评估五方面作出具体管理措施
	8	2017 年 2 月	《土壤整治规划（2016—2020）》	确保建成 4 亿亩高标准农田，力争建成 6 亿亩，全国基本农田整治率达到 60%；补充耕地 2000 万亩，改造中低等耕地 2 亿亩左右；整理农村建设用地 600 万亩；改造开发 600 万亩城镇低效用地；建成 4 亿~6 亿亩高标准农田，总投资 0. 72 万亿~1. 08 万亿元
	9	2017 年 4 月	《国家环境保护标准“十三五”发展规划》	配合土壤环境质量标准的修订，制定土壤环境质量评价技术规范，研究制定土壤环境调查、风险评估、风险管控以及污染场地治理修复技术规范

续表 2-1

类别	序号	发布时间	名　　称	主　要　内　容
法令规章	10	2017 年 4 月	《“十三五”环境领域科技创新专项规划》	开展农用地土壤污染防控与修复技术；工业场地土壤污染修复与安全开发利用技术；固体废物处置场地土壤污染控制与修复技术；矿区土壤污染控制与综合修复技术；土壤污染监测预警与风险管理技术
	11	2017 年 9 月	《农用地土壤环境管理办法（试行）》	加强农用地土壤环境保护监督管理，保护农用地土壤环境，管控农用地土壤环境风险，保障农产品质量安全
	12	2018 年 7 月	《工矿用地土壤环境管理办法（试行）》	为加强工矿用地土壤和地下水环境保护监督管理，防控工矿用地土壤和地下水污染提供依据
	13	2018 年 8 月	《中华人民共和国土壤污染防治法》	我国首次制定的规范防治土壤污染的专门法律，共 7 章、99 条，明确了土壤污染防治应当坚持预防为主、保护优先、分类管理、风险管控、污染担责、公众参与的原则
规范性文件	14	2008 年 6 月	《关于加强土壤污染防治工作的意见》	到 2010 年，初步建立土壤环境污染防治规划；到 2015 年基本建立土壤污染防治监督管理体系
	15	2012 年 2 月	《关于组织申报历史遗留重金属污染治理 2012 年中央预算内投资备选项目的通知》	对于原责任主体属于地方企业的项目给予最高不超过总投资 30% 的补助；对于原责任主体属于中央下放地方企业的项目给予最高不超过总投资 45% 的补助
	16	2012 年 11 月	《关于保障工业企业场地再开发利用环境安全的通知》	提出对城镇工业企业污染场地管理的基本任务，排查补污染场地，以“谁污染，谁负责”的原则确认责任主体
	17	2013 年 1 月	《近期土壤环境保护和综合治理工作安排》	到 2015 年全面摸清我国土壤环境状况，确保全国耕地土壤质量调查点位达标率不低于 80%；力争到 2020 年建成国家土壤环境保护体系
	18	2013 年 3 月	《矿山地质环境恢复治理》	成立专项资金，用于矿山地质环境修复治理工程支出及其他相关支出
	19	2014 年 5 月	《关于加强工业企业关停、搬迁及原址场地再开发利用过程中污染防治工作的通知》	组织开展关停搬迁工业企业场地环境调查；严控污染场地流转和开发建设审批
	20	2015 年 1 月	《关于推行环境污染第三方治理的意见》	首次提出把污染场地修复纳入治理范围，建议采用环境绩效合同服务模式引入第三方治理
	21	2017 年 10 月	《工业和信息化部关于加快推进环保装备制造业发展的指导意见》	从水污染防治装备、固体废物处理处置装备、土壤污染修复装备等八个重点发展领域，提出今后一段时期行业亟待攻克的关键核心技术装备研发方向

续表 2-1

类别	序号	发布时间	名　称	主 要 内 容
标准	22	2014 年 2 月	发布《污染场地术语》（HJ 682—2014）和《场地环境调查技术导则》（HJ 25.1—2014）、《场地环境监测技术导则》（HJ 25.2—2014）、《污染场地风险评估技术导则》（HJ 25.3—2014）、《污染场地土壤修复技术导则》（HJ 25.4—2014）5 项标准	为各地开展场地环境状况调查、风险评估、修复治理提供技术指导与支持
	23	2014 年 12 月	《工业企业场地环境调查评估及修复工作指南（试行）》	搬迁关停工业企业应当及时公布场地的土壤和地下水环境质量状况；组织开展关停搬迁工业企业场地环境调查；严控污染场地流转和开发建设审批；加强场地调查评估及治理修复监管
	24	2017 年 9 月	《土壤和沉积物 金属元素总量的测定 微波消解法》（HJ 832—2017）、《土壤和沉积物 硫化物的测定 亚甲基蓝分光光度法》（HJ 833—2017）、《土壤和沉积物 半挥发性有机物的测定 气相色谱-质谱法》（HJ 834—2017）和《土壤和沉积物 有机氯农药的测定 气相色谱-质谱法》（HJ 835—2017）四项环保标准发布	标准发布后，我国现行土壤环境监测方法标准达到 64 项，覆盖的目标化合物将达到 280 项，土壤标准体系日趋完善
	25	2017 年 12 月	《土壤污染治理与修复成效技术评估指南（试行）》	指导各省（市、区）委托第三方机构对本行政区域各县城（市、区）土壤污染治理与修复成效进行综合评估
	26	2018 年 1 月	《土壤污染防治先进技术装备目录》	收录 15 种先进技术装备，包括污染土壤异位淋洗修复技术、土壤与修复药剂自动混合一体化设备等
	27	2018 年 6 月	《土壤环境质量 农用地土壤污染风险管控标准（试行）》（GB 15618—2018）、《土壤环境质量 建设用地土壤污染风险管控标准（试行）》（GB 36600—2018）2 项标准	保护农用地土壤环境，管控农用地土壤污染风险，保障农产品质量安全、农作物正常生长和土壤生态环境，规定了农用地土壤污染风险筛选值和管制值，以及监测、实施与监督要求；加强建设用地土壤环境监管，管控污染地块对人体健康的风险，保障人居环境安全，规定了保护人体健康的建设用地土壤污染风险筛选值和管制值，以及监测、实施与监督要求
	28	2018 年 7 月	《农用地土壤环境质量类别划分技术指南（试行）》	适用于耕地土壤环境质量类别划分，园地、牧草地等土壤环境质量类别划分可参考该指南

为配合国家土壤修复政策的实施以及完成国家下达的受污染耕地的安全利用面积、治理与修复面积，北京、上海、福建、山东等各省市纷纷积极推进土壤污染防治工作。截至目前，全国几乎所有的省市均已出台土壤污染防治相关政策及技术、资金支持方案，为我国全面实施土壤修复和防治提供有利的支撑。土壤修复行业将形成从立法层面到执行层面，再到最终的管理办法、技术规范，及各省市的政策的一个真正执行有效的政策体系（图 2-3）。

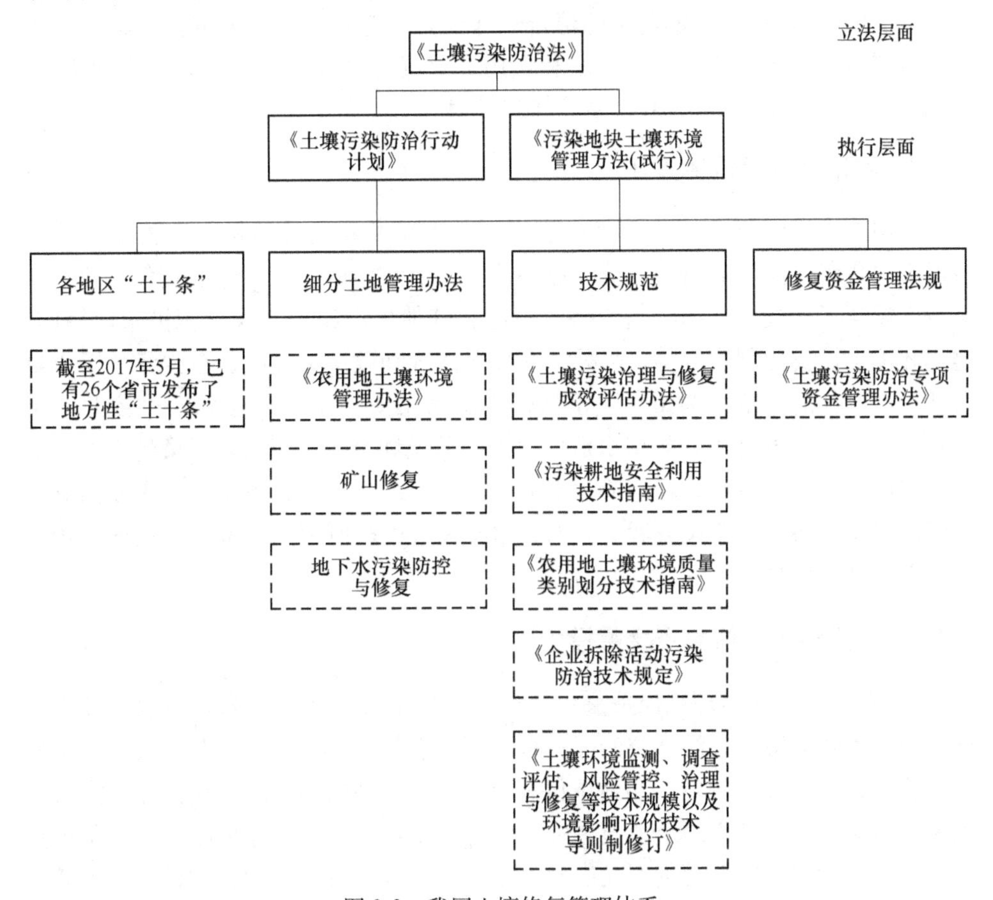

图 2-3 我国土壤修复管理体系

2.3 农用地土壤污染防治内容

2.3.1 农用地土壤的调查、监测

《中华人民共和国环境保护法》第三十二条规定国家应当加强对土壤的保护，建立健全相应的调查、监测、评估和修复制度。《中华人民共和国农业法》第五十八条规定农业主管部门要定期对农用地土壤质量进行监测。《基本农田保

护条例》第二十三条规定县级以上的农业行政主管部门，应当对基本农田环境污染进行监测和评估，并向本级人民政府定期提交土壤环境质量报告。《中华人民共和国水污染防治法》第二十四条以及《农产品产地安全管理办法》第五条均有农用地土壤监测相关规定。《关于农田污灌危害农产品问题解决意见的报告》中要求相关部门定期组织对农用地土壤的调查、监测与评估。这些法律规定初步形成了我国的农用地土壤监测制度体系。

在2016年发布《土壤污染防治行动计划》（简称为《土十条》）后针对我国日益严重的农产品质量安全威胁和农用地土壤污染危机，国家要求在2018年底完成全国所有农用地土壤污染状况的统计和调查。

2.3.2　农用地土壤法律责任

农用地土壤法律责任主要存在于《中华人民共和国环境保护法》第三十三条提出的各级人民政府对于保护农业环境和防治农用地土壤污染的责任；第四十二条中规定了排放污染物的企业事业单位和其他生产经营者应当积极采取措施，建立环境保护责任制度等等。另外，在部分法规和政策文件中也有少量关于土壤污染法律责任的规定。例如《关于加强土壤污染防治工作的意见》中依照“谁污染、谁治理”的规则，规定由造成污染的单位和个人负责对被污染的土壤或者地下水进行修复和治理，若造成污染的单位已经终止，或者由于历史等原因确实不能确定造成污染的单位或者个人的，由有关人民政府依法负责对污染的土壤或者地下水进行修复和治理。

2.3.3　农用地土壤修复资金筹措

《中华人民共和国环境保护法》第五十条规定各级政府应当在财政预算中安排资金，用以支持土壤污染防治等一系列环境保护工作。《中华人民共和国土地管理法》第四十二条规定，用地单位和个人造成土地破坏的，应当按照国家有关规定负责复垦，或者缴纳土地复垦费。此外，《生态环境损害赔偿制度改革试点方案》通过生态损害赔偿的视角，对于土壤污染修复资金来源，和设立专项修复基金的立法所涉及的基本内容，提供了法律化依据。《土壤污染防治行动计划》的颁布实施，也对我国土壤污染修复资金筹措制度构建，具有一定的立法指导意义：明确土壤污染修复基金缴存义务人；将实践中一些土壤污染修复基金资金的来源法定化；允许承担土壤修复义务的企业，向社会发行股票和债券用于筹集资金，以吸引更多的民间资本充实到土壤污染修复基金中。

除此之外，我国还建立了诸如农用地环境影响评价制度、“三同时”制度、农业清洁生产制度、环境公益诉讼制度等，这些制度在实践中均取得了不错的效果。

3 农用地土壤环境调查与评价

3.1 农用地土壤环境调查

3.1.1 农用地土壤环境调查概述

我国农用地土壤污染形式异常严峻，对农用地环境质量的了解和判断是保障农用地安全的基础工作，农用地土壤环境调查是判断农用地土壤环境质量的唯一途径，是确定是否进行后续调查、修复和管理的关键步骤，也是为污染地块后续修复和管理提供基础数据和信息的重要手段。

农用地土壤环境调查可分为两个阶段，第一阶段主要进行资料收集、现场踏勘、人员访谈等工作，第二阶段主要进行初步的采样分析工作，如有必要，还需要进行详细的采样分析工作。与《场地环境调查技术导则》（HJ 25. 1—2014）中所制定的场地环境调查的工作程序所不同的是，农用地土壤环境调查不需要进行第三阶段的风险评估的工作，且《污染场地风险评估技术导则》（HJ 25. 3—2014）中明确写道，该标准不适用于农用地土壤污染的风险评估。

农用地场地环境调查的工作内容与程序如图 3-1 所示。

目前，国家针对土壤和地下水的环境调查与监测工作，已经出台了一系列相关标准和规范，其中也有专门针对农用地的标准和规范。在进行农用地土壤的环境调查和检测时，必须严格遵循目前国内出台的环境调查的相关标准和技术规范，对现场调查采样、样品保存运输、样品分析等一系列过程进行严格的质量控制，保证调查与监测的科学性、准确性和客观性。目前在农用地土壤环境调查和监测过程中需要参考的主要标准和规范见表 3-1。

表 3-1 农用地土壤环境调查和监测的相关标准和规范

序号	标准规范名称	标准号	日　期
1	《场地环境调查技术导则》	HJ 25. 1—2014	2014/2/19 发布，2014/7/1 实施
2	《场地环境监测技术导则》	HJ 25. 2—2014	2014/2/19 发布，2014/7/1 实施
3	《农用地土壤污染风险管控标准（试行）》	GB 15618—2018	2018/6/22 发布，2018/8/1 实施
4	《食用农产品产地环境质量评价标准》	HJ/T 332—2006	2006/11/17 发布，2007/2/1 实施
5	《温室蔬菜产地环境质量评价标准》	HJ/T 333—2006	2006/11/17 发布，2007/2/1 实施
6	《土壤环境监测技术规范》	HJ/T 166—2004	2004/12/9 发布实施

续表 3-1

序号	标准规范名称	标准号	日　期
7	《地下水环境监测技术规范》	HJ/T 164—2004	2004/12/9 发布实施
8	《农田土壤环境质量监测技术规范》	NY/T 395—2012	2012/6/6 发布，2012/9/1 实施
9	《水质样品的保存和管理技术规定》	HJ 493—2009	2009/9/27 发布，2009/11/1 实施
10	《水质采样技术指导》	HJ 494—2009	2009/9/27 发布，2009/11/1 实施
11	《污染场地术语》	HJ 682—2014	2014/2/19 发布，2014/7/1 实施

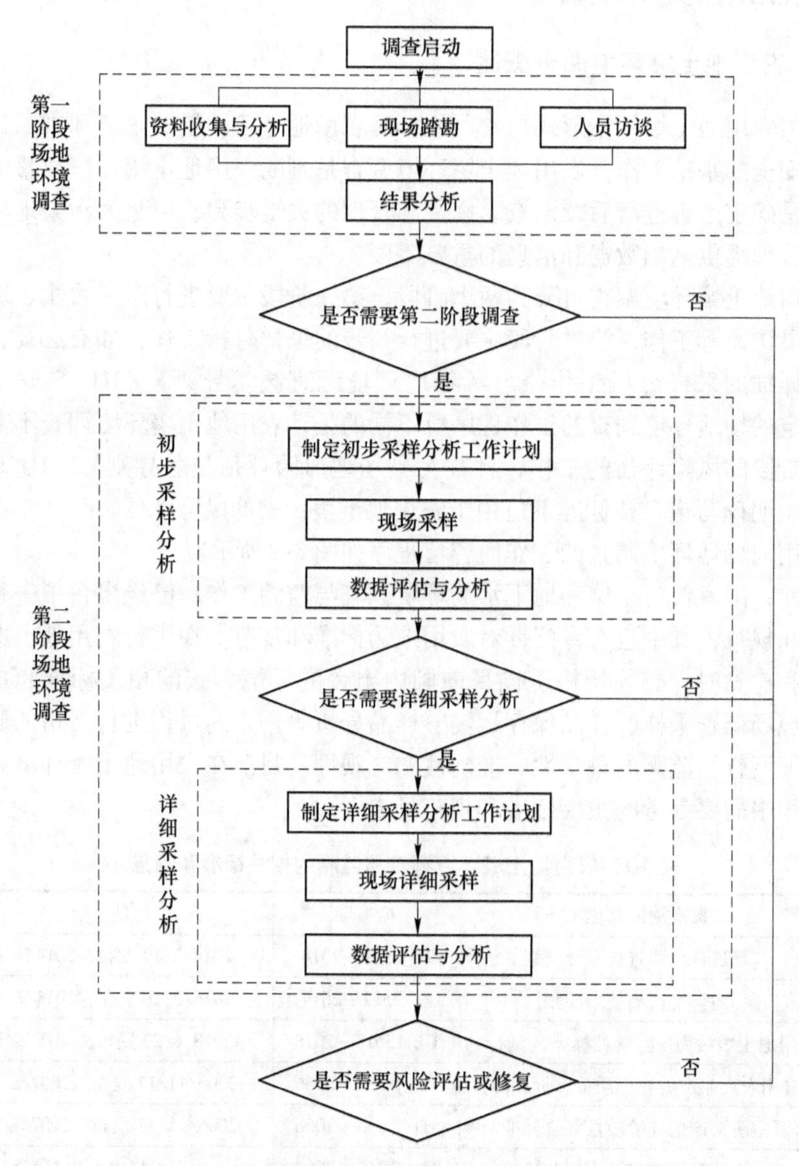

图 3-1　农用地场地环境调查的工作内容与程序

此外，各地也推行了一系列的标准，如北京市发布的《场地环境评价导则》(DB11/T 656)、《场地土壤环境风险评价筛选值》(DB11/T 811) 等，上海市发布的《上海市场地环境监测技术规范》《上海市场地环境调查技术规范》等，浙江省发布的《浙江省农产品产地环境质量安全标准》(DB33/T 558)。但在农用地土壤环境调查与监测的工作进行时，应该首先依据国家的标准和规范执行，地方的规范和导则起到补充参考和说明的作用。

目前，由于标准种类繁多，覆盖面多有重合，国家尚未明确唯一的标准，各地对于农用地土壤监测的内容和方法并未统一，很多地方参照建设用地的相关规范稍加改善而实施。因此，亟须完善并建立统一的农用地土壤环境调查与监测规范。

3.1.2 第一阶段土壤环境调查

3.1.2.1 目的和工作内容

第一阶段调查工作的目的是，通过对开展调查的农用地土壤的历史和现状进行全方位的信息调查，包括资料收集、现场踏勘和人员访谈，识别出农用地内及周边存在的污染源和污染物，初步判定农用地土壤是否具有污染的可能性。若第一阶段调查结果判定无污染的可能性，则调查活动结束；若判定有污染的可能性，则分析场地的关注区域和关注指标，为下一阶段调查提供依据。

农用地土壤第一阶段调查的工作内容主要包括：

(1) 资料收集。资料收集的内容包括农用地内及周边区域的利用变迁资料、环境资料、其他相关记录、有关政府机构文件以及场地所在区域的自然和社会信息。

(2) 现场踏勘。现场踏勘主要是调查农用地内及周围区域的现状、污染源和污染物，以及场地内的土壤污染痕迹，必要时可以使用快速检测设备进行辅助判断。

(3) 人员访谈。人员访谈是通过现场或相关部门走访、对相关人员进行面对面访谈或电话咨询等方式，对前期搜集的资料和现场踏勘所涉及的疑问和不完善处进行核实和补充。

3.1.2.2 资料收集

根据《场地环境调查技术导则》(HJ 25.1—2014) 的技术要求，资料收集工作的目标资料包括场地利用变迁资料、场地环境资料、场地相关记录、有关政府机构文件以及场地所在区域的自然和社会信息，同时需要针对农用地中的农作物、土壤、生态环境等收集相关背景资料或污染资料。资料收集主要通过资料查阅、人员访谈、填写场地信息调查表等方式进行。

农用地土壤环境调查需要收集的主要资料见表 3-2。

表 3-2 农用地土壤环境调查资料收集清单

序号	资料类型	资料种类	资料来源
1	场地利用变迁资料	调查农用地及周边区域的航拍图像或卫星图像	谷歌地图、天地图、当地建设规划局等
		土地使用和规划资料	当地土地行政主管部门
		场地内及周边区域工业企业历史及现状资料	当地环保部门或政府部门
2	场地环境资料	场地内及周边土壤及地下水污染记录，环境监测数据，固废堆放记录等	当地环保部门
3	场地相关记录	农用地农药使用记录，农作物种类及产量，耕作制度等	农用地使用权人
4	由政府机关和权威机构所保存和发布的环境资料	区域环境保护规划，环境质量公告，相关环境备案等	当地环保部门
5	场地所在区域的自然和社会信息	地形、地貌、水文、地质和气象资料等	气象部门、地质部门、地方志等
		成土母质、土壤类型、土壤质地、分层特点、土壤肥力	农业部门、地质部门
		人口密度和分布，敏感目标分布，区域所在地的经济现状和发展规划等	当地政府部门，年度统计公报等
		土地利用规划	土地管理部门，政府部门等
		国家和地方相关政策、法律、法规等	政府部门

资料收集工作任务量繁重，收集资料种类繁多，并且需要得到环保、统计、农业、国土、气象等多个部门的支持和协助。收集的资料越多，越准确，就越能保证第一阶段调查结果的准确性。对于收集来的资料要进行分析、判断，筛除错误和不合理的信息，对于数据不一致的资料，需要以权威部门提供的数据为准。分析工作完成后，需要对收集到的资料进行纸质档和电子档的归档工作。

完成资料收集工作后，需要对第一阶段工作收集到的资料进行归纳和总结，如发现资料缺失和不明确的情况要及时记录，同时在现场踏勘和人员访谈阶段进行补充和再次确认。

3.1.2.3 现场踏勘

现场踏勘需要对农用地的场地内及周围区域的现状、污染源和污染物，以及场地内的土壤污染痕迹进行调查。

现场踏勘前需要编制合理的现场踏勘计划，准备好照相机、GPS、快速检测设备等设备，并携带笔、旗帜、现场记录表格、打印好的场地位置图等材料。现场踏勘时，需要辨识场地内土壤的异常气味和颜色，同时关注农作物生长是否出现异常。若农用地中存在正在使用或者被遗弃的水井，还需要取水对地下水的气味和颜色进行观察。一旦发现有异常气味或颜色的土壤或地下水，需记录、拍照，使用 GPS 记录点位位置，并用携带的旗帜等定位材料进行现场标记，必要时可采用 XRF、PID 等快速检测设备进行初步排查。农用地内如存在地表水体，还需要关注地表水的水质状况。

同时，需要关注农用地内及周边是否存在正在生产的、已经搬迁但构筑物仍然保留的，或者已经搬迁但根据资料收集或人员访谈历史上曾经存在的工业企业的位置，并进行重点踏勘，特别要关注几点：（1）工业生产中使用化学物质的种类、数量，以及涉及的储存容器、储存条件；（2）三废的处理、排放及泄漏情况；（3）槽罐泄漏及废物的堆放痕迹。一旦发现这些区域存在土壤和地下水的异常，需要拍照和记录。

现场踏勘时还需要为第二阶段土壤环境调查工作做好准备，包括核查农用地调查范围的“四至”，判断设备及人员进场条件是否满足，确定是否可以进行地质测量。现场踏勘的另一项工作是，观察和记录农用地周边是否存在可能受到该地块污染影响的潜在敏感对象，包括居民区、学校、医院、饮用水源保护区，以及其他的公共场所等。一旦发现上述敏感对象，需拍照记录，并明确这些对象与所调查的农用地之间的相对距离。

3.1.2.4　人员访谈

人员访谈工作是对前期搜集的资料和现场踏勘所涉及的疑问和不完善处进行核实和补充，可以通过现场或相关部门走访，或对相关人员进行面对面访谈或电话咨询等方式进行。访谈涉及的相关人员应尽量专业广泛，同一专业的访谈人员最好为两人以上，以便相互印证。

访谈的对象包括但不局限于以下人员：

（1）管理者与使用者的访谈。访问农用地的管理者和使用者中的相关知情人员，可以了解到农用地场地内及周边的工业企业的历史变迁、农作物的种植和生长情况、农药的使用情况，以及是否在农用地内闻到过异味或者观察到土壤、地下水或农作物的异常情况。

（2）周边居民的访谈。访谈农用地周边的居民可以进一步了解农用地及周边的使用历史和相关情况，确认农用地管理者和使用者的相关信息，并确认是否在农用地附近闻到过异味，或者观测到土壤、地下水或农作物的异常情况。

(3) 相关政府部门的访谈。访谈当地环境保护主管部门，了解农用地过去和现在的环境状况，询问该场地及周边是否发生过污染事故，了解该场地及周边的历史工业企业及其生产情况，访问规划、土地等行政主管部门，了解农用地使用的历史变迁以及场地的未来利用规划等相关信息。

3.1.3 第二阶段土壤环境调查

3.1.3.1 目的和工作内容

第二阶段调查工作的目的是，通过对农用地中的相关检测对象，如土壤、地下水、地表水等的采集、监测、评估等一系列工作，判断农用地内是否存在关注污染物及关注污染区域，是否需要开展风险管控或修复工作，并为下一阶段的工作提供依据。

第二阶段的土壤环境调查工作包括初步调查与详细调查两部分，每一部分都需要进行方案设计、现场采样、数据检测、结果分析和报告编制的步骤。对初步调查的结果进行科学的分析后，如确认无需进行后续的详细调查，则第二阶段调查工作可以结束；否则需要继续进行后续的详细调查。详细调查需要以初步调查的结果为基础，再根据详细调查的相关规范进一步开展工作，确定场地污染物和污染区域，并判断是否需要进行风险管控或修复工作。

农用地土壤第二阶段调查的工作内容主要包括：

(1) 分析信息调查搜集的全部资料，制定有针对性的污染场地调查和监测技术方案，明确调查的目的、范围、点位布设、样品采集的要求，确定监测项目等。

(2) 在调查现场完成监测点位的定位，组织实施样品的采集和保存等各项工作。

(3) 采集的样品运送至实验室进行样品的预处理和测试分析工作，并出具检测报告。

(4) 根据场地未来规划，筛选具有针对性的评估标准，并与现场快速检测结果和实验室检测结果对比分析，最终对场地环境进行科学的评价，为场地进一步工作程序提出合理的建议。

3.1.3.2 第二阶段调查工作方案

农用地土壤第二阶段的环境调查工作包括初步调查与详细调查两部分。初步调查的工作方案需要以第一阶段的调查结果为依据制定，主要内容包括：

(1) 对第一阶段信息调查的结果进行核查，确认信息的真实性和适用性。

(2) 确定农用地的监测范围，即根据场地相关资料分析和场地踏勘结果确定场地环境初步调查范围，一般为场地界内和边界区域，以及场地外可能的污染

扩散区域。

（3）确定监测介质，监测介质主要为农用地土壤和地下水，根据具体情况还可能包括地表水、环境空气、残留废弃物和农产品等，需要根据现场踏勘情况判断监测介质。

（4）确定目标污染物，即根据第一阶段调查结果，判断农用地内及周边的生产活动、原辅料存放、污染物排放及处理等过程可能会对该地块产生潜在污染物的种类。

（5）制定采样方案，包括采样点布设、样品数量、采集方法、现场快速检测方案、样品保存及流转方案等。

（6）制定现场的施工组织计划，包括施工方案和技术措施、施工总进度、组织管理结构、质量管理及保证体系与技术措施、健康和安全防护计划、二次污染防护计划、施工应急预案等。

（7）制定实验室检测方案，包括分析项目、检测仪器、检测方法及实验室质控及质保计划。

详细调查的工作方案需要以初步调查结果为依据制定，主要内容包括：

（1）对初步调查的结果进行分析，初步判断污染物的种类和空间分布；

（2）制定采样方案，主要在初步调查超标点位的基础上进行水平方向加密和垂直方向加深布点；

（3）制定现场的施工组织计划，包括施工方案和技术措施、施工总进度、组织管理结构、质量管理及保证体系与技术措施、健康和安全防护计划、二次污染防护计划、施工应急预案等；

（4）制定实验室检测方案，包括分析项目、检测仪器、检测方法及实验室质控及质保计划。

3.1.3.3　监测对象及目标污染物的确定

按照国家《场地环境监测技术导则》（HJ 25.2—2014）要求，场地环境监测的介质主要是土壤和地下水，同时也应包括必要的场地地表水、场地环境空气或场地残余废弃物等。

农用地土壤环境调查的监测对象分为两类：一类是对受污染介质进行监测，另一类是对污染源介质进行监测，前者是判断污染的结果，后者是判断污染的成因。受污染介质主要包括农用地的土壤和地下水，有必要时，还可以进行农产品的协同监测，对受污染介质进行监测目的是判断农用地是否受到污染的最直接依据。污染源介质主要包括农用地空气、地表水、固体废弃物等，对这些污染源介质的监测，可以用于判断农用地土壤环境中污染物的主要来源，包括大气沉降物、农业灌溉水、固体废弃物等。

可选择的监测目标污染物包括pH、重金属、氰化物、氯化物、挥发性有机物（VOCs）、半挥发性有机污染物（SVOCs）、总石油烃（TPH）、持久性有机污染物（POPs）、有机氯农药、有机磷农药等。此外，也需要参考国家的相关标准和规范进行目标污染物的筛选。

3.1.3.4 布点及采样方案

在进行农用地土壤环境调查前，需要进行布点及采样方案的编制，主要包括采样位置的选取、采样点的布设，以及采样深度和样品数量的设置。

A 布设方法的选择

常见的监测布点方法包括系统随机布点法、系统布点法、分区布点法、专业判断布点法等（图3-2）。

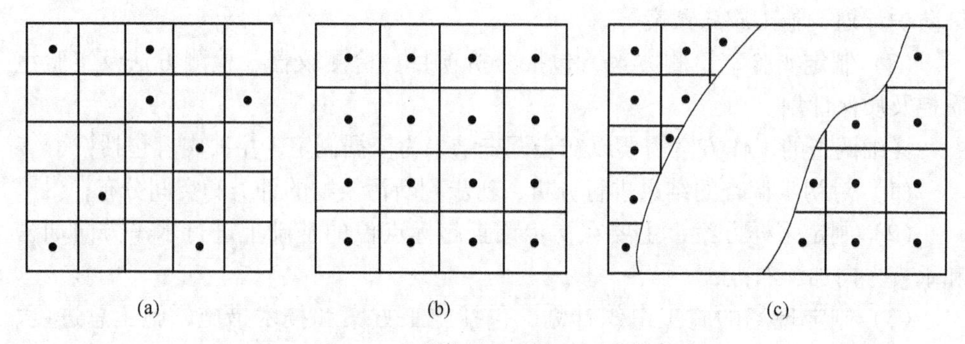

图3-2 监测点位布设方法示意图
（a）系统随机布点法；（b）系统布点法；（c）分区布点法
（引自《场地环境监测技术导则》（HJ 25.2—2014））

当农用地内土壤的特征相近、使用功能相同时，可以采用系统随机布点的方式进行采样点位的布设。系统随机布点法就是将所要监测的农用地分成面积相等的若干地块，从中随机抽取一定数量的地块，在抽中的地块内布设一个采样点位。

当农用地中的土壤污染特征不明确或原始情况严重破坏，可以采用系统布点的方式进行采样点位的布设。系统布点法就是将所要监测的农用地划分为面积相等的若干地块，每个地块内布设一个采样点位。

当农用地内历史使用功能不同，及污染特征具有明显差异时，可以采用分区布点的方式进行采样点位的布设。分区布点法就是根据农用地历史和目前的使用功能将其进行分区，再根据不同分区的面积或污染特征分别确定布点方法。

当农用地内或周边存在明确的潜在污染，且污染并非在场地内均匀分布时，可采用专业判断布点的方式，方法见表3-3。

表 3-3 农田土壤环境调查的专业判断布点法

序号	污染类型	布点方法	布点方法介绍
1	大气污染型	放射状布点法	以大气污染源为中心，向周围画由密渐稀的等密度圈，在密度圈上均匀布点。在主导风向的下风向适当增加密度圈之间的距离和布点数量
2	灌溉水及其他地表水污染型	带状布点法	在灌溉水单元两侧，根据水流向进行带状布点，采样点自纳污口起由密渐疏
3	固体废物堆及其他渗漏污染型	放射状布点法、带状布点法	需要结合地表径流和当地常年主导风向，采用放射布点法和带状布点法

在进行农用地土壤环境调查时，可以综合考虑以上提到的全部布点方法，科学地、有针对性地进行选择。

B 点位代表的面积与点位数量

《场地环境监测技术导则》（HJ 25. 2—2014）中对初步调查中每个点位代表的面积没有规定，对详细调查中每个单位代表的面积做了规定，即“原则上不应超过 1600m^2”。

而《农田土壤环境质量检测技术规范》（NY/T 395—2012）中对每个点位所代表的面积做规定，见表 3-4。

表 3-4 农田土壤环境调查中每个采样点代表的面积

序号	调查类型	每个点代表的面积/hm^2
1	农田土壤背景值调查	200~1000
2	农产品产地污染普查	10~300
3	农产品产地安全质量划分	污染区每个点代表面积：5~100 一般农区每个点代表面积：150~800
4	禁产区确认	10~100
5	污染事故调查监测	1~50

总的来说，点位代表的面积要根据农用地的污染情况和环境状况进行判断，污染越严重，环境条件越复杂，点位应布置得越多，每个点位代表的面积越小。从经济性的角度来说，应以最少的点位达到调查的目的；从精准度的角度来说，布点数量越多，每个点位代表的面积越小，得到的结论越精准。

对于最少点位数，《场地环境监测技术导则》（HJ 25. 2—2014）中只规定了详细调查的最少点位数，即在详细调查中，对于面积较小的场地，应不少于 5 个检测点位。而《农田土壤环境质量检测技术规范》（NY/T 395—2012）中规定，“无论何种情况，每个监测单元最少应设 3 个点”。综上可理解为，初步调查的最少点位数为 3 个，详细调查的最少点位数为 5 个。

同时，《农田土壤环境质量检测技术规范》（NY/T 395—2012）中也规定了长期定点定位监测时的点位数要求，见表 3-5。

表 3-5 农田土壤长期定点定位监测点位数量

序号	调查区域类型	区域点位数量/个
1	工矿企业周边农产品生产区	5~12
2	污水灌溉区农产品生产区	10~12
3	大中城市郊区农产品生产区	10~15
4	重要农产品生产区	5~15

C 对照点位的布设

对照点位布设的目的是获取区域土壤和地下水的背景值。在实际工作中，可将监测点布置在调查区域内或附近，一般将其设置在调查区域外部。对照点位需设置在一定时间内未经外界扰动的区域内。布设土壤对照点位时，还需要考虑成土母质、土壤类型及农作历史等应与调查地块一致。

地下水对照点位一般布设在地下水流向上游，布设时，需综合考虑地下水流向、水力坡度、含水层渗透性、埋深和厚度等水文地质条件，若场地内或邻近区域内的现有地下水监测井可满足地下水对照点位布设要求，则可以作为地下水对照点位。

D 地下水点位的布设

地下水点位的布设方法可参考土壤布点法，布点时需要同时考虑场地内疑似污染区域以及地下水流向，综合进行点位布设。一般来说，地下水采样点和土壤采样点位重合，地下水点位数最好不少于土壤点位数的50%。同时，一个调查区域内至少需要布设 3~4 个地下水点位，可间隔一定距离按三角形或四边形进行布设。如需要通过地下水监测了解场地的污染特征，也可以在一定距离内的地下水径流下游汇水区内布点。

若在农用地的初步调查中发现土壤超标区域，则需要在详细调查中对该区域的地下水进行布点取样。

E 采样深度和样品数量的设置

农用地土壤采样深度的选择应综合考虑污染物的迁移情况、构筑物及管线破损情况、土壤特征等因素。在初步调查时，一般分为三层采样，即采集表层土壤（0~0.2m）、深层土壤（0.2m~地下水水位），以及位于地下水位以下的饱和带土壤，每层送检一个样品。选择要送检的样品时，可在现场借助 XRF、PID 等快速检测设备进行土壤样品污染情况的初步判定，再选择浓度较高的土样送至实验室检测。需要注意的是，除非有证据证明污染物已经穿透隔水层到达深层地下水，否则在初步调查取样时不得穿透隔水层，避免造成浅层地下水污染向深层泄漏。详细调查时，则需要根据初步调查的污染深度判断详细调查的土壤采样深

度，最大深度应直至未受污染的深度为止。

地下水采样深度一般设置在监测井水面下0.5m以下，每个点位取一个样品。

3.1.3.5 现场工作的组织实施

农用地土壤第二阶段调查现场采样的工作内容，是按照预先设计的采样点位，规范地采集土壤、地下水以及其他监测介质的样品。为能顺利完成现场采样任务，应预先确定现场采样程序，做好施工组织设计和作业前的准备工作，严格按照相关规范落实场地环境调查任务。第二阶段调查的现场工作程序如下：

（1）采样点设计。在调查方案编制阶段，有针对性地设置土壤、地下水、地表水、环境空气等监测介质的采样点位，客观准确地反映场地污染现状。将设置的采样点位全部精准地绘制CAD形式的地形图上，便于现场人员确定点位。

（2）采样点现场定点。技术人员根据场地平面图，利用卷尺、经纬仪、水准仪和GPS卫星定位仪等设备，同时对照现场特征道路或构筑物的位置，在场地内部确定监测点的具体位置，同时用旗帜、喷漆等方式做好标记，写上编号。也可采用金属探测器或探地雷达等设备探测地下障碍物，确保采样点布设位置以下没有地下电缆、管线、沟槽等障碍物。

（3）样品采集。在设置的采样点位上使用取样设备进行土壤、地下水等样品的采集工作，可利用现场快速检测设备辅助判断采样深度。

（4）现场观察。采集土壤、地下水、地表水等样品时，技术人员需凭个人野外作业经验，通过肉眼观察样品色泽、土层的分布及含水情况、污染迹象等，并嗅闻样品发出的气味，做好原始记录。

（5）现场检测。技术人员使用预先标定过的重金属快速测定仪XRF、有机物快速测定仪PID、生物毒性测试仪等现场快速筛选设备，在现场定性或定量分析土壤样品污染的可能，并初步判断采样点的污染状况。使用便携式设备测量地下水pH值、温度、电导率、浊度和氧化还原点位等。

（6）制样。将已确定送检的样品按制样规范，装入实验室提供的样品瓶或样品袋中，并贴上标签纸，写上样品名称、编号和采样日期等参数，立即放置到冷藏箱中，低温保存，送检。

（7）采样点复测。测绘人员采用GPS卫星定位仪对实际采样点坐标进行复测。

3.1.3.6 实验室检测与分析

样品的检测和分析工作需委托有资质的实验室进行，一般来说，应选择同时具有CMA和CNAS认证的检测机构，且检测单位的检测能力应包含农用地土壤调查方案中设置的相关的检测物质。

样品的分析方法优先选用国家或行业标准分析方法，对尚无国家或行业标准分析方法的监测项目，可选用行业统一分析方法或行业规范。对于上述分析方法中未涉及的污染物，可采用美国环保局（EPA）和美国公共卫生协会（APHA）方法进行分析测试。

在《农田土壤环境质量检测技术规范》（NY/T 395—2012）的表2及《农用地土壤污染风险管控标准》（GB 15618—2018）的中都列明了农用地土壤常见的监测项目及检测方法。

3.1.3.7 调查报告的编制

在农用地土壤第二阶段调查的最后阶段，需要编制调查报告。调查报告的编制主要包括工作详述、数据评估、结论建议三部分内容，此外还应在报告中附上相关附件。

（1）工作详述。对农用地土壤第二阶段调查的全部工作进行详细地叙述，包括对前一阶段工作的总结和分析、第二阶段调查工作计划、现场工作组织实施情况、实验室分析检测实施情况等内容。

（2）数据评估。对实验室得到的监测数据结果进行分析，使用相应的标准值进行对比，判断农用地土壤和地下水等检测指标是否超过标准。

（3）结论建议。根据数据评估结果给出结论和建议，判断农用地是否需要进行修复、风险管控或采取退耕还林等措施。

（4）相关附件。包括现场记录照片、现场探测记录、土壤钻孔记录、监测井建井记录、实验室检测报告与质控报告等。

3.2 农用地土壤采样和监测方法

3.2.1 样品采集的组织实施

3.2.1.1 采样前的准备

农用地土壤采样前的准备工作分为物资准备、人员准备，以及技术准备三个方面。

（1）物资准备。包括采样钻井机械设施与监测井的建井材料，如三菱钻机、Geoprobe、手工钻、铁铲、井管、膨润土等；点位确认及快速检测器材，如GPS定位仪、高度计、pH测定仪、溶解氧测定仪、导电率测定仪、PID、XRF等快速检测仪器；采集样品所需的器材，如样品瓶、样品袋、蓝冰保温箱、各种材质的铲子等；记录用的文具，如记录表格、样品标签、签字笔、文件夹等；安全防

护用品，如安全帽、防护眼镜、防护口罩、防护服、防护手套、防护鞋、雨衣、常用药品等。

（2）人员准备。在进入现场工作前，需构建合理的项目组织框架，明确项目的相关参与方，包括土地责任方、方案设计单位、钻探单位、监测单位和质量监督单位。其中方案设计单位、钻探单位和监测单位可以有一方或多方构成，他们需要共同组成采样组，并进场实施农用地的采样工作。采样组的人员需要具有一定的野外调查经验，并熟悉土壤采样的技术规程，在进场前需要进行工作的技术交底和安全培训。

（3）技术准备。农用地土壤调查技术方案的编制是调查工作的重中之重，是调查结果准确合理的重要保障。在进行方案编制时，要根据规范要求，结合农用地使用情况，有针对性地设置土壤及地下水的采样点位，使设置的点位能够客观准确地反映农用地的土壤环境。采样方案确定后，技术人员需将土壤和地下水采样点位全部精准地绘制成 CAD 形式的地形图，同时需要进场进行点位的定位和确认。此外，技术准备中还包括对现场工作程序进行组织设计，以指导采样组人员的现场工作。

3.2.1.2 样品采集过程

A 土壤取样点钻孔

表层土壤样品采集时，用取样铲适当刨去裸露在空气中的表面土后，再用取样铲或手工钻取土。深层土壤采用采样机械设备钻取土样，达到规定的深度后，拔出钻杆取出采样管。如土壤监测指标包含挥发性有机污染物，则需要采用手工钻或直推式取样等方法，避免在取样过程中产生扰动。土壤样品取出时，技术人员应戴上一次性的无污染橡胶手套，根据取样深度和个数要求取得所需深度的土样。同时，将采集到的剩余土壤样品取出，装入密实袋中。取样结束后，重新回填钻孔，并将桩恢复到原位置，系上带有颜色的醒目标志物，以示该点样品采集工作已完毕。

B 土壤样品的采集和保存

土壤样品取出时，应首先采集挥发性有机污染（VOCs）土壤样品，用非扰动采样器采集不少于 5g 原状岩芯的土壤样品推入加有 10mL 甲醇（色谱级或农残级）保护剂的 40mL 棕色样品瓶内，推入时将样品瓶略微倾斜，防止将保护剂溅出。用于检测 VOCs 的土壤样品应单独采集，不可对样品进行均质化处理，也不得采集混合样。

用于检测含水率、重金属、半挥发性有机污染物（SVOCs）等指标的土壤样品，可使用采样铲，将土壤转移至广口样品瓶内并装满填实，同时可采集混合样品。混合样的采集方法见表 3-6。

表 3-6 混合样采集方法

序号	采集方法	适用范围	分点个数
1	对角线法	适用于污水灌溉的农用地土壤	由调查农用地进水口向出水口引一对角线，至少五等分，以四个等分点作为采样分点；如土壤差异性大，可增加分点数
2	梅花点法	适用于面积较小、地势平坦、土壤物质和受污染程度均匀的地块	分点数一般为五个左右
3	棋盘式法	适用于中等面积、地势平坦、土壤物质和受污染程度均匀的地块	分点数一般设为10个左右，若农用地受到污泥、垃圾等固体废弃物污染时，需增加分点数至20个以上
4	蛇形法	适宜面积较大，土壤不够均匀且地势不平坦的地块	分点数一般设为15个左右

土壤装样过程中，应尽量减少土壤样品在空气中的暴露时间，且尽量将容器装满（空气量控制在最低水平）。样品采完后，及时放到装有冰冻蓝冰的低温保温箱中，常用的土壤保存方法见表3-7。

表 3-7 土壤样品的保存方法

检测项目		采样容器	保存方法	保存期	采样量
土壤	重金属（汞、六价铬除外）	G、P	4℃低温保存	180d	1kg
	汞	G	4℃低温保存	28d	
	六价铬	G、P	4℃低温保存	1d	
	氰化物	G、P	4℃低温保存	2d	
	挥发性有机物	棕色G	4℃低温保存	7d	
	半挥发性有机物	棕色G	4℃低温保存	10d	
	总石油烃、pH、氟化物	G、P	4℃低温保存	—	

C 监测井安装

地下水监测井是在机械钻孔后，通过安装井管完成的。监测井深度为6m。钻孔完成后，安装一根封底的内径50mm、外径63mm的硬PVC井管。硬PVC井管由底部密闭的滤水管和延伸到地表面的白管两部分组成。滤水管部分是含水平细缝（缝宽0.25mm）的硬PVC花管。监测井滤水管外侧周围用粒径≥0.25mm的清洁石英砂回填作为滤水层，石英砂从滤管底部一直回填至花管顶端以上0.5m处，然后再回填不透水的膨润土；最后，在井口回填至自然地坪处。

所有监测井安装完成后，都必须进行洗井疏浚，以清除监测井内初次渗出来的地下水中夹杂的混浊物，同时也可以提高监测区周围的地下水与监测井之间的水力联系。现场洗井所用的工具为贝勒管，每口井需配备1个贝勒管，仅一次性

使用。洗井时取出的水量应大于监测井总容积的 3 倍。洗井完成后，要在监测井内的水稳定后，才能进行地下水样品的采集。

D 地下水样品采集和保存

在监测井洗井疏浚稳定后 24~48h 再对监测井进行地下水采样。采样前先再一次清洗监测井，用贝勒管取出监测井容积 3 倍的水量。用专用工具——贝勒管（材质：UPVC，直径：40mm，长度：1m）采集地下水样品，所有涉及进入监测井的测量设备使用前均严格清洗。同时采用水质快速检测设备分析溶解氧、温度、pH 值、电导率等指标，确定各项指标度数稳定后进行水样采集。

地下水样品的保存参照《水质采样——样品的保存和管理技术规定》（HJ 493—2009）等标准中的相关规定，由分析单位根据检测指标提出具体的采样规程和采样量要求。一般根据以下顺序依次进行样品采集和灌装：挥发性有机物、半挥发性有机物、总石油烃、重金属和 pH 值。

地下水样品的保存方法见表 3-8。

表 3-8 地下水样品的保存方法

检测项目		采样容器	保存方法	保存期	采样量/mL
地下水	pH	G、P	尽量现场测定	12h	500
	氟化物	P	低温、避光保存	14d	500
	氰化物	G	加 NaOH 调 pH 值不小于 12	24h	500
	六价铬	P	加 NaOH 调 pH 值为 8~9	24h	500
	铜、锌	G、P	加浓硝酸酸化至 pH 值小于 2	14d	500
	砷	G、P	加浓盐酸或浓硫酸酸化至 pH 值小于 2	14d	
	汞	G、P	加盐酸酸化至 pH 值小于 2	14d	
	铍、铅、镍、银、镉、铬	G、P	加浓硝酸酸化至 pH 值小于 2	14d	
	硒、锑	G、P	加盐酸酸化至 pH 值小于 2	14d	
	锡、铊、钼、钴	G、P	加硝酸酸化至 pH 值小于 2	14d	
	总石油烃	棕色 G	4℃避光保存	24h	1000
	有机磷农药	棕色 G	4℃避光保存	24h	1000
	有机氯农药	棕色 G	4℃避光保存	24h	1000
	挥发性有机物	吹扫瓶	用 1+10 盐酸调至 pH 值为 2，加入 0.01~0.02g 抗坏血酸除去残余氯	24h	100
	半挥发性有机物	棕色 G	4℃避光保存	24h	1000

E 采样设备的清洗

为了保证采集得到的样品的质量，避免采样设备对样品造成交叉污染，需要在样品采集前对采样设备进行清洗。针对一次性使用的设备，则均需对产生的废弃物进行合理的打包。在采样过程中，所有进行钻孔操作的设备，包括钻头、钻杆以及临时套管，在使用前以及变换操作地点时都需经过严格清洗步骤，以避免交叉污染。

F 样品的流转

需要填写样品跟踪单，用于记录每个样品从采样到检测单位分析全过程的信息。样品跟踪单经常被用来说明样品的采集和分析要求。现场专业技术人员在样品跟踪单上记录的信息主要包括样品采集的日期和时间、样品编号、采样容器的数量和大小，以及样品分析参数等内容。运输前后需严格核对标签与样品流转单是否一致。

样品由专人送至实验室，到达实验室后送样者需和接样者双方同时清点样品，即将样品逐件与样品登记表、样品标签和采样记录单核对，并在样品交接单上签字确认。样品交接单由双方各存一份备查。

3.2.1.3 样品采样的质量保证措施

（1）一般规定。参与农用地土壤采样的专业人员，需事先学习并掌握与质量保证及质量控制有关的规范。土壤和地下水采样过程中的采样设备、采样器、样品容器需保持干净，以免引入污染。在采样过程中，采样人员应佩戴丁腈一次性手套，一个样品要求使用一副手套。地下水采样过程中使用干净的、可丢弃的一次性地下水采样器。在样品收集完毕后，即刻填写样品运送清单。应在采样现场对土壤和地下水样品容器进行标注，标注内容包括日期、监测井编号、项目名称、采集时间以及所需分析的参数，同时填写样品跟踪单。采样人员还需填写记录单，记录单填写应规范、翔实，包含土壤深度、气味、质地、地下水颜色等，以便为分析工作提供依据。

（2）设备的矫正与清洗。所有机械钻孔、手工钻孔和取样设备，事先都必须进行清洗，在采样点位变动时，需再一次进行清洗。设备清洗程序为人工去除设备上的积土后，用蒸馏水擦洗，再用蒸馏水冲洗干净并擦干。地下水监测井安装后，严格进行疏浚洗井，每一口监测井使用一只专用采样贝勒管洗井，及时更换每一口监测井采集样品使用的一次性硅胶管。所有现场使用的采样瓶在使用以前都必须进行水洗、酸洗和去离子水润洗，并在常温烘干后使用。应采集土壤和地下水采样设备淋洗液空白样品，进行分析，确保淋洗液不会对采样设备造成污染。

（3）样品的处理和保存。所有土壤样品均分为平行的两份，一份用于快速检测，一份用于实验室送样检测。所有样品瓶仅在临采样前打开，采样后立即按原样封好瓶盖，尽量缩短样品瓶的开放时间。现场样品采集及样品处理应全部进行避光处理，样品处理迅速，防止样品中的VOCs挥发溢出。土壤样品处理过程均应在彩条布上进行，并避免交叉污染。

对于地下水样品，为了避免污染和交叉污染，在地下水采集期间，采样工具应被严格分开或清洗。根据监测因子样品保存需要，实验室在准备样品瓶时，应在采集瓶中添加好保存剂，确保样品在保存和运输过程中不会发生化学、生物或物理性变化。

3.2.1.4 施工现场的健康和安全防护

农用地土壤环境调查阶段是对在农用地污染未知的情况下进行的，为了避免现场采样过程中发生健康和安全事故，需要严格要求操作人员认真做好健康和安全防护工作，严格制定场地调查人员的健康和安全防护计划，主要包括以下内容：

（1）采样施工前，在现场周围保留缓冲地带或采取其他隔离方法；

（2）在现场作业过程中，工作人员应穿戴必备的安全防护用品，包括安全帽、防护眼镜、防护口罩、防护服、防护手套、防护鞋，并严格按照操作流程进行钻孔取样等操作；

（3）取土样过程中，操作工人全部佩戴两层手套，内层为橡胶手套，外层为棉质白手套，防止受污染土壤与人体的接触；

（4）在钻井、地下水取样过程中，操作人员佩戴橡胶手套，防止水体与人体的直接接触，避免水体污染对操作人员造成伤害；

（5）在不了解场地环境的健康状况时，应完全避免身体直接暴露在空气中；

（6）操作人员在施工中发现异味立即停止任何操作流程，防止有毒挥发性气体对操作人员造成伤害；

（7）高温天气中，为了防止现场操作人员中暑，应在现场配备盐汽水、清凉油、湿毛巾等，为了防止晒伤，操作人员应穿长袖衣服；

（8）取样前对操作人员进行安全培训，没有经过培训或非操作人员应与取样设备保持一定的距离，尤其要远离前部钻孔装置；

（9）采用安全交通控制措施，通过路标和信号员警告来往人员和车辆存在危险状况。

3.2.2 农用地土壤环境采样方法

3.2.2.1 手持式土壤取样器

手持式土壤采样器是国内引进的一种可以进行土壤采集的新型器具，其特点是轻便易携带，通常只需要1~2个人即可操作，和大型的取样设备相比，手持式土壤取样器的取土深度比较浅。手持式土壤取样器可以分为如下几个类别：

（1）普通土壤采样器。一般用于较简单的分析取样。

（2）土壤重金属分析采样器。适合用作重金属分析的取样分析，如做土壤修复、化工厂、房地产土壤的检测。重金属不易挥发，可以在扰动较大的情况下取样。

（3）土壤有机物分析采样器。适合用作有机物分析的取样分析使用，如做土壤修复、化工厂、房地产土壤的检测，一般同土壤重金属分析采样器一起使用。由于有机物易挥发，因此需要使用无扰动的采样器。

（4）动力土壤采样器。采样过程省力，适合采深层的土壤，既可以代替普通的土壤采样器，也可以代替土壤重金属分析采样器和土壤有机物分析采样器。

下面介绍几种常见的手持式土壤取样器。

（1）AMS 土壤取样器。AMS 土壤取样器（soil sampling）（图 3-3）常用于采集地表或浅层土壤样品，或钻取孔径 2.54~17.78cm 的土孔。使用 AMS 手钻需要人工钻入地下，依据需要的深度采集土壤样品，样品经人工转移至密实袋现场筛选，或装入专用样品瓶以进行分析。其特点是设备简便，速度较快，但会扰动土层，遭遇建筑垃圾时不易钻入。

图 3-3　AMS 土壤取样器

（2）Rhino S1 土壤取样钻机。美国犀牛 S1 取土钻机，是美国犀牛公司（Rhino）研发的一款高频锤击式柱状土壤采样系统（图 3-4），其特点是重量轻、油耗低、功率大、性能稳定等，内置美国专利技术的高频振动锤击头可以在较松软的土壤中实现最深至 10m 的土壤无扰动取样。设计独特的符合人体工程学的微震抵消手柄，使得操作人员可以轻松自如地操作钻机。

（3）绍尔浅层取样岩芯钻机。美国绍尔浅层取样岩芯钻机使用的松散材质钻头（LMB）（图 3-5）是一种注入式的硬质合金钻头，最深能够实现 23m 的钻进记录。根据钻进材质的不同，可以选择不同的钻头，如无水口金刚石钻头，用于钻断裂的硬石，比如石英；两水口的金刚石钻头，用于钻普通岩石；三水口和

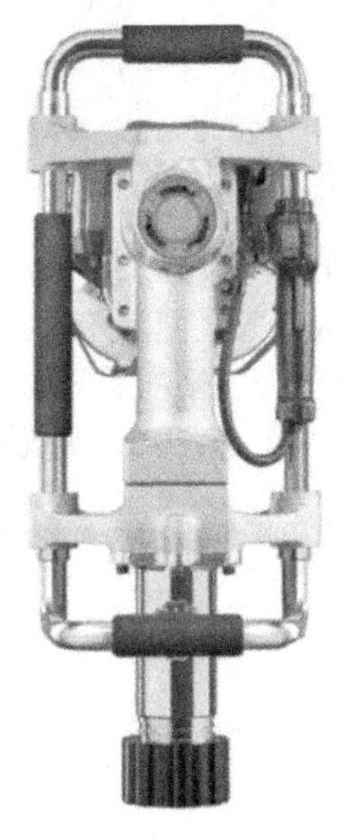

图 3-4 Rhino S1 土壤取样钻机

四水口的金刚石钻头用于钻质软的岩石；复合片钻头，用于穿透软质覆盖层，包括黏性土、泥煤等。

（4）科力 SD-1 单人手持式土壤取样钻机。澳大利亚科力 SD-1 单人手持式土壤取样钻机（图 3-6）重量轻、油耗低，可以在最密实的土壤中实现最深至 10m 的土壤取样。材质为高强度铸造热处理的铝材，内置专利技术的高频振动动力头，在几秒内就可以将钻杆振动到密实干燥的土壤中。

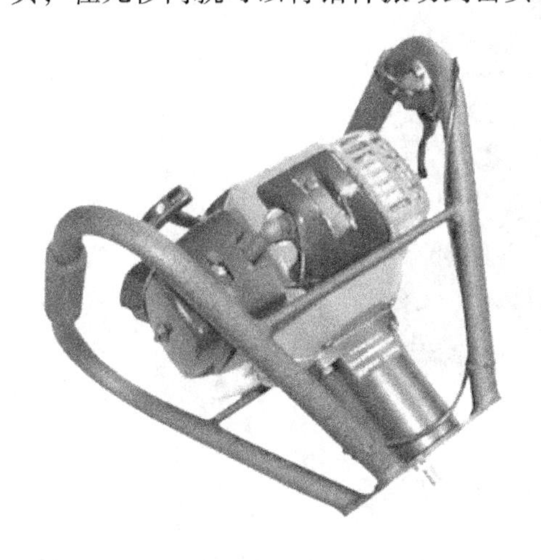

图 3-5 美国绍尔浅层取样岩芯钻机

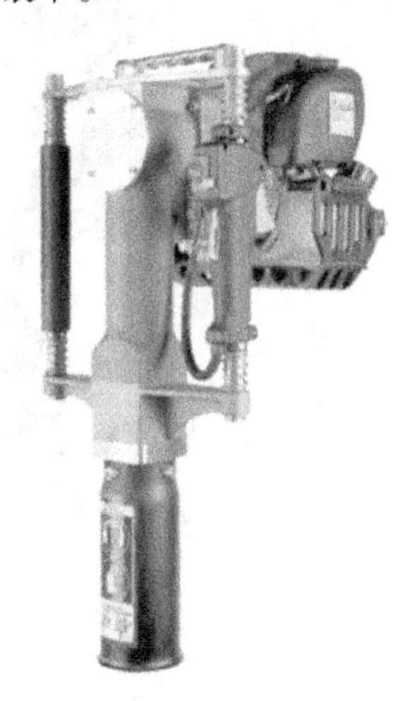

图 3-6 澳大利亚科力 SD-1 单人手持式土壤取样钻机

3.2.2.2 常见大型土壤取样设备

A Geoprobe 7822DT 设备

Geoprobe 7822DT（图 3-7）是美国 Geoprobe 公司专门为土壤地下水污染调查领域研发的，该设备结构紧凑，功能多样，重量约为 3.5t，配备 58 马力的 8 缸久保田柴油发动机，液压达到 4000psi，可在一些其他设备采样受限的区域进行作业。其可以进行直压式土壤取样、直压式地下水取样、直压式土壤气取样、中空螺旋钻建井、原位药剂注射。

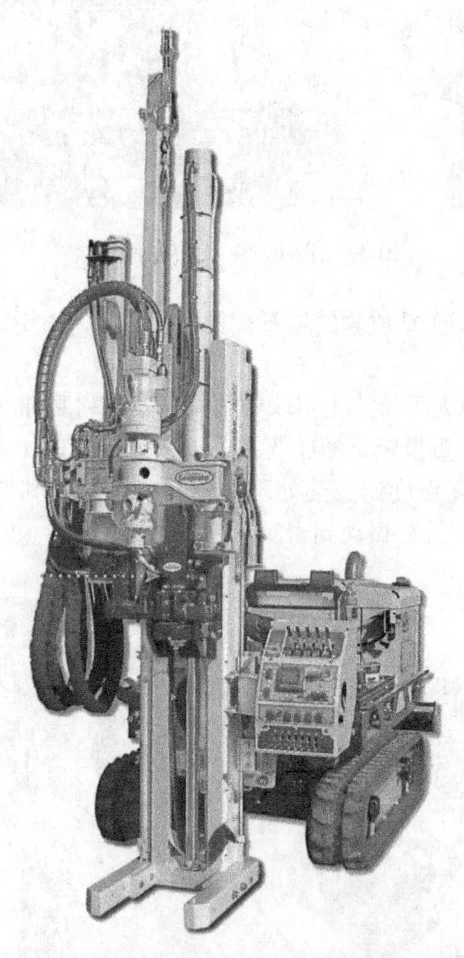

图 3-7 美国 Geoprobe 7822DT 设备

Geoprobe 7822DT 系列钻机配置有自动落锤系统，通过螺杆钻孔、套管和取芯钻孔或洗孔来做岩土工程调查的标准贯入实验。7822DT 紧凑的机身使它可在

偏远狭小的区域作业。在进行农用地环境调查时，使用螺杆钻设置监测井，大口径的监测井一般采用中空螺杆钻施工，直推地下水取样，在黏滞性土壤层取样适宜采用直推方式提取地下水样品，套管可采用2. 25in钻杆和1. 5in钻杆取得高质量水样。直推式设立监测井，通过推入2. 25in、3. 25in或3. 5in的外管可设置预置花管监测井，不需要监测井时可以将外管拔出。

B　Power Probe 设备

Power Probe 产自美国 AMS 公司（图 3-8），该公司是一家拥有 70 多年历史的专业土壤和地下水取样及修复设备制造商。在全世界范围内，Power Probe 广泛应用于土壤和地下水取样、污染修复以及工程勘察领域，为直推式（direct push）钻机行业的全球领导品牌。根据所配备的动力由小到大，Power Probe 机型分为 9100 系列、9400 系列、9500 系列和 9700 系列，各系列钻机的尺寸也随着动力的增加而增大。

图 3-8　美国 AMS Power Probe 设备

根据系统功能可划分为土壤、土壤气体与地下水取样系统、监测井系统、污染场地修复注射系统等。根据不同的使用需求，可为钻机配置不同的应用工具，包括双套管土壤取样工具、用于监测井安装的中空螺旋钻系统、土壤气体及地下水取样工具、修复药剂注射系统、SPT&CPT 工程勘察工具，以及荧光侦探（FFD）原位检测工具等。

C　SH-30 钻机

SH-30 钻机（图 3-9）普遍用于工业建筑和民用建筑以及公路、铁路和桥梁等工程地质勘察。该钻机具有冲击和回转两种钻进方式，适应性较强，可用于耕土、黏性土、砂卵石及多种杂填土等第四系覆盖层，可在不同深度取原状样。

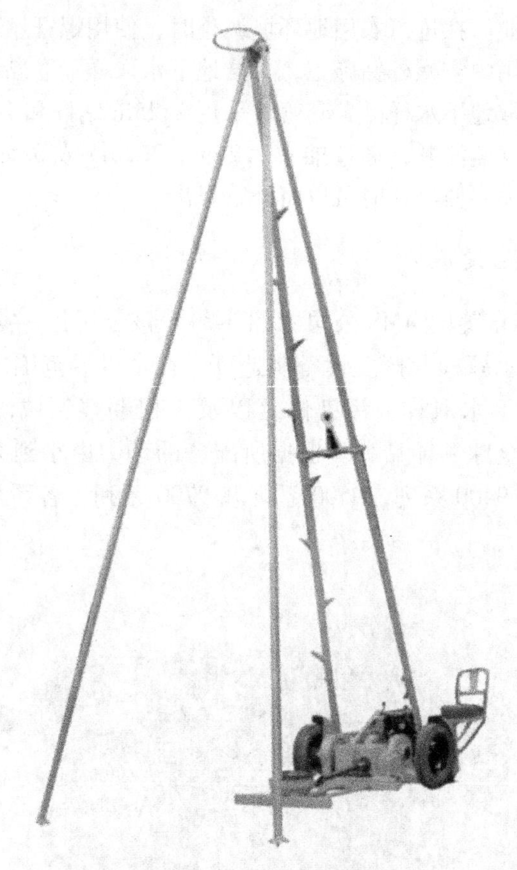

图 3-9　SH-30 钻机

D　GY-SR 60 设备

江苏盖亚环境科技股份有限公司的专利设备——GY-SR 60 土壤地下水取样修复一体机（图 3-10）的功能主要包括直推式土壤取芯、直推式地下水取样、原位药剂注入式修复、设置监测井以及混凝土开孔。

3.2.3　农用地土壤环境监测方法

3.2.3.1　监测指标的选择

农用地土壤环境调查的监测指标，需要根据当地环境污染状况，如农区大气、农灌水、农业投入品等进行选择，要着重选择在土壤中累积较多、影响范围广、毒性较强且难降解的污染物。同时，根据农作物对污染物的敏感程度，优先选择对农作物产量、安全质量影响较大的污染物，如重金属、农药、除草剂等。

《农用地土壤污染风险管控标准（试行）》（GB 15618—2018）指定了农用地

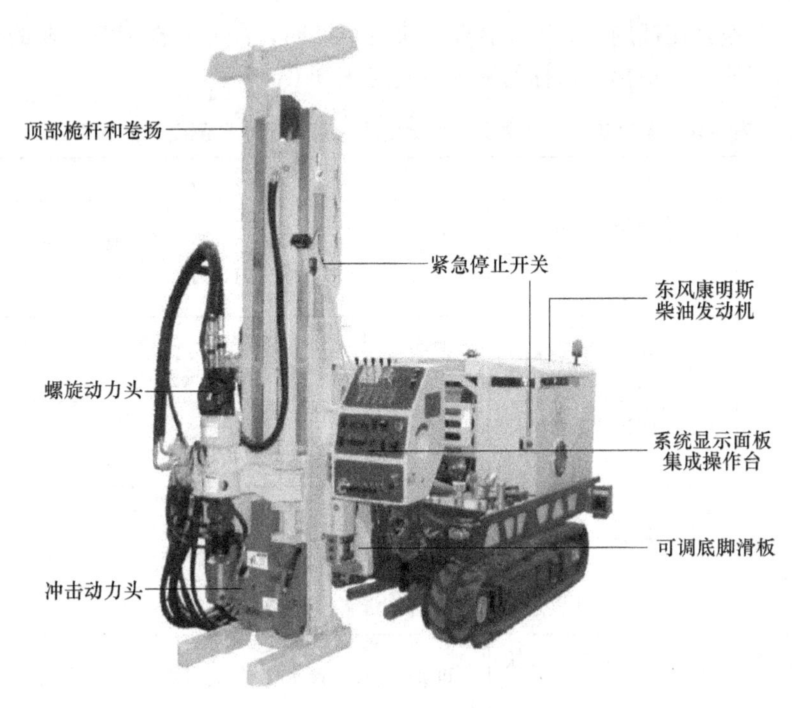

图 3-10　GY-SR 60 土壤地下水取样修复一体机

土壤环境调查的基本项目，即必测项目，包括镉、汞、砷、铅、铬、铜、镍和锌；此外，该标准中还设置了农用地土壤环境调查的选测项目，包括六六六、滴滴涕和苯并［a］芘。

《农田土壤环境质量检测技术规范》（NY/T 395—2012）推荐了 48 项农用地土壤监测时常见的监测项目，见表 3-9。

表 3-9　《农田土壤环境质量检测技术规范》中推荐的农用地常见监测项目

序号	监测类别	监　测　项　目
1	重金属	总铜、有效态铜、总锌、有效态锌、总铅、总铬、总镍、总镉、总汞、总砷、有效态铅、有效态镉
2	理化指标	pH、水分、阳离子交换量、水溶性盐、容重、机械组成、有机质、总氮、总磷、有效磷、有机碳、最大吸湿量、稀土总量
3	其他无机物	氯化物、氟化物、硫酸根离子、有效态铁、有效态锰、全钾、速效钾、钙、镁、钠、交换性钙、交换性镁、有效钼、有效硼、硫酸盐、有效硫
4	有机物	挥发性有机物、六种多环芳烃
5	农药	六六六、滴滴涕、磺酰脲类除草剂、有机磷农药

当农用地存在被周边的工业企业污染的可能时，需要根据工业企业的行业类别设置相应的检测指标，指标的筛选原则见表3-10。

表3-10　不同工业企业周边农用地的土壤及地下水监测因子筛选原则

行业大类	行业小类	主要污染因子
纺织业	棉印染精加工、毛染整精加工、麻染整精加工、丝印染精加工	重金属（铬）、苯胺类、可吸附有机卤素（AOX）、苯系物（苯、二甲苯、苯乙烯）、油剂
	化纤织物染整精加工	重金属（铬、锑）、苯胺类、苯系物（苯、二甲苯、苯乙烯、对苯二甲酸）
	针织或钩针编织物印染精加工	重金属（铬）、苯胺类、苯系物（苯、二甲苯、苯乙烯）
皮革、毛皮、羽毛及其制品和制鞋业	皮革鞣制加工、毛皮鞣制加工	pH、总铬、六价铬
造纸和纸制品业	木竹浆及非木竹浆制造	可吸附有机卤素（AOX，含二噁英）
石油加工、炼焦和核燃料加工业	原料加工及石油制品制造	总石油烃、苯系物、酚类、多环芳烃、重金属催化剂、挥发性有机污染物、硫化物、pH、铬、镍、钼等
	人造原油制造	总石油烃、酚类、多环芳烃、重金属催化剂、氰化物、硫化物、pH值、锌、铬、钼、镍、铂等
	炼焦	苯、多环芳烃、酚类化合物、氰化物、硫化物、二噁英类、挥发性有机污染物、总石油烃、铜、锰、锌等
化学原料和化学制品制造业	无机酸制造	铜、镉、锌、铬、铅、汞、砷、氟、硒、pH
	无机盐制造	氟、镉、铬、汞、镍、铅、氰、砷、锑、铜、锌、银、钼、钡、锶、钴等
	有机化学原料制造	锑、砷、铍、镉、铬、铜、铅、镍、硒、银、铊、锌、汞、氰、二氯乙烯、二氯甲烷、二氯乙烷、氯仿、三氯乙烷、四氯化碳、苯、二氯丙烷、三氯乙烯、三氯乙烷、甲苯、二溴氯甲烷、四氯乙烯、四氯乙烷、氯苯、乙苯、二甲苯、溴仿、苯乙烯、三氯丙烷、三甲苯、二氯苯、三氯苯、萘、六氯丁二烯、苯胺、2-氯酚、双（2-氯异丙基）醚、六氯乙烷、4-甲基酚、硝基苯、硝基酚、二甲基酚、二氯酚、N-亚硝基二苯胺、六氯苯、联苯胺、菲、蒽、咔唑、二正丁基酞酸酯、荧蒽、芘、3，3-二氯联苯胺、䓛、双（2-乙基己基）酞酸酯、氯苯胺、2-甲基萘、三氯酚、二硝基甲苯、芴、氯萘、二硝基酚、4，6-二硝基-2-甲酚等

续表 3-10

行业大类	行业小类	主要污染因子
化学原料和化学制品制造业	其他基础化学原料制造	锑、砷、铍、镉、铬、铜、铅、镍、硒、银、铊、锌、汞、氰、二氯乙烯、二氯甲烷、二氯乙烷、氯仿、三氯乙烷、四氯化碳、苯、二氯丙烷、三氯乙烯、三氯乙烷、甲苯、二溴氯甲烷、四氯乙烯、四氯乙烷、氯苯、乙苯、二甲苯、溴仿、苯乙烯、三氯丙烷、三甲苯、二氯苯、三氯苯、萘、六氯丁二烯、苯胺、2-氯酚、双（2-氯异丙基）醚、六氯乙烷、4-甲基酚、硝基苯、硝基酚、二甲基酚、二氯酚、N-亚硝基二苯胺、六氯苯、联苯胺、菲、蒽、咔唑、二正丁基酞酸酯、荧蒽、芘、3，3-二氯联苯胺、䓛、双（2-乙基己基）酞酸酯、氯苯胺、2-甲基萘、三氯酚、二硝基甲苯、芴、氯萘、二硝基酚、4，6-二硝基-2-甲酚等
	化学农药制造	砷、镍、锌、氰、二氯甲烷、二氯乙烷、三氯乙烷、苯、三氯乙烯、三氯乙烷、甲苯、四氯乙烷、氯苯、二甲苯、苯乙烯、三氯丙烷、三甲苯、二氯苯、三氯苯、萘、苯胺、2-氯酚、六氯乙烷、4-甲基酚、硝基苯、二甲基酚、二氯酚、六氯苯、菲、蒽、咔唑、芘、䓛、氯苯胺、2-甲基萘、三氯酚、二硝基酚、芴等
	颜料制造、染料制造	铬、铜、铅、锌、二氯甲烷、苯、甲苯、氯苯、二甲苯、苯乙烯、三甲苯、二氯苯、萘、苯胺、硝基苯、硝基酚、二甲基酚、N-亚硝基二苯胺、联苯胺、菲、蒽、咔唑、荧蒽、芘、3，3-二氯联苯胺、䓛、氯苯胺、二硝基甲苯、二硝基酚、4，6-二硝基-2-甲酚、芴等
	初级形态塑料及合成树脂制造、合成橡胶制造、合成纤维单（聚合）体的制造，以及其他合成材料制造	汞、二氯乙烯、二氯甲烷、二氯乙烷、氯仿、三氯乙烷、四氯化碳、苯、二氯丙烷、三氯乙烯、四氯乙烷、乙苯、二甲苯、苯乙烯、三氯丙烷、三甲苯、六氯丁二烯、苯胺、六氯乙烷、4-甲基酚、硝基苯、硝基酚、二甲基酚、N-亚硝基二苯胺、菲、二正丁基酞酸酯、芘、双（2-乙基己基）酞酸酯、芴等
	信息化学品制造	pH 值、砷、氟、镓、锗、砷、银、氰、二氯乙烯、二氯甲烷、硝基酚、蒽、咔唑、䓛、二硝基酚等

续表 3-10

行业大类	行业小类	主要污染因子
化学原料和化学制品制造业	化学试剂和助剂制造、专项化学用品制造，以及其他专用化学产品制造	锑、砷、铍、镉、铬、铜、铅、镍、硒、银、铊、锌、汞、氰、二氯乙烯、二氯甲烷、二氯乙烷、氯仿、三氯乙烷、四氯化碳、苯、二氯丙烷、三氯乙烯、三氯乙烷、甲苯、二溴氯甲烷、四氯乙烯、四氯乙烷、氯苯、乙苯、二甲苯、溴仿、苯乙烯、三氯丙烷、三甲苯、二氯苯、三氯苯、萘、六氯丁二烯、苯胺、2-氯酚、双（2-氯异丙基）醚、六氯乙烷、4-甲基酚、硝基苯、硝基酚、二甲基酚、二氯酚、N-亚硝基二苯胺、六氯苯、联苯胺、菲、蒽、咔唑、二正丁基酞酸酯、荧蒽、芘、3，3-二氯联苯胺、䓛、双（2-乙基己基）酞酸酯、氯苯胺、2-甲基萘、三氯酚、二硝基甲苯、芴、氯萘、二硝基酚、4，6-二硝基-2-甲酚等
	炸药及火工产品制造	硝基苯类、硝基苯酚类、黑索金、二氯乙烷、四氯化碳、苯胺类、铅、汞等
医药制造业	化学药品原料药制造	砷、镍、汞、氰、二氯甲烷、四氯化碳、苯、三氯乙烯、甲苯、四氯乙烯、氯苯、乙苯、二甲苯、溴仿、苯乙烯、二氯苯、苯胺、六氯乙烷、4-甲基酚、硝基苯、硝基酚、二甲基酚、二氯酚、荧蒽、氯苯胺、2-甲基萘、三氯酚、芴、二硝基酚等
化学纤维制造业	化纤浆粕制造	pH 值、AOX
	人造纤维（纤维素纤维）制造	pH 值、锌
	涤纶纤维制造	重金属（锑）、对苯二甲酸
	腈纶纤维制造	氰化物、锌、丙烯腈、二甲基乙酰胺
	氨纶纤维制造	pH 值、二甲基乙酰胺
	其他合成纤维制造	pH 值、苯并芘（碳纤维）、邻、对苯二胺（芳纶）
黑色金属冶炼和压延加工业	炼铁	氟化物、重金属（铅、砷、镉、铬、汞、镍、锌等）、二噁英、酚类
	炼钢	氟化物、重金属（铅、砷、镉、铬、汞、镍、锌等）、二噁英、总石油烃
	铁合金冶炼	重金属（铅、砷、铬、锰、镍、铬、铊等）
有色金属冶炼和压延加工业	铜冶炼	pH 值、重金属（铅、砷、镉、铬、汞、铜等）、二噁英（再生）
	铅锌冶炼	pH 值、重金属（铅、砷、镉、铬、汞、锌、钴、镍、铜等）、二噁英（再生）
	镍钴冶炼	pH 值、重金属（铅、砷、镉、铬、汞、镍、钴等）
	锡冶炼	pH 值、重金属（铅、砷、镉、铬、汞、铜、锌、锡等）

续表 3-10

行业大类	行业小类	主要污染因子
有色金属冶炼和压延加工业	锑冶炼	pH 值、重金属（铅、砷、镉、铬、汞、铜、锌、锡、锑等）
	铝冶炼	pH 值、氰化物、氟化物、苯并［α］芘（铝用碳素）、二噁英（再生）
	镁冶炼	氯化物、重金属（铅、砷、铜、镉、铬、汞等）
	其他常用有色金属冶炼（汞）	pH 值、重金属（铅、砷、镉、铬、汞、锑等）
	金冶炼	pH 值、重金属（砷、汞、镉、铅、锌、铜等）、氰化物
	银冶炼	pH 值、重金属（铅、砷、镉、铬、汞、银等）
	钨钼冶炼	pH 值、重金属（铅、砷、镉、铬、汞、钼等）
	稀土金属冶炼	pH 值、重金属（铅、砷、镉、铬、汞等）、氟化物
金属制品业	金属表面处理及热处理加工	pH 值、氰化物、氟化物、重金属（铬、铜、镍、镉、锌、铅、锡、汞）、铬酸雾
电气机械和器材制造业	锂电子电池制造	pH 值、重金属（钴）
	镍氢电池制造	pH 值、重金属（镍）
	铅蓄电池制造	pH 值、重金属（铅、镉）
	镍镉电池制造	pH 值、重金属（镍、镉）
	锌锰/银电池制造	pH 值、重金属（锌、锰、汞、银）
	太阳能电池制造	pH 值、氟化物
仓储业	仓储业	总石油烃、重金属（铅、砷、镉、铬、汞、铜等）
生态保护和环境治理业	危险废物治理	重金属（铅、汞、铬、镉、砷）、二噁英
公共设施管理业	环境卫生管理（生活垃圾处置）	重金属（铅、汞、铬、镉、砷）、二噁英

3.2.3.2 现场快速检测

A 土壤样品的快速检测

取得土壤样品后迅速采用快速检测设备对样品进行快速检测，常用的快速检测设备为便携式 X 射线荧光光谱分析仪（XRF）和便携式光离子化检测器（PID），两个快速检测设备分别可以对土壤中的金属离子和 VOCs 进行初步检测分析，初步确定土壤的受污染程度。一般来说，可以每间隔 0.5m 分别采集一个土壤样品，均进行快速检测筛查，然后将筛选出的浓度比较高的样品送往实验室进行精确分析。

现场快速检测土壤中 VOCs 时，用采样铲在 VOCs 取样相同位置采集土壤置于聚乙烯自封袋中，自封袋中土壤样品体积应占 1/2～2/3 自封袋体积，取样后，自封袋应置于背光处，避免阳光直晒，取样后在 30min 内完成快速检测。检测时，将土样尽量揉碎，放置 10min 后摇晃或振荡自封袋约 30s，静置 2min 后将 PID 探头放入自封袋顶空 1/2 处，紧闭自封袋，记录最高读数。

XRF 在使用前应用标准金属元素校准块进行校准，同时每测定 30 个样品进行一次平行样 XRF 测定。在对土壤样品进行快速监测前应对其进行压实平整操作，提高 XRF 测定的准确度。PID 在使用前用 100×10^{-6}的异丁烯标准气体进行校准，同时每测定 20 个样品进行一次平行样 PID 测定。

B　地下水样品的快速检测

在地下水样品采集前，需要进行地下水监测井的洗井工作，洗井工作需要借助水质快速检测设备进行。

首先洗井前对 pH 计、溶解氧仪、电导率和氧化还原电位仪等检测仪器进行现场校正，校正结果填入“地下水采样井洗井记录单”，然后采用水质快速检测设备分析溶解氧、温度、pH、电导率等指标。开始洗井时，以小流量抽水，记录抽水开始时间，同时洗井过程中每隔 5min 读取并记录 pH、温度（T）、电导率、溶解氧（DO）、氧化还原电位（ORP）及浊度，连续三次采样达到以下要求结束洗井：

（1）pH 变化范围为±0. 1；

（2）温度变化范围为±0. 5℃；

（3）电导率变化范围为±3%；

（4）DO 变化范围为±10%，当 DO<2. 0mg/L 时，其变化范围为±0. 2mg/L；

（5）ORP 变化范围±10mV；

（6）10NTU<浊度<50NTU 时，其变化范围应在±10%以内；浊度<10NTU 时，其变化范围为±1. 0NTU；若含水层处于粉土或黏土地层时，连续多次洗井后的浊度≥50NTU 时，要求连续三次测量浊度变化值小于 5NTU。

各项指标指数稳定后表明洗井工作结束，可以进行水样采集。

3. 2. 3. 3　实验室常用分析方法和设备

在进行农用地土壤环境调查时，土壤样品的分析优先选用国家或行业标准分析方法，尚无国家或行业标准分析方法的监测项目，可选用行业统一分析方法或行业规范。在《农用地土壤污染风险管控标准（试行）》（GB 15618—2018）和《农田土壤环境质量检测技术规范》（NY/T 395—2012）中均规定了农用地土壤检测时的分析方法。目前，我国出台的土壤中常见监测指标的测定方法见表 3-11。

表 3-11 土壤监测指标测定方法

序号	标 准 名 称	标准号
1	土壤 pH 值的测定 电位法	HJ 962
2	土壤和沉积物 氨基甲酸酯类农药的测定 高效液相色谱-三重四极杆质谱法	HJ 961
3	土壤和沉积物 氨基甲酸酯类农药的测定 柱后衍生-高效液相色谱法	HJ 960
4	土壤和沉积物 多溴二苯醚的测定 气相色谱-质谱法	HJ 952
5	土壤和沉积物 总汞的测定 催化热解-冷原子吸收分光光度法	HJ 923
6	土壤和沉积物 多氯联苯的测定 气相色谱法	HJ 922
7	土壤和沉积物 有机氯农药的测定 气相色谱法	HJ 921
8	土壤和沉积物 有机物的提取 超声波萃取法	HJ 911
9	土壤和沉积物 多氯联苯混合物的测定 气相色谱法	HJ 890
10	土壤 阳离子交换量的测定 三氯化六氨合钴浸提-分光光度法	HJ 889
11	土壤 水溶性氟化物和总氟化物的测定 离子选择电极法	HJ 873
12	土壤和沉积物 有机氯农药的测定 气相色谱-质谱法	HJ 835
13	土壤和沉积物 半挥发性有机物的测定 气相色谱-质谱法	HJ 834
14	土壤和沉积物 硫化物的测定 亚甲基蓝分光光度法	HJ 833
15	土壤和沉积物 金属元素总量的消解 微波消解法	HJ 832
16	土壤和沉积物 多环芳烃的测定 气相色谱-质谱法	HJ 805
17	土壤 8 种有效态元素的测定 二乙烯三胺五乙酸浸提-电感耦合等离子体发射光谱法	HJ 804
18	土壤和沉积物 12 种金属元素的测定 王水提取-电感耦合等离子体质谱法	HJ 803
19	土壤 电导率的测定 电极法	HJ 802
20	土壤和沉积物 多环芳烃的测定 高效液相色谱法	HJ 784
21	土壤和沉积物 无机元素的测定 波长色散 X 射线荧光光谱法	HJ 780
22	土壤 氧化还原电位的测定 电位法	HJ 746
23	土壤 氰化物和总氰化物的测定 分光光度法	HJ 745
24	土壤和沉积物 多氯联苯的测定 气相色谱-质谱法	HJ 743
25	土壤和沉积物 挥发性芳香烃的测定 顶空/气相色谱法	HJ 742
26	土壤和沉积物 挥发性有机物的测定 顶空/气相色谱法	HJ 741
27	土壤和沉积物 铍的测定 石墨炉原子吸收分光光度法	HJ 737
28	土壤和沉积物 挥发性卤代烃的测定 顶空/气相色谱-质谱法	HJ 736
29	土壤和沉积物 挥发性卤代烃的测定 吹扫捕集/气相色谱-质谱法	HJ 735
30	土壤质量 全氮的测定 凯氏法	HJ 717
31	土壤和沉积物 酚类化合物的测定 气相色谱法	HJ 703

续表 3-11

序号	标 准 名 称	标准号
32	土壤 有效磷的测定 碳酸氢钠浸提-钼锑抗分光光度法	HJ 704
33	土壤 有机碳的测定 燃烧氧化-非分散红外法	HJ 695
34	土壤和沉积物 汞、砷、硒、铋、锑的测定 微波消解/原子荧光法	HJ 680
35	土壤和沉积物 丙烯醛、丙烯腈、乙腈的测定 顶空-气相色谱法	HJ 679
36	土壤 有机碳的测定 燃烧氧化-滴定法	HJ 658
37	土壤和沉积物 二噁英类的测定 同位素稀释/高分辨气相色谱-低分辨质谱法	HJ 650
38	土壤 可交换酸度的测定 氯化钾提取-滴定法	HJ 649
39	土壤和沉积物 挥发性有机物的测定 顶空/气相色谱-质谱法	HJ 642
40	土壤 水溶性和酸溶性硫酸盐的测定 重量法	HJ 635
41	土壤 氨氮、亚硝酸盐氮、硝酸盐氮的测定 氯化钾溶液提取-分光光度法	HJ 634
42	土壤 总磷的测定 碱熔-钼锑抗分光光度法	HJ 632
43	土壤 可交换酸度的测定 氯化钡提取-滴定法	HJ 631
44	土壤 有机碳的测定 重铬酸钾氧化-分光光度法	HJ 615
45	土壤 毒鼠强的测定 气相色谱法	HJ 614
46	土壤 干物质和水分的测定 重量法	HJ 613
47	土壤和沉积物 挥发性有机物的测定 吹扫捕集/气相色谱-质谱法	HJ 605
48	土壤 总铬的测定 火焰原子吸收分光光度法	HJ 491
49	土壤和沉积物 二噁英类的测定 同位素稀释高分辨气相色谱-高分辨质谱法	HJ 77.4
50	土壤质量 总砷的测定 硼氢化钾-硝酸银分光光度法	GB/T 17135
51	土壤质量 铅、镉的测定 KI-MIBK 萃取火焰原子吸收分光光度法	GB/T 17140
52	土壤质量 铜、锌的测定 火焰原子吸收分光光度法	GB/T 17138
53	土壤质量 镍的测定 火焰原子吸收分光光度法	GB/T 17139
54	土壤质量 总砷的测定 二乙基二硫代氨基甲酸银分光光度法	GB/T 17134
55	土壤质量 总汞的测定 冷原子吸收分光光度法	GB/T 17136
56	土壤质量 铅、镉的测定 石墨炉原子吸收分光光度法	GB/T 17141
57	土壤质量 六六六和滴滴涕的测定 气相色谱法	GB/T 14550
58	水和土壤质量 有机磷农药的测定 气相色谱法	GB/T 14552

下面介绍几种常用的分析方法及设备。

A 气相色谱-质谱法

气相色谱-质谱法在农用地土壤样品监测中主要用于测量挥发性有机物及半挥发性有机物的含量，其中气相色谱对有机化合物具有有效的分离、分辨能力，而质谱则是准确鉴定化合物的有效手段。

气相色谱法（gas chromatography，GC）是一种应用非常广泛的分离手段，它是以惰性气体作为流动相的柱色谱法，其分离原理是基于样品中的组分在两相间分配上的差异。气相色谱法虽然可以将复杂混合物中的各个组分分离开，但其定性能力较差，通常只是利用组分的保留特性来定性，这在欲定性的组分完全未知或无法获得组分的标准样品时，对组分定性分析就十分困难了。

目前主要采用在线的联用技术，即将色谱法与其他定性或结构分析手段直接联机，来解决色谱定性困难的问题。气相色谱-质谱联用（GC-MS）是最早实现商品化的色谱联用仪器。由两者结合构成的色谱-质谱联用技术，可以在计算机操控下，直接用气相色谱分离复杂的混合物样品，使其中的化合物逐个地进入质谱仪的离子源，可用电子轰击，或化学离子化等方法，使每个样品中所有的化合物都离子化。

气相色谱-质谱联用仪如图 3-11 所示。

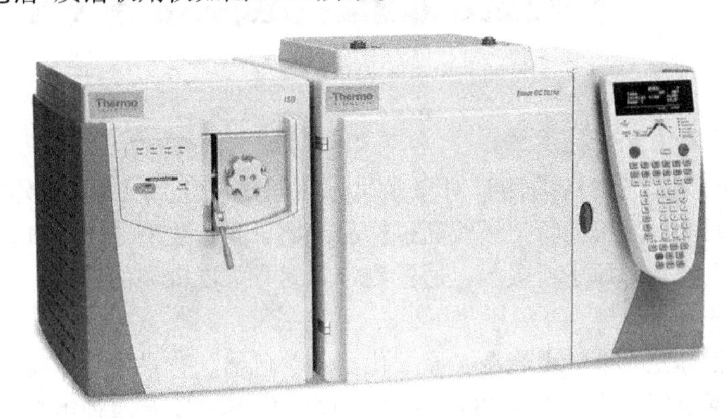

图 3-11　气相色谱-质谱联用仪

B　电感耦合等离子体发射光谱法

电感耦合等离子体原子发射光谱法是以等离子体为激发光源的原子发射光谱分析方法，可进行多元素的同时测定。在农用地土壤样品监测中，这种方法主要用于铝、镁、钙、钛、钒、铬、锰、铁、钴、镍、铜、锌、砷、镉、锡、锑、钨、铅和铋等金属的量的测定。

其原理是，样品由载气（氩气）引入雾化系统进行雾化后，以气溶胶形式进入等离子体的中心通道，在高温和惰性气氛中被充分蒸发、原子化、电离和激发，发射出所含元素的特征谱线。根据各元素特征谱线的存在与否及强度，鉴别样品中是否含有某种元素及测定相应元素的含量。

电感耦合等离子体原子发射光谱仪由样品引入系统、电感耦合等离子体（ICP）光源、色散系统、检测系统等构成，并配有计算机控制及数据处理系统、冷却系统、气体控制系统等。

电感耦合等离子体发射光谱仪如图 3-12 所示。

图 3-12 电感耦合等离子体发射光谱仪

C 原子吸收分光光度法

原子吸收分光光度法的测量对象是呈原子状态的金属元素和部分非金属元素。由待测元素等发出的特征谱线通过样品经原子化产生的原子蒸气时，可被蒸气中待测元素的基态原子所吸收，通过测定辐射光强度减弱的程度，可求出样品中待测元素的含量。

原子吸收分光光度计由光源、原子化器、单色器、背景校正系统、自动进样系统和检测系统等组成（图 3-13）。其中，原子化器主要有四种类型：火焰原子化器、石墨炉原子化器、氢化物发生原子化器及冷蒸气发生原子化器，下面依次对其进行介绍。

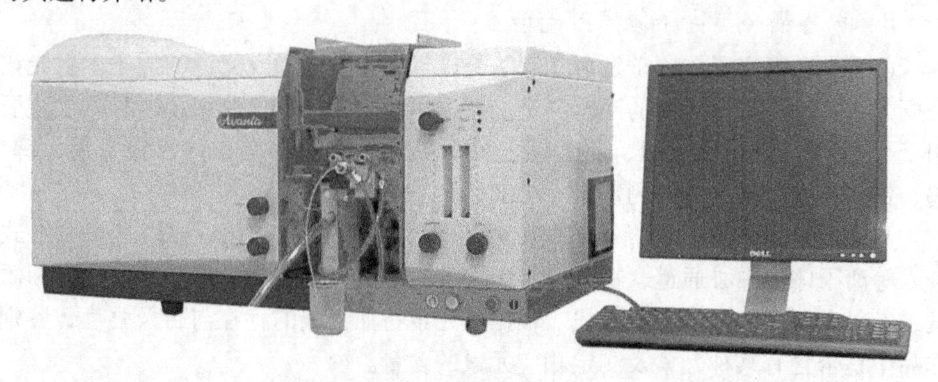

图 3-13 原子吸收分光光度计

（1）火焰原子化器。由雾化器及燃烧灯头等主要部件组成。其功能是将样品溶液雾化成气溶胶后，再与燃气混合，进入燃烧灯头产生的火焰中，以干燥、蒸发、离解供试品，使待测元素形成基态原子。燃烧火焰由不同种类的气体混合物产生，常用乙炔-空气火焰。改变燃气和助燃气的种类及比例可以控制火焰的温度，以获得较好的火焰稳定性和测定灵敏度。火焰原子化器的检测级别为 1×10^{-6}级，敏感度较石墨炉原子化器低，但其能够检测的元素较多，可用于土壤中铅、镉、铜、锌、镍等元素的测定。

（2）石墨炉原子化器。由电热石墨炉及电源等部件组成。其功能是将样品溶液干燥、灰化，再经高温原子化，使待测元素形成基态原子。一般以石墨作为发热体，炉中通入保护气，以防氧化并能输送试样蒸气。石墨炉原子化器的检测灵敏度较高，可以达到 1×10^{-9}级，但其能够检测的元素种类与火焰原子化器相对较少，多用于土壤中铅、镉的测定。

（3）氢化物发生原子化器。由氢化物发生器和原子吸收池组成，可用于砷、锗、铅、镉、硒、锡、锑等元素的测定。其功能是将待测元素在酸性介质中还原成低沸点、易受热分解的氢化物，再由载气导入由石英管、加热器等组成的原子吸收池，在吸收池中氢化物被加热分解，并形成基态原子。

（4）冷蒸气发生原子化器。由汞蒸气发生器和原子吸收池组成，专门用于汞的测定。其功能是将样品溶液中的汞离子还原成汞蒸气，再由载气导入石英原子吸收池，进行测定。

3.2.3.4 实验室分析的质量保证措施

A 实验室的质量控制

承担检测的实验室需要遵守我国环境保护法律、法规及有关规范性文件的规定和 GB/T 15481—2000《检测和校准实验室能力的通用要求》（等同于 ISO/IEC17025：1999）以及 CNAL 201—2001《实验室认可准则》等相关技术要求，并持有中国实验室认可证书和 CMA 计量认证证书。对工程实施全过程控制，在施工过程中严格遵照质量控制的规定进行控制、检验。配备各级质量管理人员，坚持持证上岗制度，实施责任到人的管理办法。

B 空白试验

每批次样品分析时，应进行空白试验。分析测试方法有规定的，按分析测试方法的规定进行；分析测试方法无规定时，每批样品或每 20 个样品应至少做 1 次空白试验。

空白样品分析测试结果一般应低于方法检出限。若空白样品分析测试结果低于方法检出限，可忽略不计；若空白样品分析测试结果略高于方法检出限但比较稳定，可进行多次重复试验，计算空白样品分析测试结果平均值并从样品分析测试结果中扣除；若空白样品分析测试结果明显超过正常值，实验室查找原因并采取适当的纠正和预防措施，同时重新对样品进行分析测试。

C 标准物质

分析仪器校准应选用有证标准物质。当没有有证标准物质时，也可用纯度较高（一般不低于98%）、性质稳定的化学试剂直接配制仪器校准用标准溶液。

D 校准曲线

采用校准曲线法进行定量分析时，一般应至少使用5个浓度梯度的标准溶液（除空白外），覆盖被测样品的浓度范围，且最低点浓度应接近方法测定下限的水平。分析测试方法有规定时，按分析测试方法的规定进行；分析测试方法无规定时，校准曲线相关系数要求为$r>0.999$。

E 仪器稳定性检查

连续进行样分析时，每分析测试20个样品，应测定一次校准曲线中间浓度点，确认分析仪器校准曲线是否发生显著变化。分析测试方法有规定的，按分析测试方法的规定进行；分析测试方法无规定时，无机检测项目分析测试相对偏差应控制在10%以内，有机检测项目分析测试相对偏差应控制在20%以内，超过此范围时需要查明原因，重新绘制校准曲线，并重新分析测试该批次全部样品。

F 精密度控制

每批次样品进行分析时，每个检测项目（除挥发性有机物外）均须做平行双样分析。在每批次分析样品中，应随机抽取5%的样品进行平行双样分析；当批次样品数少于20时，应至少随机抽取1个样品进行平行双样分析。

平行双样分析一般应由本实验室质量管理人员将平行双样以密码编入分析样品中交检测人员进行分析测试。

若平行双样测定值（A，B）的相对偏差（RD）在允许范围内，则该平行双样的精密度控制为合格，否则为不合格。RD计算公式如下：

$$RD(\%)=\frac{|A-B|}{A+B}\times 100$$

对平行双样分析测试合格率要求应达到95%。当合格率小于95%时，应查明产生不合格结果的原因，采取适当的纠正和预防措施。除对不合格结果重新分析测试外，应再增加5%~15%的平行双样分析比例，直至总合格率达到95%。

G 准确度控制

使用有证标准物质：当具备与被测土壤或地下水样品基体相同或类似的有证标准物质时，应在每批次样品分析时同步均匀插入与被测样品含量水平相当的有证标准物质样品进行分析测试。每批次同类型分析样品要求按样品数5%的比例插入标准物质样品；当批次分析样品数低于20时，应至少插入1个标准物质样品。

将标准物质样品的分析测试结果（x）与标准物质认定值（或标准值）（μ）进行比较，计算相对误差（RE）。RE计算公式如下：

$$RE(\%) = \frac{x - \mu}{\mu} \times 100$$

若 RE 在允许范围内，则对该标准物质样品分析测试的准确度控制为合格，否则为不合格。

对有证标准物质样品分析测试合格率要求应达到100%。当出现不合格结果时，应查明其原因，采取适当的纠正和预防措施，并对该标准物质样品及与之关联的详查送检样品重新进行分析测试。

H 加标回收率试验

当没有合适的土壤或地下水基体有证标准物质时，应采用基体加标回收率试验对准确度进行控制。每批次同类型分析样品中，应随机抽取5%的样品进行加标回收率试验；当批次分析样品数少于20时，应至少随机抽取1个样品进行加标回收率试验。此外，在进行有机污染物样品分析时，最好能进行替代物加标回收率试验。

基体加标和替代物加标回收率试验应在样品前处理之前加标，加标样品与试样应在相同的前处理和分析条件下进行分析测试。加标量可视被测组分含量而定，含量高的可加入被测组分含量的0.5~1.0倍，含量低的可加2~3倍，但加标后被测组分的总量不得超出分析测试方法的测定上限。

若基体加标回收率在规定的允许范围内，则该加标回收率试验样品的准确度控制为合格，否则为不合格。

对基体加标回收率试验结果合格率的要求应达到100%。当出现不合格结果时，应查明其原因，采取适当的纠正和预防措施，并对该批次样品重新进行分析测试。

I 分析测试数据记录与审核

检测实验室应保证分析测试数据的完整性，确保全面、客观地反映分析测试结果，不得选择性地舍弃数据，人为干预分析测试结果。

检测人员应对原始数据和报告数据进行校核。对发现的可疑报告数据，应与样品分析测试原始记录进行核对。

分析测试原始记录应有检测人员和审核人员的签名。检测人员负责填写原始记录；审核人员应检查数据记录是否完整、抄写或录入计算机时是否有误、数据是否异常等，并考虑以下因素：分析方法、分析条件、数据的有效位数、数据计算和处理过程、法定计量单位和内部质量控制数据等。

审核人员应对数据的准确性、逻辑性、可比性和合理性进行审核。

J 实验室内部质量评价

每个检测实验室在完成每项企业用地调查样品分析测试合同任务时，应对其最终报出的所有样品分析测试结果的可靠性和合理性进行全面、综合的质量评价，并提交质量评价总结报告。报告内容包括承担的任务基本情况介绍、选用的分析测试方法、本实验室开展方法确认所获得的各项方法特性指标、样品分析测试精密度控制合格率（要求达到95%）、样品分析测试准确度控制合格率（要求达到100%）、为保证样品分析测试质量所采取的各项措施、总体质量评价。

3.3 农用地土壤环境质量与评价

3.3.1 我国农用地土壤环境质量标准

3.3.1.1 《农用地土壤污染风险管控标准（试行）》（GB 15618—2018）

《土壤环境质量标准》（GB 15618—1995）自1995年发布实施以来，在土壤环境保护工作中发挥了积极作用，但随着形势的变化，已不能满足当前土壤环境管理的需要。自2018年8月1日起《农用地土壤污染风险管控标准（试行）》（GB 15618—2018）开始实施。

该标准中规定了农用地土壤污染风险筛选值和管制值，以及监测、实施与监督要求，适用于耕地土壤污染风险筛查和分类，园地和牧草地可参照执行。该标准中设置了农用地土壤污染风险筛选值和风险管制值，农用地调查得到的土壤污染物浓度与风险筛选值、风险管制值对比，结果可分为以下三种类型：

（1）农用地土壤中污染物含量等于或者低于风险筛选值时，说明其中的污染物对农产品质量安全、农作物生长或土壤生态环境的风险低，一般情况下可以忽略。

（2）农用地土壤中污染物含量超过风险筛选值时，说明污染物对农产品质量安全、农作物生长或土壤生态环境可能存在风险，应当加强土壤环境监测和农产品协同监测，原则上应当采取农艺调控、替代种植等安全利用措施。

（3）农用地土壤中污染物含量超过风险管制值时，食用农产品不符合质量安全标准，农用地土壤污染风险高，原则上应当采取禁止种植食用农产品、退耕还林等严格管控措施。

该标准中规定了镉、汞、砷、铅、铬、铜、镍、锌、六六六总量、滴滴涕总量和苯并［a］芘共11项监测指标的风险筛选值，以及镉、汞、砷、铅、铬共5项监测指标的风险管制值。

3.3.1.2 《食用农产品产地环境质量评价标准》（HJ/T 332—2006）

为贯彻《中华人民共和国环境保护法》，保护环境，保障人体健康，我国于2006年发布了两项国家环境保护行业标准，分别为《食用农产品产地环境质量评价标准》（HJ/T 332—2006）和《温室蔬菜产地环境质量评价标准》（HJ/T 333—2006），这两项标准为指导性标准，自2007年2月1日起实施。

《食用农产品产地环境质量评价标准》（HJ/T 332—2006）中规定了食用农产品产地土壤环境质量、灌溉水质量和环境空气质量的各个项目及其浓度（含

量）限制和监测、评价方法。该标准适用于农产品产地，不适用于温室蔬菜产地。

该标准中对土壤环境、灌溉水和空气环境中的污染物（或有害因素）项目划分为基本控制项目（必测项目）和选择控制项目两类，见表3-12。

表3-12 《食用农产品产地环境质量评价标准》中规定的评价指标

序号	监测对象	基本控制项目	选择控制项目
1	土壤	总镉、总汞、总砷、总铅、总铬、总铜、六六六、滴滴涕	总锌、总镍、稀土总量（氧化稀土）、全盐量
2	灌溉水	pH值、总汞、总镉、总砷、六价铬、总铅	五日生化需氧量、水温、粪大肠杆菌群数、蛔虫卵数、全盐量、氯化物、总铜、总锌、总硒、氟化物、硫化物、氰化物、石油类、挥发酚、苯、丙烯醛、总硼
3	环境空气	二氧化硫、氟化物、铅	总悬浮颗粒物、二氧化氮、苯并［a］芘、臭氧

3.3.1.3　《温室蔬菜产地环境质量评价标准》（HJ/T 333—2006）

《温室蔬菜产地环境质量评价标准》（HJ/T 333—2006）中规定了以土壤为基质种植的温室蔬菜产地温室内土壤环境质量、灌溉水质量和环境空气质量的各个控制项目及其浓度（含量）限值和监测、评价方法。标准中将温室蔬菜产地土壤环境、灌溉水和空气环境中的污染物（或有害因素）项目均划分为基本控制项目和选择控制项目两类，见表3-13。基本控制项目为评价必测项目，选择控制项目则由当地根据污染源及可能存在的污染物状况选择确定并予测定。

表3-13 《温室蔬菜产地环境质量评价标准》中规定的评价指标

序号	监测对象	基本控制项目	选择控制项目
1	土壤	总镉、总汞、总砷、总铅、总铬、六六六、滴滴涕、全盐量	总铜、总锌、总镍
2	灌溉水	化学需氧量、粪大肠杆菌群数、pH值、总汞、总镉、总砷、六价铬、总铅、硝酸盐	五日生化需氧量、悬浮物、蛔虫卵数、全盐量、总铜、总锌、氟化物、硫化物、氰化物、石油类、挥发酚、苯、三氯乙醛、丙烯醛
3	环境空气	二氧化硫、氟化物、铅、二氧化氮	总悬浮颗粒物、苯并［a］芘

3.3.2　农用地土壤环境质量评价

3.3.2.1　农用地土壤环境质量评价方法概述

可以应用于农用地土壤质量评价的方法有单向质量指数法、综合质量指数法、模糊综合评价法、潜在生态危害指数法、地统计学评价法、地累积指数法、沉积物富集系数法等。不同的方法有各自的优缺点，以下介绍几种常用的农用地土壤环境质量评价方法。

3.3.2.2　单项质量指数法和综合质量指数法

单项质量指数法和综合质量指数法是常用的环境质量评价方法，在我国的《食用农产品产地环境质量评价标准》（HJ/T 332—2006）和《温室蔬菜产地环境质量评价标准》（HJ/T 333—2006）两项标准中均使用的是这两种方法。其中单项质量指数法是通过评价标准对单项指标进行逐项分析评价，通过指数计算，选取各因子中最大类别为样本的总体评价结果。其方法简单明了，计算简便，可以清晰地判断出评价样本与评价标准的比值关系，容易判断评价区域内主要污染因子及污染状况。而综合质量指数用一种最简单的，可以进行统计的数值来评价污染状况，改善了用单项指标表征污染不够全面的欠缺，解决了用多项指标描述污染时不便于进行计算、对比和综合评价的困难。

A　严格控制指标和一般控制指标的分类

《食用农产品产地环境质量评价标准》（HJ/T 332—2006）和《温室蔬菜产地环境质量评价标准》（HJ/T 333—2006）两项标准中均将评价指标分成了严格控制指标和一般控制指标（表 3-14）。其中严格控制指标一旦超标即视为环境要素整体不合格，而一般控制指标总需要进行综合质量指数计算。

表 3-14　严格控制指标和一般控制指标的分类

环境要素	食用农产品产地环境质量评价标准		温室蔬菜产地环境质量评价标准	
	严格控制指标	一般控制指标	严格控制指标	一般控制指标
土壤	镉、汞、砷、铅、铬、铜、六六六、滴滴涕	锌、镍、稀土总量、全盐量	镉、汞、砷、铅、铬、六六六、滴滴涕	全盐量、铜、锌、镍
灌溉水	pH 值、总汞、总镉、总砷、六价铬、总铅、三氯乙醛	五日生化需氧量、化学需氧量、悬浮物、阴离子表面活性剂、水温、粪大肠菌群数、蛔虫卵、全盐量、氯化物、总铜、总锌、总硒、氟化物、硫化物、氰化物、石油类、挥发酚、苯、丙烯醛、总硼	COD、pH 值、镉、汞、砷、铅、六价铬、粪大肠菌群数	悬浮物、蛔虫卵数、氯化物、硝酸盐、氟化物、硫化物、石油类、挥发酚、苯、三氯乙醛、丙烯醛、氰化物

续表 3-14

环境要素	食用农产品产地环境质量评价标准		温室蔬菜产地环境质量评价标准	
	严格控制指标	一般控制指标	严格控制指标	一般控制指标
环境空气	二氧化硫、氟化物、铅、苯并［a］芘	总悬浮颗粒物、二氧化氮、臭氧	二氧化硫、二氧化氮、氟化物、铅、苯并［a］芘	总悬浮颗粒物

B　评价参数及计算方法

单项质量指数 = 单项实测值 / 单项标准值

某单项超标倍数 = (单项实测值 - 单项标准值)/ 单项标准值

某单项分担率(%) = (某单项质量指数 / 各项质量指数之和) × 100%

样本超标率(%) = (超标样本总数 / 监测样本总数) × 100%

超标面积百分率(%) = (超标样本面积之和 / 监测总面积) × 100%

$$\text{各环境要素综合质量指数} = \sqrt{\frac{(\text{平均单项质量指数})^2 + (\text{最大单项质量指数})^2}{2}}$$

C　农用地环境质量等级划定

环境质量等级划定见表 3-15。

表 3-15　环境质量等级划定

环境质量等级	土壤各单项或综合质量指数	灌溉水各单项或综合质量指数	环境空气各单项或综合质量指数	等级名称
1	≤0.7	≤0.5	≤0.6	清洁
2	0.7~1.0	0.5~1.0	0.6~1.0	尚清洁
3	>1.0	>1.0	>1.0	超标

其中，各严格控制指标超标一项即视为“不合格”。各环境要素综合质量指数超标，灌溉水、环境空气可认为污染，土壤则应作进一步调研，若确对其所影响的植物（生长发育、可食部分或用作饮料部分）或周围环境（地下水、地表水、大气等）有危害，方能确定为污染。

另外，根据综合质量指数大小，可将土壤质量划分为五个等级，其分级标准见表 3-16。

表 3-16　土壤综合质量指数分级标准

土壤质量等级	综合质量指数 $P_{综}$	质量等级
Ⅰ	$P_{综} \leq 0.7$	清洁（安全）
Ⅱ	$0.7 < P_{综} \leq 1.0$	尚清洁（警戒线）
Ⅲ	$1.0 < P_{综} \leq 2.0$	轻度污染
Ⅳ	$2.0 < P_{综} \leq 3.0$	中度污染
Ⅴ	$P_{综} > 3.0$	重度污染

3.3.2.3 模糊综合评价法

模糊综合评价法是一种基于模糊数学的综合评价方法。综合评价法根据模糊数学的隶属度理论把定性评价转化为定量评价，即用模糊数学对受到多种因素制约的事物或对象做出一个总体的评价。它具有结果清晰、系统性强的特点，能较好地解决模糊的、难以量化的问题，适合各种非确定性问题的解决。使用模糊综合评价法评价农用地土壤环境质量时应采取的步骤如下。

A 模糊综合评价指标的构建

模糊综合评价指标体系是进行综合评价的基础，评价指标的选取是否适宜，将直接影响综合评价的准确性。对于农用地土壤环境的质量评价来说，评价指标分为监测因子和评价标准。监测因子的选择方法已经在 3.2.3.1 节中讲述了，评价标准应优先选取 3.3.1 节中介绍的我国农用地环境质量标准，其中没有的指标可以参考其他国家标准或美国 EPA、荷兰、澳大利亚等地区的标准。

B 确定评价指标的权重向量

由于各单项评价指标对环境综合体的贡献存在差异，因此应有不同的权重。计算权重的方法很多，比如专家经验法、AHP 层次分析法、超标加权法。

C 构建评价矩阵

为了进行模糊运算，需要建立适合的隶属度函数，从而构建评价矩阵。一般来说，各种土壤重金属环境质量状况的隶属度函数可以用下面 3 个分段函数表示：

某重金属对一级土壤重金属环境质量的隶属度函数：

$$U(x_i)=\begin{cases}1, & x_i \leqslant a_i \\ (b_i-x_i)/(b_i-a_i), & a_i < x_i < b_i \\ 0, & x_i \geqslant b_i\end{cases}$$

某重金属对二级土壤重金属环境质量的隶属度函数：

$$U(x_i)=\begin{cases}0, & x_i \leqslant a_i, x_i \geqslant c_i \\ (x_i-a_i)/(b_i-a_i), & a_i < x_i \leqslant b_i \\ (c_i-x_i)/(c_i-b_i), & b_i < x_i < c_i\end{cases}$$

某重金属对三级土壤重金属环境质量的隶属度函数

$$U(x_i)=\begin{cases}0, & x_i \leqslant b_i \\ (x_i-b_i)/(c_i-b_i), & b_i < x_i \leqslant c_i \\ 1, & x_i \geqslant c_i\end{cases}$$

式中 x_i——该重金属含量的实测值；

a_i，b_i，c_i——分别为该重金属对应于一级、二级、三级土壤重金属环境质量状况的标准值；

$U(x_i)$——土壤重金属污染环境质量分值。

取 U 为污染物评价因素的集合，V 为评价等级的集合，通过各指标的隶属度函数求出各单项指标对于各级别土壤重金属污染状况的隶属度，组成模糊矩阵，称为关系模糊矩阵 $\boldsymbol{R}$：

$$\boldsymbol{R} \in F(U \times V)$$

D 评价矩阵和权重的合成

模糊复合计算即采用适合的合成因子进行合成，并对结果向量进行解释。

采用模糊综合评价法对农用地土壤环境质量进行综合评价，充分考虑到了土壤环境质量评价中存在的模糊性特点及每个评价因子对综合评价的影响，克服了综合污染指数法的不科学性，提高了评判结果的准确性和客观性，但该方法弱化了某个污染情况严重的评价因子对整个评价结果的影响。

3.3.2.4 潜在生态危害指数法

潜在生态危害指数法由瑞典科学家 Hakanson 提出，潜在生态危害指数法引入毒性响应系数，将重金属的环境生态效应、环境效应与毒理学联系起来，使评价侧重于重金属毒性在土壤和沉积物中的普遍迁移转化规律和评价区域对重金属污染的敏感性，因此在环境风险评价中得到了广泛应用。潜在生态危害指数法的表达式如下：

$$C_{\mathrm{f}}^{i} = C_{\mathrm{s}}^{i}/C_{\mathrm{u}}^{i}$$

$$E_{\mathrm{r}}^{i} = T_{\mathrm{r}}^{i} \times C_{\mathrm{f}}^{i}$$

$$RI = \sum_{i=1}^{n} E_{\mathrm{r}}^{i} = \sum_{i=1}^{n} T_{\mathrm{r}}^{i} \times C_{\mathrm{f}}^{i} = \sum_{i=1}^{n} T_{\mathrm{r}}^{i} \times \frac{C_{\mathrm{s}}^{i}}{C_{\mathrm{n}}^{i}}$$

式中 RI——多元素环境风险综合指数；

E_{r}^{i}——第 i 种重金属环境风险指数；

C_{f}^{i}——重金属 i 相对参比值的污染系数；

C_{s}^{i}——重金属 i 的实测浓度；

C_{n}^{i}——重金属 i 的评价参比值；

T_{r}^{i}——重金属 i 毒性响应系数，它主要反映重金属毒性水平和环境对重金属污染的敏感程度。

根据生态危害指数 RI 结果的不同，将土壤环境划分为 4 个等级，见表 3-17。

表 3-17 生态危害指数法对土壤质量等级的划定

土壤质量等级	潜在生态危害指数 RI	土壤环境潜在生态危害等级
1	$RI<150$	低
2	$150 \leqslant RI<300$	中

续表 3-17

土壤质量等级	潜在生态危害指数 RI	土壤环境潜在生态危害等级
3	300≤RI<600	较高
4	RI≥600	高

3.3.2.5 污染负荷指数法

污染负荷指数法是由 Tomlinson 等人提出的一种对重金属污染水平进行分级的方法，这种方法能直观地反映调查区域内各种重金属对该地区污染水平的贡献程度，以及重金属在事件、空间上的变化趋势。该方法考虑到了单因子和多因子综合污染，而且还考虑了大区域综合污染，但没有考虑不同污染物源所引起的背景差异。污染负荷指数法的评价公式为：

$$CF_i = \frac{C_i}{C_{0i}}$$

$$PLI = \sqrt[n]{CF_1 \times CF_2 \times CF_3 \cdots CF_n}$$

$$PLI_{\text{zone}} = \sqrt[n]{PLI_1 \times PLI_2 \times PLI_3 \cdots PLI_n}$$

式中 CF_i——元素 i 的最高污染系数；

C_i——元素 i 的实测含量；

C_{0i}——元素 i 的评价标准；

PLI——某一点的污染负荷指数；

n——评价元素的个数；

PLI_{zone}——流域污染负荷指数；

n——评价点的个数（采样点的个数）。

污染负荷指数的分级见表 3-18。

表 3-18 污染负荷指数法对土壤质量等级的划定

土壤质量等级	污染负荷指数 PLI	土壤环境污染程度
0	PLI<1	无污染
Ⅰ	1≤PLI<2	中等污染
Ⅱ	2≤PLI<3	强污染
Ⅲ	PLI≥3	极强污染

3.3.3 我国农用地土壤环境质量标准和评价的不足

我国现行的农用地土壤标准有《农用地土壤污染风险管控标准（试行）》（GB 15618—2018）、《食用农产品产地环境质量评价标准》（HJ/T 332—2006）

和《温室蔬菜产地环境质量评价标准》（HJ/T 333—2006）。综合这三个标准，可以看出我国农用地土壤环境质量标准还存在着以下不足之处。

（1）土壤污染物指标少。综合三个标准，其中给出标准值的监测项目共13项，分别为镉、汞、砷、铅、铬、铜、镍、锌、六六六总量、滴滴涕总量、苯并［a］芘、全盐量以及稀土总量（氧化稀土）。可以看出，其中的有机污染物指标极为缺乏，事实上，根据周边工业企业类型不同，农用地土壤中可能存在的污染物质也是多种多样的，现有的标准值无法满足农用地土壤环境保护工作的需求。

（2）未考虑对人体健康的影响。《农用地土壤污染风险管控标准（试行）》（GB 15618—2018）中给出的土壤监测指标仅考虑了农产品质量安全、农作物生长和土壤生态环境，《食用农产品产地环境质量评价标准》（HJ/T 332—2006）和《温室蔬菜产地环境质量评价标准》（HJ/T 333—2006）中给出的土壤监测指标中，只有严控指标能够直接指示土壤是否受到污染，而对于非严控指标，根据标准中规定的环境质量评定方法，若土壤的综合质量指数超标，还需要进一步调研，确定其所影响的植物或周围环境有危害，才能确定为污染。三个标准中均未考虑土壤中污染物对于农业人员直接的人体健康的影响。

（3）未考虑土壤的特异性。与《农用地土壤污染风险管控标准（试行）》（GB 15618—2018）同时出台的《建设用地土壤污染风险管控标准（试行）》（GB 36600—2018）中规定，当污染物含量高于风险筛选值而低于风险管制值时，应当开展风险评估，确定其风险水平。而在风险评估计算过程中，可根据土壤性质选择不同的参数综合判断土壤是否具有风险。众所周知，我国地域辽阔，土壤性质在不同的区域存在巨大的差异，但农用地土壤环境目前使用的三个标准中使用的都是全国统一标准，未考虑不同土壤可能出现的理化性质、农作物种植结构等的差异。

4 农用地污染土壤修复技术和策略

4.1 概述

我国农用地土壤污染物主要有重金属、农药（有机氯类、有机磷类、氨基甲酸酯类、拟除虫菊酯类）、多环芳烃、持久性有机污染物、农膜、酞酸酯，以及抗生素、人工合成麝香等新兴污染物，这些污染物对土壤环境、农产品安全和人体健康危害严重，促使土壤修复技术从实验室研究到规模性应用快速发展。农用地污染土壤修复是指通过物理、化学、生物学原理将土壤中的污染物转化、降解、固定或去除，使其含量降低到可接受的目标值，实现污染物无害化和稳定化。从根本上来说，农用地污染土壤修复的技术原理可概括为两种：第一种以减少土壤中污染物总量为目的，即利用一些技术手段将污染物从土壤中去除，以降低污染物的含量；第二种以降低污染物对生态或人体健康的风险为目的，即改变污染物在环境中的存在形态或同土壤的结合方式，以降低污染物在土壤环境中的迁移性和生物可利用率。常用的技术大致可分为物理修复技术、化学修复技术和生物修复技术。

物理修复是指根据土壤介质和污染物的物理特性，通过各种物理手段将污染物从土壤中去除或分离的技术，包括：根据污染物磁性特征采用磁分离方法；根据粒径大小采用过滤或微过滤的手段去除污染物；根据表面特性采用浮选法进行处理；根据分布、密度大小采用沉淀或者离心的方法进行分离等。在 20 世纪 80 年代以前污染土壤的修复方法仅限于物理法和化学法，如早期的换土法、焚烧法、隔离法等，这些物理手段都要求高温、人力和机械设备等，不仅费用很高，而且没有从根本上解决土壤污染问题，仅仅是使污染发生了转移，对这些污染物还需进一步的处理，目前这些物理方法仅应用于处理一些突发的紧急事件。物理修复技术适合用于处理小面积的重污染土壤，大多具有设备简单，可持续高产等优势，但是在修复工程实施过程中，需要考虑技术方法的可行性以及各种因素的影响，如有些物理修复技术要求土壤颗粒和污染物的物理特征差异显著，尤其是当土壤中存在较高比例的粉粒、黏粒和腐殖质时很难处理。目前一些经济可行的物理修复技术正逐渐成为研究热点，如物理分离修复技术、蒸汽浸提技术、固定/稳定化修复技术、热解吸技术、热力学修复技术、超声/微波加热技术、玻璃化修复技术，还包括多相抽提等技术，已经应用于多环芳烃、苯系物、多氯联苯等

污染土壤的修复。

相对于物理修复，农用地污染土壤的化学修复技术发展较早，化学修复技术是指通过吸附、络合螯合、溶解、氧化还原或沉淀作用降低土壤中污染物的含量或可移动性、生物可利用性，修复剂包括氧化剂、还原剂、解吸剂、增溶剂和沉淀剂。这类技术利用土壤介质或污染物的化学性质，通过修复剂破坏、分离或固化污染物，具有实施周期短、适用范围广等特点。对于农用地土壤，通常情况下，根据土壤特性和污染物类型，当生物修复方法在时间上和广度上无法达到污染土壤的修复要求时选择化学修复技术；但化学修复方法容易造成土壤结构被破坏，土壤养分流失，生物活性下降以及地下水污染等问题。目前比较成熟的化学修复技术主要有溶剂浸提法、淋洗技术、化学氧化修复技术、化学还原与还原脱氯修复技术、化学钝化技术、电动力学修复技术、光催化降解技术等。

生物修复（bioremedication）技术于 20 世纪 80 年代中期开始发展，到 20 世纪 90 年代已有了成功应用的案例，进入 21 世纪后生物修复技术迅速发展，成为绿色环境修复技术之一。根据生物修复主体的不同，污染土壤生物修复技术分为微生物修复、植物修复、动物修复三类，包括植物富集、微生物修复、生物联合修复和植物固定及降解等技术。广义的生物修复技术是指利用各种生物吸收、降解、转化土壤中的污染物，使污染物含量降低到可接受的水平，或将污染物转化为无毒无害的物质，也包括将污染物固定或稳定，以控制其向周围环境的迁移。狭义上的土壤生物修复技术是指微生物修复，即利用酵母菌、真菌、细菌等微生物将有机污染物作为碳源和能源，把有毒有害的有机污染物降解为无害的无机物（H_2O 和 CO_2）或其他无害物质，使污染物无害化的过程。利用微生物降解作用发展的微生物修复技术是农田土壤污染修复常见的一种修复技术。土壤生物修复技术近几年发展迅速，与物理、化学修复方法相比较，不仅成本更加低廉，同时也不易产生二次污染，适用于修复大范围的污染土壤，具有低耗、高效、环境安全、纯生态过程的显著优点，已成为土壤环境保护技术最活跃的领域。由于我国土壤污染面积大、污染物质种类多、污染组合类型复杂等原因，单项修复技术往往难以达到预定修复目标，多种修复技术相结合必将是以后的发展方向。

4.2 物理修复技术

4.2.1 物理分离修复技术

物理分离修复技术是依据污染物和土壤颗粒的特性，借助物理方法将污染物从土壤中分离出来的技术，其技术原理主要可分为以下几种：

（1）依据粒径的大小，采用过滤或微过滤的方法进行分离；

（2）依据分布、密度大小，采用沉淀或离心分离；

（3）依据磁性有无或大小，采用磁分离手段；

（4）根据表面特征，采用浮选法进行分离。

物理分离技术主要应用在污染土壤中无机污染物的修复技术，最适合用于处理小范围的受污染土壤。

某射击场污染土壤的物理分离修复方案如图4-1所示。

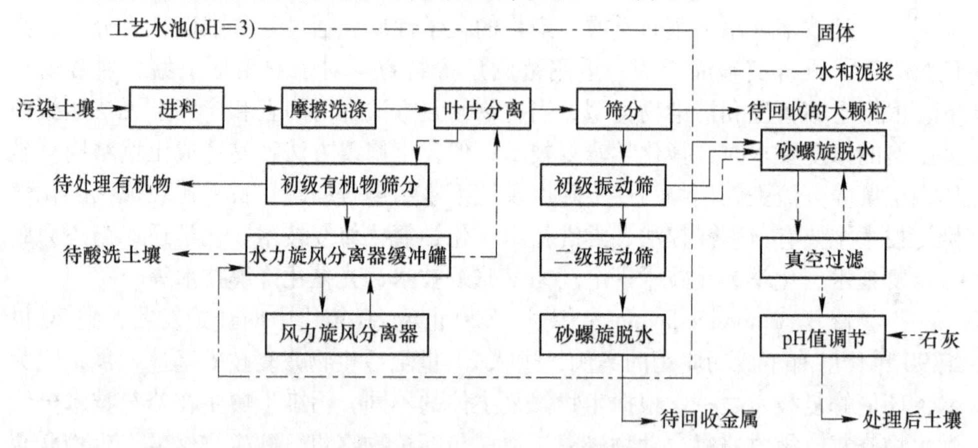

图4-1　某射击场污染土壤的物理分离修复方案

物理分离技术大都具有设备简单、经济性好及可持续高产出等优点。在实际的分离应用过程中，其技术可行性应考虑各类因素的影响。例如：

（1）要求具有较高浓度的污染物且污染物存在于含不同物理特征的相介质中；

（2）对干燥的污染物进行筛分分离时可能会产生粉尘等；

（3）固体基质中含有的细粒径混合物与废液中的污染物需要进行再处理。

污染土壤的物理分离修复过程如图4-2所示。

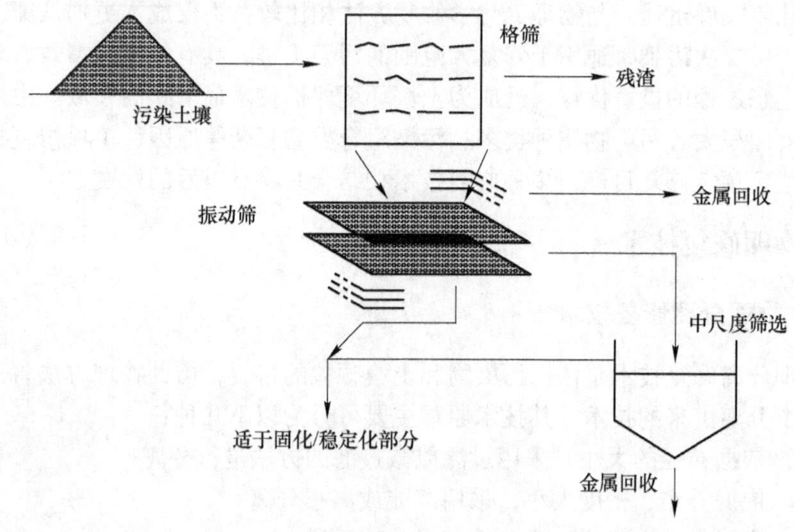

图4-2　污染土壤的物理分离修复过程

4.2.2 固定/稳定化修复技术

固化/稳定化技术是将污染物在污染介质中固定，使其处于长期稳定状态，是较普遍应用于土壤重金属污染的快速控制修复方法，对同时处理多种重金属复合污染土壤具有明显的优势。固定/稳固化修复技术通常用于重金属和放射性物质污染土壤的无害化处理；异位固定/稳固化技术通常用于处理无机污染物，对于受半挥发性的有机物质及农药杀虫剂等污染的情况适用性有限。

固定/稳固化修复技术的特点：

（1）需要污染土壤与固化剂/稳定剂等进行原位或异位混合，与其他技术相比，不会破坏土壤中的无机物质，但可能改变有机物质的性质；

（2）稳定化可能与封装等其他固定技术联合应用，并可能增加污染物的总体积；

（3）固化/稳定化处理后的污染土壤应有利于后续的处理；

（4）现场应用需安装全部或部分固定设施。

固定/稳定化通常采用的方法：首先，利用吸附质（如黏土、活性炭和树脂等）吸附污染物，浇上沥青；然后添加某种凝固剂或黏合剂（可用水泥、硅土、小石灰、石膏或碳酸钙），使混合物成为一种凝胶，最后固化为硬块，其结构类似矿石，使金属离子和放射性物质的迁移性和对地下水污染的威胁大为降低。固定/稳定化修复技术的关键是固定剂和稳定剂的选择，其中水泥是国外应用最为广泛的固定剂。相关研究报道的稳定剂还包括石灰、粉煤灰、明矾浆、钙矾石、沥青、钢渣、稻壳灰、沸石等，多为碱性物质，用于提高系统的 pH 值，与重金属反应产生氢氧化物沉淀。固化/稳定化方法对污染土壤修复的有效性可以从处理后土壤的物理性质和对污染物质浸出的阻力两个方面进行评价。

固定稳定化技术是少数几个能够原位修复金属污染介质的技术之一，具有以下优点：

（1）可处理多种复杂的金属废物；

（2）费用低廉，经济性好；

（3）加工设备转移方便；

（4）处理后形成的固体毒性降低，稳定性增强；

（5）凝结在固体中的微生物很难生长，不至破坏结块结构。

异位（原位）土壤固化/稳定化修复的工艺流程如图 4-3 所示。

4.2.2.1 原位固化/稳定化修复技术

原位固定/稳定化修复技术直接将修复物质输入污染土壤中混合，处理后的土壤留在原地。

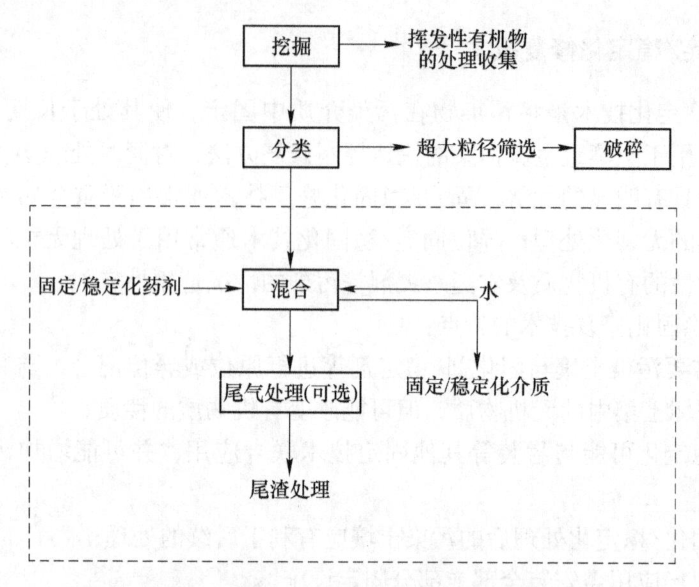

图 4-3　异位（原位）土壤固化/稳定化修复的工艺流程

原位固化/稳定化修复技术示意图如图 4-4 所示。

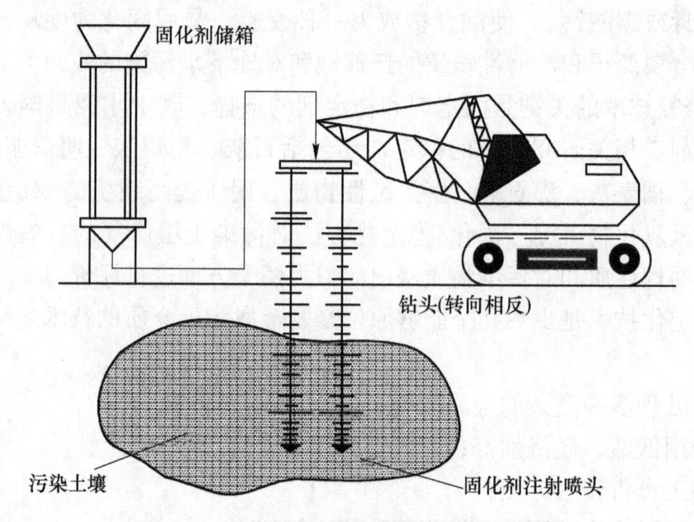

图 4-4　原位固化/稳定化修复技术示意图

原位固定/稳定化修复技术的影响因素：

（1）污染物的埋藏深度会影响或限制某些过程的实施；

（2）黏结剂的注射和混合过程必须精细控制以防止污染物进入清洁区域；

（3）与水接触或者结冰/解冻的过程会降低固定化的效果；

（4）黏结剂的运输和混合过程比较困难，成本高。

4.2.2.2 异位固化/稳定化修复技术

异位固定/稳定化修复技术通过将污染与黏结剂混合形成的物理封闭（如降低孔隙率等）或者发生化学反应（如形成氢氧化物或硫化物沉淀等），降低污染土壤中污染物活性。

异位固化/稳定化修复污染土壤如图4-5所示。

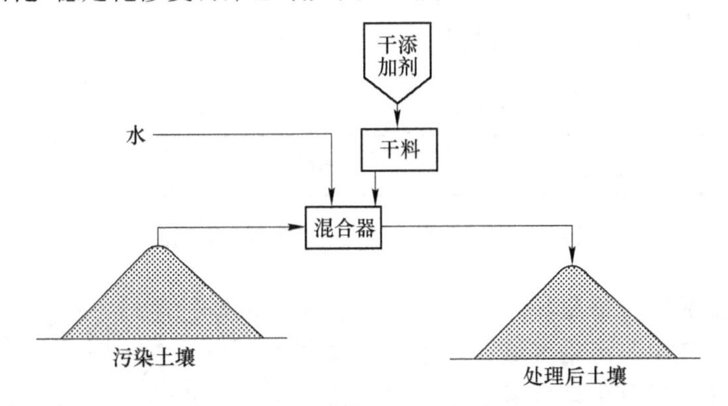

图4-5 异位固化/稳定化修复污染土壤

异位固定/稳定化修复技术的影响因素：

（1）最终处理时的环境条件；

（2）工艺和技术条件；

（3）有机物质的存在；

（4）污染土壤或固体废物的复杂成分；

（5）待处理土壤中石块或碎片的含量。

4.2.2.3 技术应用情况

在美国的非有机物污染的超级基金项目中大部分采用固化/稳定化技术处理。在美国Superfund支持下，固化/稳定化应用较多，有近30年历史和经验，较为成熟，甚至可应用于水体底泥修复（图4-6）。

我国一些冶炼企业场地重金属污染土壤和铬渣清理后的堆场污染土壤也采用了这种技术。国际上已有利用水泥固化/稳定化处理有机与无机污染土壤的报道。目前，需要加强有机污染土壤的固化/稳定化技术研发、新型可持续稳定化修复材料的研制及其长期安全性监测评估方法的研究。

4.2.3 蒸汽浸提技术

蒸汽浸提技术通过降低土壤中空气的蒸气压，将土壤中的污染物转化为蒸汽形式予以取出，是一种通过物理方法有效除去不饱和土壤中挥发性有机组分

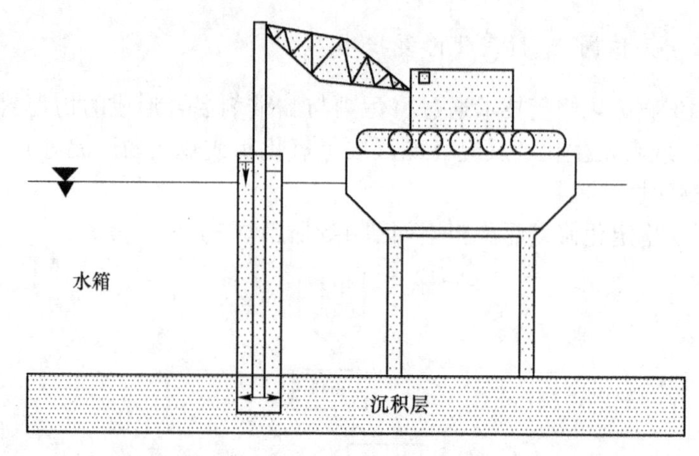

图 4-6　利用潜水箱原位固形修复污染底泥

（VOCs）污染的原位修复技术。具体而言，该技术经过注射井将新鲜空气注入污染区域，利用真空泵产生负压，空气流经污染区域过程中解吸并夹带土壤孔隙中的 VOCs 经过抽取井流返地面；抽取出的气体经过活性炭吸附法以及生物处理法等净化处理之后可排放到大气中或重新注入地下循环使用。

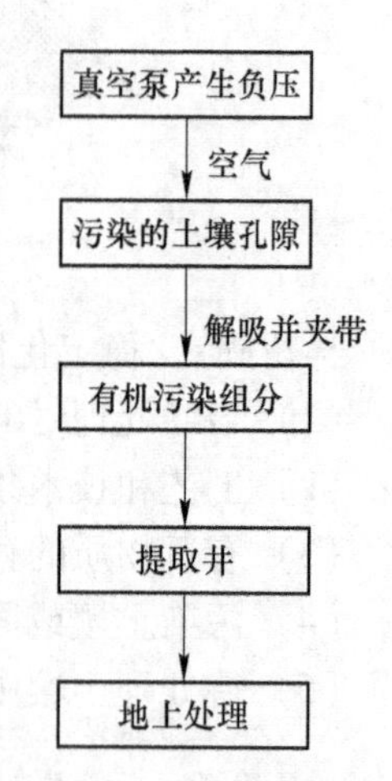

图 4-7　蒸气浸提修复技术处理过程示意图

蒸气浸提修复技术处理过程示意图如图 4-7 所示。

蒸气浸提技术适用于高挥发性化学污染土壤的修复，如汽油、苯和四氯乙烯等污染的土壤，通常应用于亨利系数（K_H）大于 0.01mol/（L·Pa）或者蒸气压大于 66.7Pa 的挥发性有机物，使用该方法可使苯系物等轻组分石油烃类污染物的去除率达 90%。此外，该技术有时也用于除去环境中的油类、重金属及其有机物、多环芳烃等污染物。蒸汽浸提技术对污染点可行性的影响因素如下：

- 土壤特性
  - 控制土壤空气流速的物理因子
  - 决定污染物在土壤与空气之间分配数量的化学因子
  - （以上两项）：容重、总孔隙率、充气孔隙率、挥发性污染物的扩散率、土壤湿度、气态渗透率、质地、结构、矿物含量、表面积、湿度、有机碳含量、均一性、空气可渗入区的深度和地下水埋深等
- 污染物特性：污染的程度与范围、蒸气压、亨氏定律常量、水溶解度、扩散速率和分配系数等

蒸汽浸提技术的主要优点：

（1）能够原位操作且较简单，对周围环境干扰较小；

（2）能高效去除挥发性有机物；

（3）经济性好，在有限的成本范围内能处理更多污染土壤；

（4）系统安装转移方便；

（5）可以方便地与其他技术组合使用。

蒸气浸提技术种类：原位土壤蒸汽浸提技术、异位土壤蒸汽浸提技术、多相浸提技术（两相浸提技术、两重浸提技术）、生物通风技术。

4.2.3.1 原位土壤蒸气浸提技术

该技术利用真空通过布置在不饱和土壤层中的提取井向土壤中导入气流，气流流经土壤时，挥发性和半挥发性的有机物挥发并随着空气进入真空井，使土壤得到修复。

原位土壤蒸气浸提技术多用于去除挥发性有机卤代物或非卤代物，有时也用于去除污染土壤中的油类、重金属及其有机物、多环芳烃或二噁英等污染物。

污染土壤的原位蒸气提取过程如图 4-8 所示。

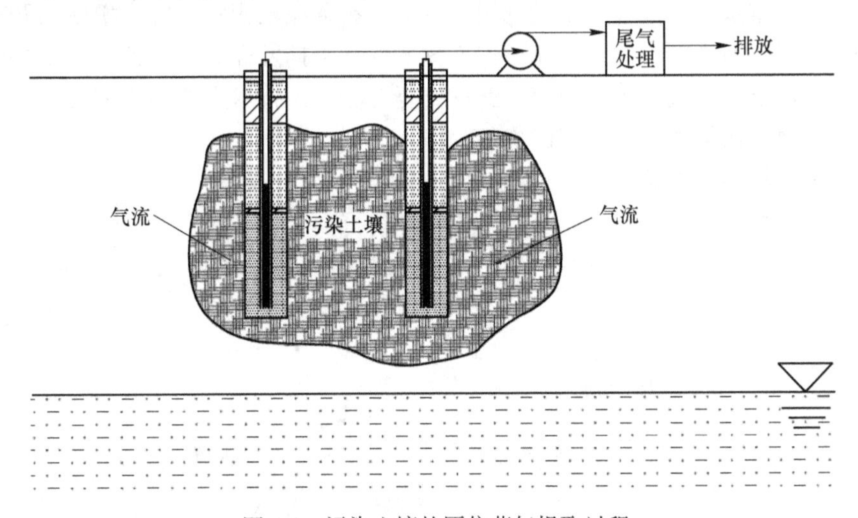

图 4-8　污染土壤的原位蒸气提取过程

原位土壤蒸气浸提技术的应用条件见表 4-1。

原位土壤蒸气浸提技术效果的影响因素：

（1）真空提取过程中地下水位的变化；

（2）地下水位的高度；

（3）黏土、腐殖质的含量受污染土壤的干燥程度；

表 4-1　原位土壤蒸气浸提技术的应用条件

	项　目	有利条件	不利条件
污染物	存在形态	气态	被土壤强烈吸附或呈固态
	水溶解度/$mg \cdot L^{-1}$	<100	>100
	蒸气压/Pa	$>1.33\times10^4$	$<1.33\times10^3$
土壤	温度/℃	>20	<10
	湿度	<10%	>10%
	组成	均一	不均一
	空气传导率/$cm \cdot s^{-1}$	$>10^{-4}$	$<10^{-6}$
	地下水位/m	>20	<1

（4）排出气体的处理；

（5）土壤的异质性；

（6）土壤的低渗透性。

4.2.3.2　异位土壤蒸气浸提技术

异位土壤蒸汽浸提技术是指利用真空通过布置在堆积状污染土壤中的开有狭缝的管道网络向土壤中通入气流，促使挥发性和半挥发性有机污染物挥发并流入土壤中的清洁空气流后提取脱离土壤的修复方法。该技术主要用于挥发性有机卤代物和非卤代污染物污染土壤的修复。

污染土壤的异位蒸汽浸提过程如图 4-9 所示。

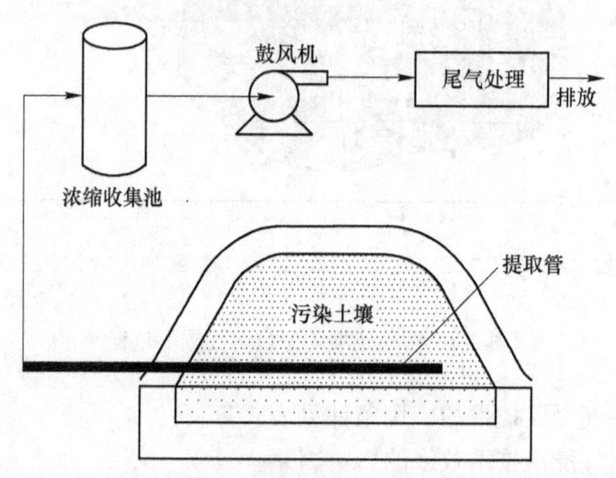

图 4-9　污染土壤的异位蒸气浸提过程

与原位土壤蒸气浸提技术相比，异位土壤蒸气浸提技术具有以下优点：

（1）挖掘过程中可增加土壤中的气流通道；

（2）处理过程不受浅层地下水位的影响；

（3）可进行泄漏收集；

（4）处理过程可监测。

异位土壤蒸气浸提技术效果的影响因素：

（1）挖掘和物料处理过程中易出现气体泄漏；

（2）运输过程可能引起挥发性物质释放；

（3）对环境空间面积要求较大；

（4）处理前需除去直径大于60mm的块状碎石；

（5）修复效率受黏质土壤影响；

（6）腐殖质含量过高会抑制挥发过程。

4.2.3.3 多相浸提技术

多相浸提技术（muti-phase extraction）是在土壤蒸汽浸提技术进行革新的基础上发展出来的，是一种强化的蒸气浸提技术，该技术可以同时对地下水和土壤蒸气进行提取。主要用于处理中、低渗透性地层中的VOCs等污染物。

多相浸提技术可具体细分为两相（TPE）和两重浸提（DPE）两种方法。其中，两相浸提技术为高真空环境，受地下水影响大，而两重浸提技术相反。

污染土壤的多相浸提修复技术如图4-10所示。

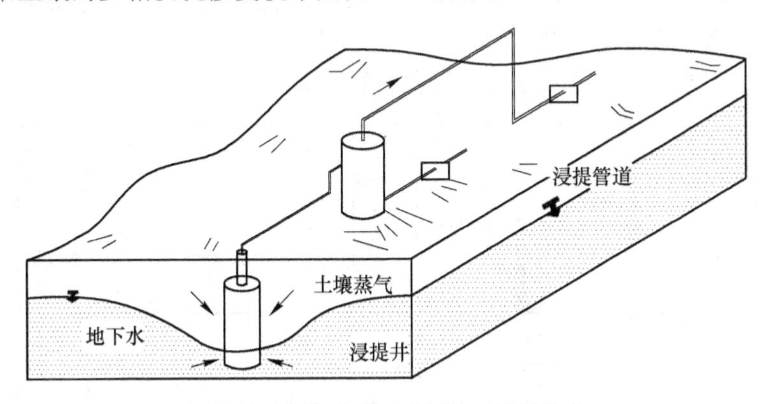

图4-10 污染土壤的多相浸提修复技术

A 两相浸提技术

两相浸提技术（two-phase extraction），是指利用蒸气浸提或者生物通风技术向不饱和土壤输送气流以修复挥发性有机物和油类污染物污染土壤的过程。气流同时也可以将地下水提到地上进行处理，两相提取井同时位于土壤饱和层和土壤不饱和层，建立真空后进行提取。

污染土壤的两相浸提修复技术示意图如图4-11所示。

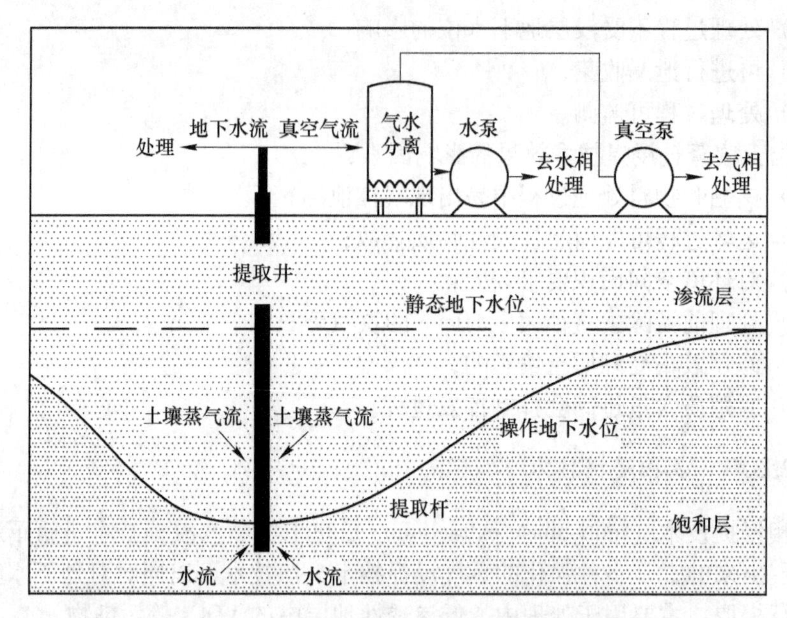

图 4-11　污染土壤的两相浸提修复技术示意图

B　两重浸提技术

两重浸提技术（dual-phase extraction）既可以在高真空下也可以在低真空条件下使用潜水泵或者空气泵工作。

污染土壤的两重浸提修复技术示意图如图 4-12 所示。

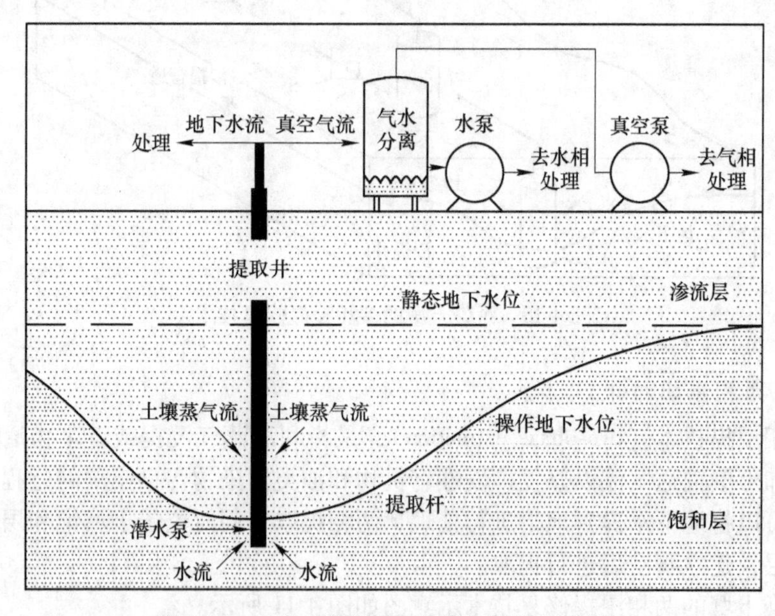

图 4-12　污染土壤的两重浸提修复技术示意图

DPE 的适用性及其与 TPE 的比较见表 4-2。

表 4-2 DPE 的适用性及其与 TPE 的比较

项目	低/高真空 DPE	TPE
优点	不受目标污染物深度影响； 提取井内的真空损失少； 不受地下水产生速率影响	地下水气提：污染物液相-气相转移速率最高达到 98%； 井内无需泵及其他机械设备； 可用于现有的提取、观测井
缺点	使用潜水泵，因此需要有没过水泵的水位；与 TPE 相比，需要进行泵的控制	深度有限制：最深地下 150m 地下水流速有限制：最大 5m/min； 由于需要提水到地面，耗费较大真空气流

两相或多相浸提技术修复土壤的时间由 6 个月至几年不等，主要取决于以下因素：

（1）修复目标及要求；

（2）原位处理量；

（3）污染物浓度及分布；

（4）现场特性，如渗透性、各项异质性；

（5）地下水抽取影响半径；

（6）地下水抽取速率。

多相浸提技术应用的场地条件见表 4-3。

表 4-3 多相浸提技术应用的场地条件

场　地	应 用 条 件
污染位置	（1）挥发性有机卤化物； （2）非挥发性有机卤化物和/或石油烃化合物
大部分污染物的亨利系数	（1）地下水位以下； （2）地下水位上下都有
大部分污染物的蒸气压	>0.01Pa（20℃无量纲）
地下水位以下的地质情况	>1.33×10^{3}Pa（20℃）
地下水位以上的应用	砂土与黏土之间
地下水位以上土壤的透气性	低、中渗透性（K①<0.1 达西）

①土壤蒸汽渗透参数 K，1 达西 = 1×10^{-8}cm²，渗透率是储层岩石通过流体能力的重要量度。法国科学家 Darcy（达西）于 1856 年公布了他利用水通过自制的铁管砂子滤器进行稳定流试验研究的结果。后人将其结果进行归纳和推导，称之为达西定律，并将渗透率的单位命名为达西。一个达西单位的渗透率表示为，1cm 长度和截面积 1cm² 的岩样在压力梯度为 1atm 的作用下，能够通过黏度为 1cP（10^{-3} Pa·s）流体的流量 1cm³/s。在国际标准系统（SI）中，渗透率的单位为 m²，通常以 μm²（平方微米）表示。一个平方微米（μm²）相当于一个达西（Darcy），10^{-3} μm² = 1mD（毫达西）。目前世界各国均以毫达西（mD）作为渗透率的单位。

4.2.4 热解吸技术

热解吸技术是一种利用直接或间接热交换，通过控制热解吸系统的床温和物料停留时间有选择地使污染物得以挥发去除的技术。

污染土壤热解吸修复过程示意图如图 4-13 所示。

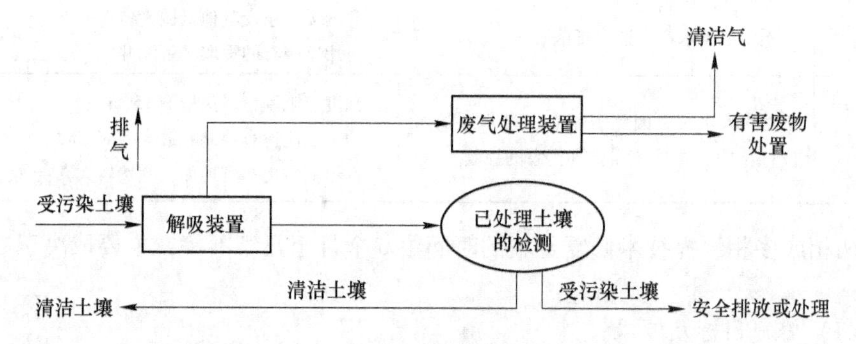

图 4-13 污染土壤热解吸修复过程示意图

该技术通过直接或间接的热交换，将土壤中有机污染组分加热后使其从土壤介质相蒸发出来。热解吸技术具有污染物处理范围广、设备可移动、修复后土壤能够二次利用等优点；而对于 PCBs 等含氯有机污染物，使用非氧化燃烧的处理方式可以显著减少二噁英的产生。

目前土壤热解吸技术在高浓度污染场地的有机物污染土壤的异位或原位修复过程中被广泛应用，但因其具有的脱附时间过长、相关设备价格昂贵、处理成本过高等缺陷在一定程度上没有解决，所以该技术在持久性有机物污染土壤修复的应用中受到限制。

4.2.4.1 热解吸修复技术的类型

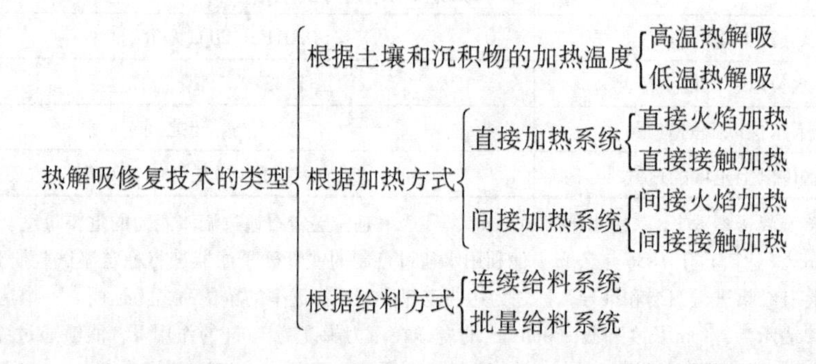

应用较为广泛的热解吸修复技术包括间接接触热螺旋解吸技术、直接接触旋转干燥热解吸技术、间接接触旋转干燥热解吸技术等。

间接接触热螺旋解吸系统流程图如图 4-14 所示。

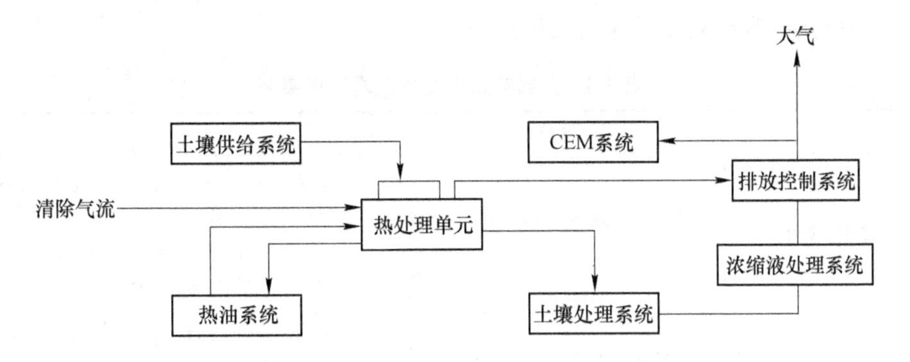

图 4-14 间接接触热螺旋解吸系统流程图

直接接触旋转干燥热解吸系统流程图如图 4-15 所示。

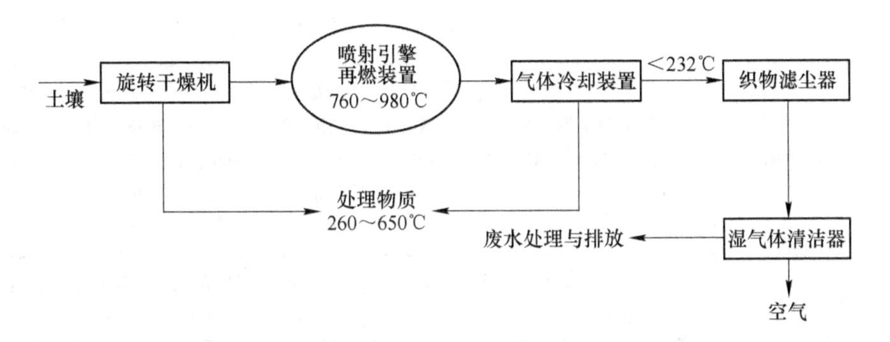

图 4-15 直接接触旋转干燥热解吸系统流程图

间接接触旋转干燥热解吸系统流程图如图 4-16 所示。

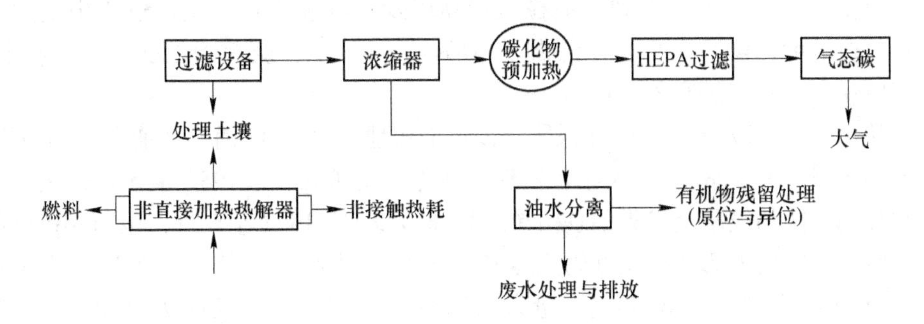

图 4-16 间接接触旋转干燥热解吸系统流程图

土壤热解吸技术广泛用于挥发态有机物、半挥发态有机物、农药甚至是高沸点氯代化合物和二噁英等。但对无机物无效，比如重金属。

A　美国应用实例

美国热解吸修复技术应用实例见表4-4。

表4-4　美国热解吸修复技术应用实例

项　目	应用修复技术和温度	结　　果
NBM项目	直接接触旋风干燥在672℃下修复农药污染土壤	处理后4种农药艾氏剂、狄氏剂、异狄氏剂和氯丹分别由44~70mg/kg、88mg/kg、710mg/kg和1.8mg/kg降到0.01mg/kg以下，去除率大于99%
南峡谷瀑布	间接接触旋风干燥在330℃下修复多氯联苯污染土壤	土壤中PCBs的平均浓度为500mg/kg，处理后浓度达到0.286mg/kg，去除率大于99%
南峡谷瀑布	原位热毯在200℃修复多氯联苯污染土壤	土壤中PCBs的浓度从75~1262mg/kg降至小于2mg/kg，去除率大于99%
某军队新兵训练营	间接接触螺旋式加热系统在160℃下修复苯TCE，PCE和二甲苯等污染土壤	处理后苯、TCE、PCE和二甲苯浓度分别由586.16mg/kg、2678mg/kg、1422mg/kg和27.192mg/kg降至0.73mg/kg、1.8mg/kg、1.4mg/kg和0.55mg/kg，去除率均大于99%
NFESC项目	采用热气抽提系统在154℃下修复油类污染土壤	总石油烃浓度由4700mg/kg降至257mg/kg，去除率达到了95%

B　新泽西州Wallington乳胶厂场地污染土壤修复工程

Wallington乳胶厂面积为9.67英亩，坐落在居住-工业混合区。从1951~1983年，该厂曾生产天然和合成橡胶产品以及化学黏合剂。生产过程中使用了大量有机溶剂，包括挥发性有机物（VOCs），如丙酮、庚烷、正已烷、甲乙酮、二氯甲烷，以及多氯联苯（PCBs）。

从1986~1987年，美国环保署从该污染场地清除1200桶溶剂桶和22个地下溶剂储藏罐。从1987~1988年，发现该场地广泛被污染。1989年5月，该场地被添加到美国超级基金优先治理清单。1988年9月~1992年6月，该场地执行环评调研，确定场地32000立方码土壤和在排水运河旁边的2700立方码的土壤和泥沙受PCBs污染，PCBs最高含量为4000mg/kg；半挥发有机物为BEHP、PAHs等；重金属污染物为锑、砷。到1999年3月开始用热解吸法清除土壤中有机污染物。

技术性能和成本的关键影响因素是土壤基体性质。

土壤基体性质见表4-5。

表 4-5 土壤基体性质

参 数	数 值
土壤类型	黏土/泥沙
黏土含量/颗粒大小分布	5%～20%黏土
含水量/%	15～20
有机质含量/%	0.5～3
pH 值	7
容重/$t \cdot m^{-3}$	1.6

a 处理技术设备

系统热解吸单元是一个三重壳回转窑，其同心圆柱热源加热功率为 40000000Btu/h。该系统组成结构示意图如图 4-17 所示。

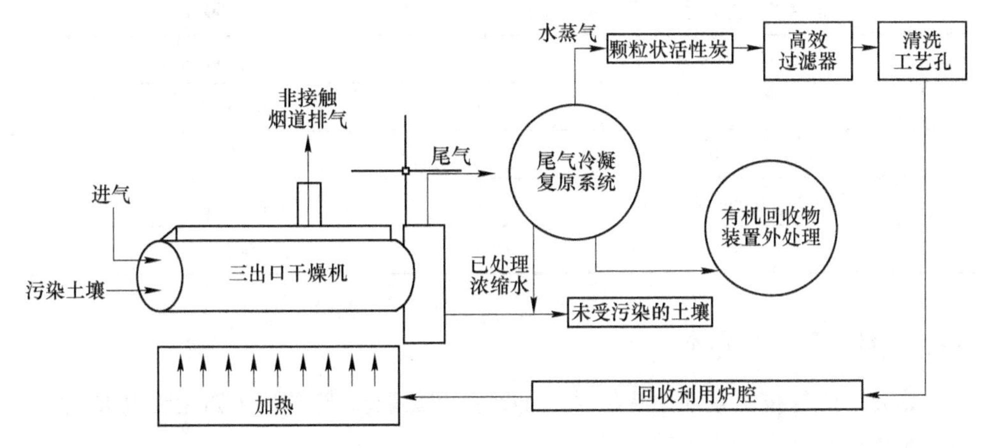

图 4-17 热解吸系统组成结构示意图

技术参数见表 4-6。

表 4-6 技术参数

运 行 参 数	数 值
停留时间/min	60
系统吞吐量/$t \cdot d^{-1}$	225（平均）
出口土壤温度/°F	900（典型）
总运行时间/h	70474
加热功率/$kW \cdot h^{-1}$	11723
回转窑内的空气/%	氧气含量低于 4

b　性能情况

比较修复目标浓度和处理后土壤污染物浓度可知系统运行的性能情况。修复前土壤污染物的浓度见表4-7。

表4-7　修复前土壤污染物的浓度

有机物种类	修复目标浓度/mg·kg^{-1}
PCBs	1
BEHP	46
3，3’-Dichlorobenzidene	1.4
Arsenic	20

修复后土壤污染物的浓度（采样频率为1个样本/250m^3）见表4-8。

表4-8　修复后土壤污染物的浓度（采样频率为1个样本/250m^3）

有机物种类	修复目标浓度/mg·kg^{-1}
PCBs	0.16
BEHP	0.37
3，3’-Dichlorobenzidene	检测不到
Arsenic	1.63

4.2.5　热力学修复技术

热力学修复技术是使用热传导（如热井和热墙）或辐射（如无线电波加热）实现对污染土壤进行修复的技术。

污染土壤热修复系统示意图如图4-18所示。

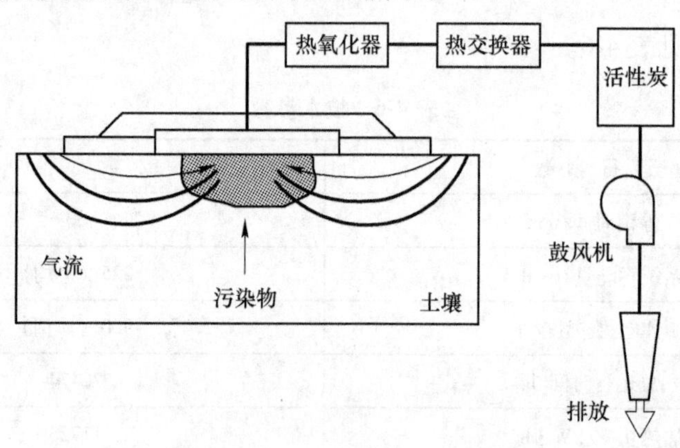

图4-18　污染土壤热修复系统示意图

热力学修复技术通过直接加热、间接加热使污染物挥发或分解等方法对污染土壤进行修复，主要用于去除高浓度污染土壤中的VOCs、水银、农药和油类等，应用该技术可以实现VOCs完全无害化。热力学修复技术可分为高温原位加热修复技术（约1000℃）、低温原位加热修复技术（约100℃）和原位电磁波加热技术等。

4.2.5.1　高温原位加热修复技术

高温原位加热技术主要用于处理污染土壤中的半挥发性卤代/非卤代有机物、多氯联苯以及较高密度的非水质液态有机物；低温原位加热多用于处理半挥发性的卤代/非卤代物、较高浓度非溶性液态物质以及挥发性有机物的污染物。此外，原位电磁波加热修复技术与土壤蒸气浸提技术相结合，利用高频电压释放的电磁波能量对污染土壤进行加热，使用热量强化土壤蒸汽浸提技术，可以使得污染物在土壤颗粒内解吸而达到修复污染土壤的目的。

污染土壤高温加热修复过程如图4-19所示。

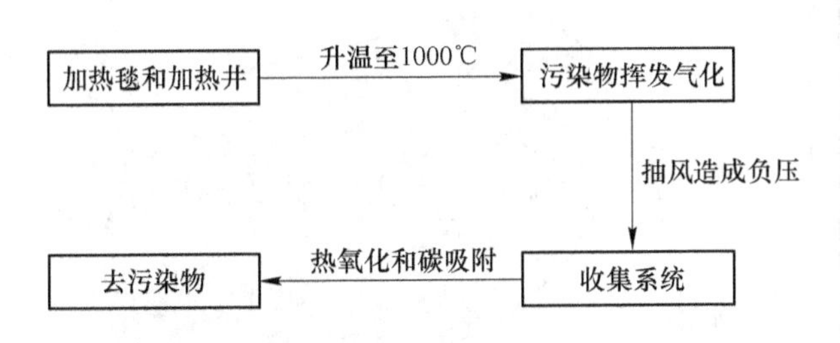

图4-19　污染土壤高温加热修复过程

高温原位加热修复技术应用：

通过热毯或加热井中的加热器件进行热传导加热，并通过气提井和鼓风机将水蒸气和污染物收集起来加以处理。

（1）热毯系统——采用覆盖在土壤表层的加热毯加热，每一块加热毯上面都覆盖一层防渗膜，内部设有管道和气体排放收集口。各个管道的气体由总管引至真空管。土壤加热以及加热毯地下面抽风机造成的负压，使得污染物蒸发，汽化迁移到土壤层中，再将气态的污染物引至热处理设施进行氧化处理。

（2）热井系统——将电子元件置入间隔2~3m的竖直加热井中，加热井升温至1000℃加热周围的土壤，热量从井中向周围土壤热传导，井中安装了有孔筛网，同时其上部由装置连接到总管，利用真空将气流引入处理设施氧化、吸附有机物。

4.2.5.2 低温原位加热修复技术

利用蒸汽井（蒸汽注射钻头、热水浸泡或电阻加热产生蒸汽）加热土壤，温度可达100℃，蒸发污染物，使非水质液体进入提取井，再利用潜水泵收集流体，真空泵收集气体，送至处理装置进行处理。

污染土壤低温加热修复过程如图4-20所示。

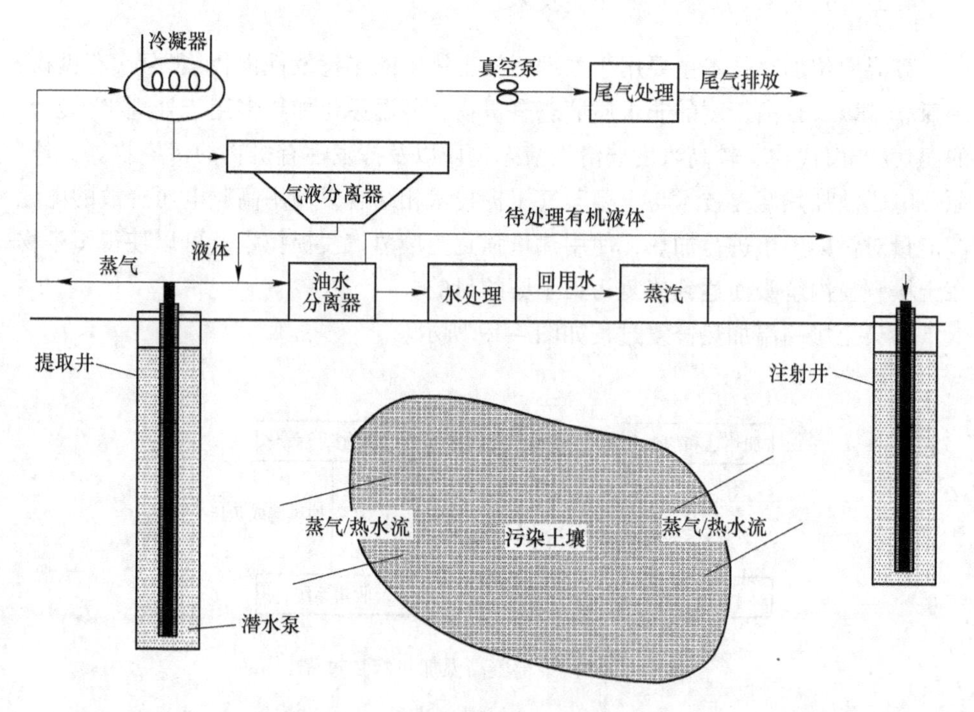

图4-20 污染土壤低温加热修复过程

4.2.5.3 电磁波加热修复技术

电磁波加热修复技术是由无线电能量辐射布置系统、无线电能量发射传播和监控系统、污染物蒸汽屏障包容系统和污染物蒸汽回收处理系统四部分组成的污染土壤加热修复系统。

原位电磁波加热修复技术平面示意图如图4-21所示。

原位电磁波加热修复技术剖面示意图如图4-22所示。

4.2.5.4 热力学修复技术的适用性和影响因素

热力学修复技术的适用性和影响因素见表4-9。

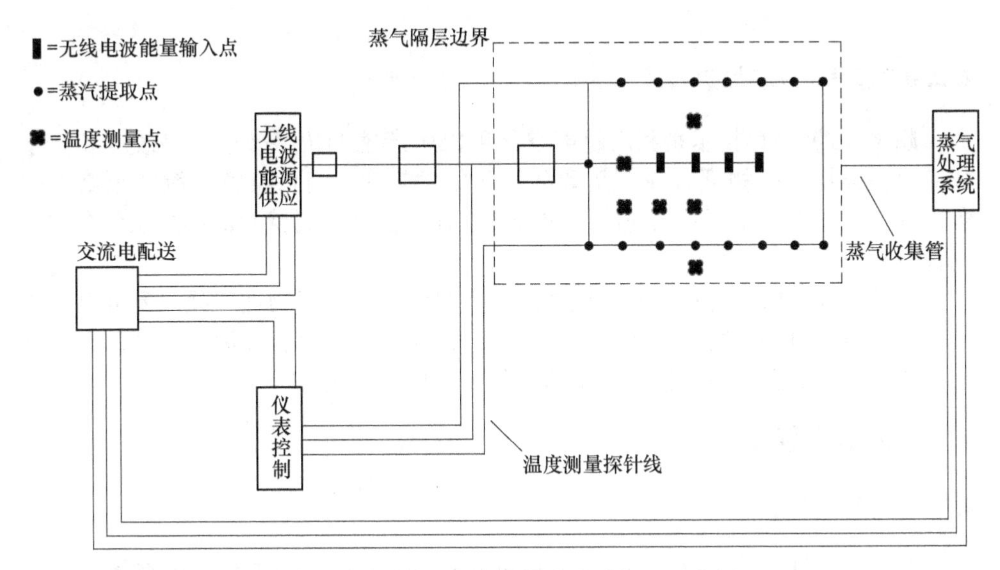

图 4-21　原位电磁波加热修复技术平面示意图

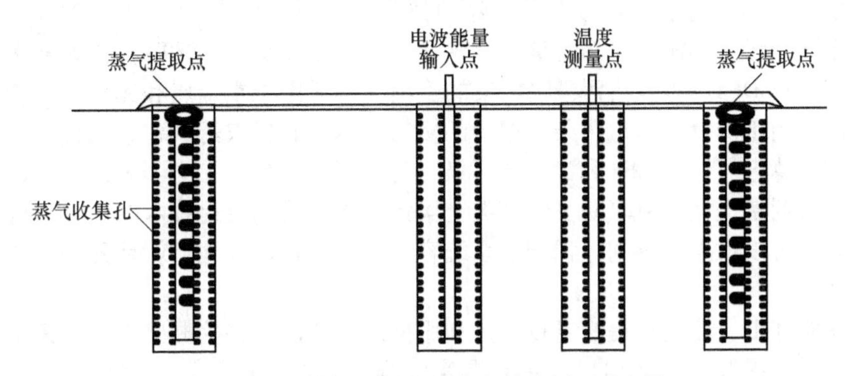

图 4-22　原位电磁波加热修复技术剖面示意图

表 4-9　热力学修复技术的适用性和影响因素

项目	适用范围	影 响 因 素
高温加热	半挥发性卤代有机物和非卤代有机物、多氯联苯以及密度较高的非水质液体有机物	土壤异质性影响均匀度；加热和蒸气收集须严格以防污染物扩散；高温会改变土壤结构；处理饱和层土壤需将水分加热至沸腾而提高成本；黏性土壤修复速率降低；需尾气处理系统
低温加热	半挥发性的卤代有机物和非卤代有机物以及浓的非水溶性液态物质	土壤异质性影响处理的均匀程度；渗透生能低的土壤难以处理；导体影响电阻加热的应用效果；须严格操作以防污染物扩散；蒸气、水和有机液体必须回收处理；需尾气处理系统
电磁波加热	挥发性和难处理的半挥发性有机组分	含水量高于 25% 的土壤能耗大；对非挥发性污染物无效；深于 15m 效果不明显；黏性土壤效果差

4.2.6 超声/微波加热技术

超声/微波加热技术是利用超声空化现象所产生的机械效应、热效应和化学效应对污染物进行物理解吸、絮凝沉淀和化学氧化，将污染物从粒状土壤上解吸，并在液相中发生氧化反应降解成 CO_2和 H_2O 或环境易降解的小分子化合物的一种修复技术。

相关研究表明，超声波除了能对土壤有机污染物进行物理解吸，还可以通过氧化作用将有机污染物彻底清除。此外，利用超声波净化石油污染土壤，研究结果表明，超声波技术对石油污染土壤有很好的修复作用。

4.3 化学修复技术

4.3.1 溶剂浸提法

溶剂浸提修复技术（solvent extration remediation）是一种利用溶剂将有害化学物质从污染土壤中提取出来或去除的技术，主要适用于 PCBs、石油烃、氯代烃、多环芳烃（PAHs）、多氯联苯、多氯二苯并二噁英（PCDDs）以及多氯二苯并呋喃（PCDFs）等有机污染物污染的土壤，不适用于重金属和无机污染物的修复，可以用于修复农用地污染土壤中的多氯联苯和有机农药（包括杀虫剂、杀真菌剂和除草剂等）。PCBs 和油脂类污染物易于吸附或黏附在土壤中，处理起来有难度，溶剂浸提技术可轻易去除该类土壤污染物。溶剂浸提技术的装置组件易运输安装，可以根据土壤的体积调节系统容量，一般在污染地点就地开展，是异位处理技术。

在原理上，溶剂浸提修复技术是利用批量平衡法，将挖掘出来的污染土壤放置在一系列提取箱（除出口外密封严实的容器）内，进行污染物与溶剂的离子交换等化学反应。在这一过程中，污染物转移到有机溶剂或超临界液体中，然后将溶剂分离开进一步处理或弃置。溶剂浸提技术所用的是非水溶剂，溶剂类型取决于污染物的土壤特性和化学结构，因此不同于一般的化学提取和土壤淋洗。一般先将污染土壤中的大块岩石和垃圾等杂质过筛分离去除，然后将过筛的污染土壤置于提取罐或箱中，将清洁溶剂从储存罐运送到提取罐，以慢浸方式加入土壤介质，以便于土壤污染物全面接触进行离子交换等反应，再借助泵的力量将其中的浸出液排出提取箱并引导到溶剂恢复系统中进一步分离，在分离系统中通过改变温度或压力将污染物从溶剂中分离出来，溶剂进入提取器中循环使用，浓缩的污染物被收集起来进一步处置。按照这种方式重复提取过程，直到目标土壤中污染物水平达到修复目标值。干净的土壤经过滤和干燥可以进一步使用或弃置，干燥阶段产生的蒸汽需要收集冷凝，进一步处置，或者对处理后的土壤引入活性微生物群落和富营养介质，快速降解残留的溶剂。

溶剂浸提修复技术存在一定的局限性，低温和土壤黏粒含量高不利于溶剂浸

提修复，黏粒含量高于15%的土壤则不适于采用这项技术，湿度大于20%的土壤要先风干，保证土壤和溶剂能够充分接触，避免水分稀释提取液而降低提取效率，但会增加处理费用。土壤有机质和含水量决定了PCBs的去除率，由于有机质对DDT有强烈的吸附作用，高的有机质含量还会影响DDT的溶剂浸提效率，使用的有机溶剂会有部分残留在处理后的土壤中，因此有必要对溶剂的生态毒性进行事先考察。

溶剂浸提修复技术设计和运用得当，是比较安全、快捷、有效、便宜和易于推广的技术。在美国，该技术已成功地进行了多氯联苯、二噁英和有机农药污染场地的修复，平均修复费用为165~600美元/t土壤，污染物去除率高达99%。美国Terra-Kleen公司在该技术上作了很多的探索并已成功用于土壤修复，迄今为止，Terra-Kleen公司已利用溶剂浸提技术修复了约20000m^3受到PCBs和二噁英污染的土壤和沉积物，PCBs浓度由20000mg/kg被减少到1mg/kg，二噁英的浓度减幅甚至达到了99.9%。在美国加利福尼亚北部的一个岛上，曾采用溶剂浸提法对多氯联苯污染的土壤进行修复，该地多氯联苯含量高达17~640mg/kg，该技术系统采用了批量溶剂浸提过程以分离土壤中的多氯联苯，所使用的溶剂是专利溶剂。整个修复系统由5个提取罐、1个微过滤单元、1个溶剂纯化站、1个清洁溶剂存储罐和1个真空抽提泵系统组成，每吨土壤需要4L溶剂进行处理，处理后的土壤中多氯联苯含量降到约2mg/kg。

土壤溶剂浸提修复技术示意图如图4-23所示。

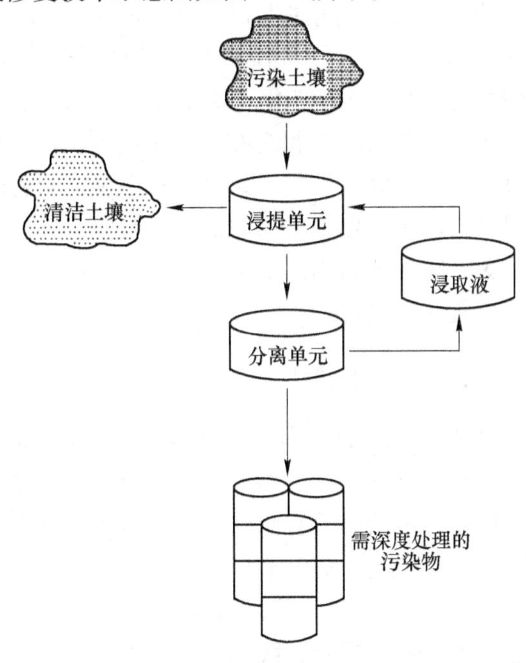

图4-23 土壤溶剂浸提修复技术示意图

溶剂浸提修复技术过程示意图如图 4-24 所示。

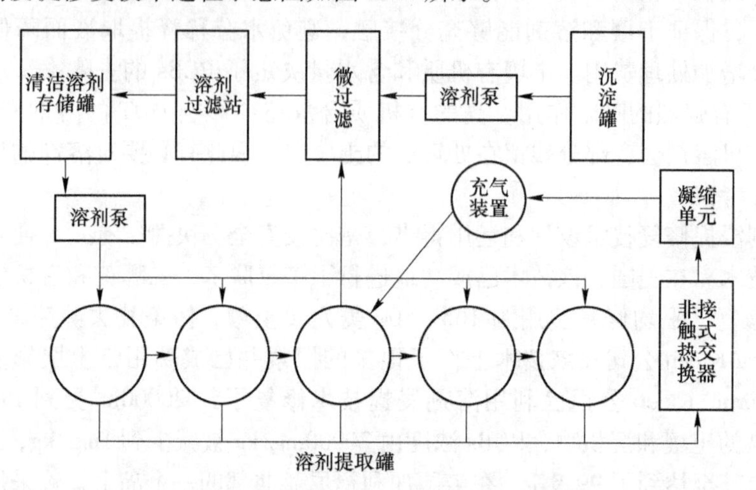

图 4-24 溶剂浸提修复技术过程示意图

4.3.2 化学淋洗修复技术

化学淋洗修复技术（chemical leaching and flushing/washing remediation）是借助能促进土壤环境中污染物溶解或迁移作用的化学/生物化学溶剂，在重力作用下或通过水力压头推动清洗液，将其注入到被污染土层中，然后再把包含有污染物的液体从土层中抽提出来，进行分离和污水处理的技术。清洗液可以是清水，也可以是化学冲洗助剂的溶液，具有乳化、增溶效果，或改变污染物的化学性质。实施该技术的关键是污染物的溶解性和它在液相中的流动性。到目前为止，化学淋洗技术主要是用螯合剂或酸修复被重金属污染的土壤，用表面活性剂修复被有机物污染的土壤，但是会影响土壤中生物的活性，改变土壤养分的形态，降低养分的有效性，破坏土壤微团具体结构，淋出液会增加处理成本。在操作上化学淋洗修复技术分为原位修复和异位修复。

4.3.2.1 原位化学淋洗修复技术

原位化学淋洗修复技术（in-situ chemical leaching and flushing/washing remediation）是利用水力压头推动淋洗剂通过污染土壤，使污染物溶解进入淋洗液，淋洗液往下渗透或水平排出，最后将含有污染物的淋出液收集再处理。修复系统由三个部分组成：（1）将淋洗液投入土壤中的设备；（2）下层淋出液收集系统；（3）淋出液处理系统，需要在原地搭建修复设施。同时，由于在污染物和化学清洗剂相互作用的过程中，通过螯合、解吸、溶解或络合等物理化学作用，最终形成可迁移态化合物，通常采用隔离墙等物理屏障将污染区域封闭起来，为了节

省工程费用，该技术还包括淋出液再生系统。原位化学淋洗修复技术适用于多空隙、易渗透的土壤，砂粒和砾石占50%以上、阳离子交换量低于10cmol/kg、水传导系数大于10^{-3} cm/s的土壤可采用土壤淋洗技术进行修复，适合处理重金属、具有低辛烷/水分配比系数的有机化合物、羟基化合物、低分子量醇类和羧基酸类污染物，不适合处理水溶态液态污染物，如强烈吸附于土壤的呋喃类化合物、极易挥发的有机物及石棉，可以用来处理农田土壤中的重金属、多氯联苯和农药等，具有长效性、易操作性、高渗透性、费用合理性（依赖于所使用的淋洗剂）、治理的污染物范围广泛等优点，但淋洗剂易造成二次污染。

土壤淋洗技术各系统及相互关系如图4-25所示。

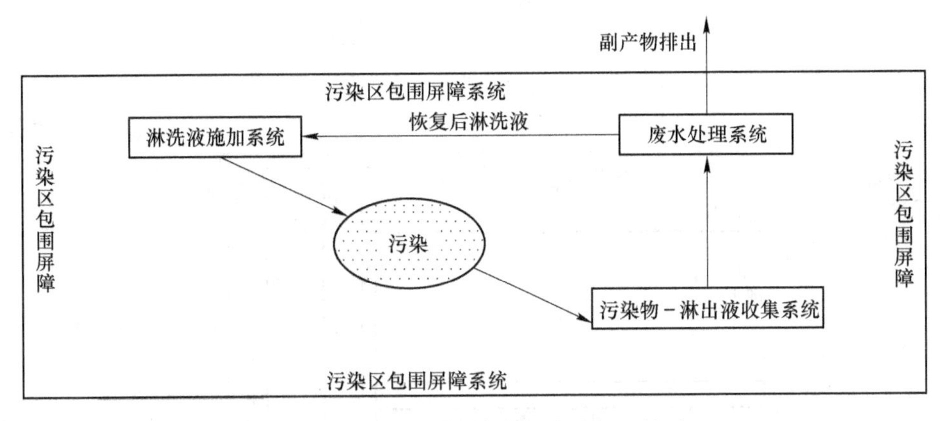

图4-25　土壤淋洗技术各系统及相互关系

化学淋洗液投加系统应根据土壤被污染的深度来设计，采用漫灌、挖掘或沟渠和喷淋等方法向土壤中添加淋洗液，使其通过重力或外力的作用贯穿污染土壤并与污染物相互作用，该系统不仅可以通过挖空土壤后再用多孔介质（粗砂砾）填充的浸渗沟和浸渗床方式将清洗液扩散到污染区，也能采用压力驱动的扩散系统来加快淋洗液在土壤中的扩散。在考虑地形因素的同时，也需要人为构筑地理梯度，以确保淋洗液能匀速顺利渗入和向下贯穿污染区。可利用梯度井或抽提井等方式来收集含有污染物的淋出液。对于淋出液的处理，不同的污染物有不同的处理方式，如重金属污染土壤的淋出液可采用化学沉淀或离子交换手段进行处理，羟基类化合物的处理可以添加额外的碳源后采用生物手段，石油及其轻蒸馏产物可采用空气浮选法。如果淋洗系统有淋出液再生设备，淋洗液纯化后可再次进入淋洗液投加系统进行循环利用。

原位土壤淋洗系统的基本组成及其部件示意图如图4-26所示。

注射井和抽提井示意图如图4-27所示。

典型的布井模式示意图如图4-28所示。

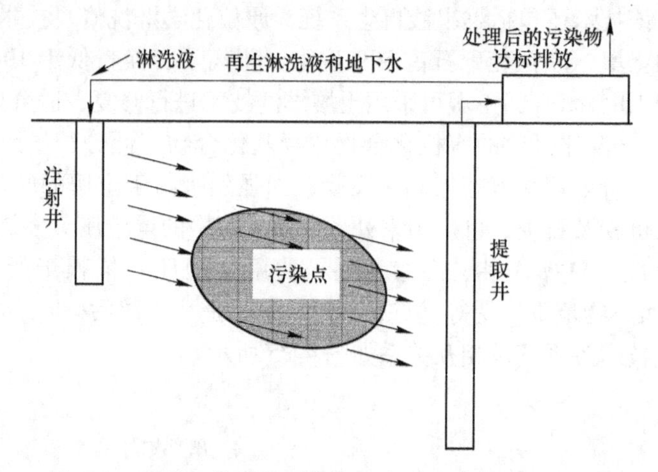

图 4-26 原位土壤淋洗系统的基本组成及其部件示意图

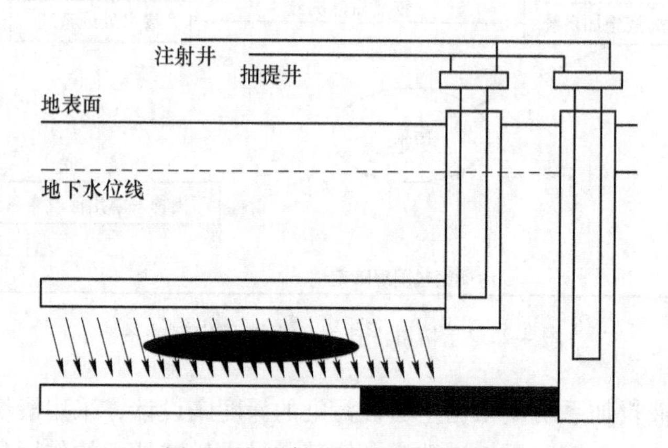

图 4-27 注射井和抽提井示意图

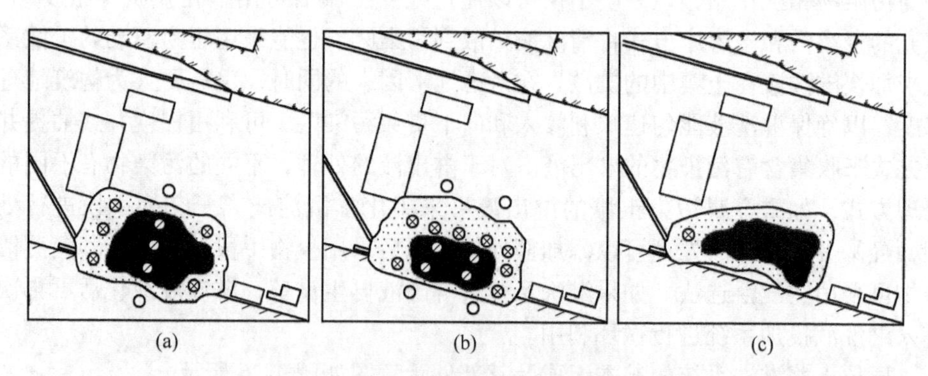

图 4-28 典型的布井模式示意图

（a）分散状线形布井模式；（b）重复分散状线形布井模式；（c）线形布井模式

⊗—抽提井；⊘—注射井；○—水压控制井；▬—污染源区；▒—溶解态污染物的高浓度区

1987~1988 年，在荷兰曾采用原位化学淋洗技术修复镉污染土壤，用 0.001mol/L HCl 对 $6000m^2$ 的土地上约 $30000m^3$ 的砂质土壤进行处理，修复后土壤镉含量从原来的 20mg/kg 以上降低到 1mg/kg 以下，每立方土处理费用约 50 英镑。在美国犹他州希尔空军基地开展的小规模现场试验中，采用淋洗液中加表面活性剂十二磺基丁二酸钠的方法去除了土壤中大约 99%残留的三氯乙烯（trichloroethylene）。

4.3.2.2 异位化学淋洗修复技术

与原位化学淋洗修复技术不同的是，异位化学淋洗修复技术（ex-situ chemical leaching and flushing/washing remediation）是将污染土壤挖掘出来放在设备中，用水或其他化学溶液来清洗、去除污染物，之后对含有污染物的废水或废液再进行处理，洁净的土壤可以回填或运到其他地点。通常先根据土壤的物理性状，将其分成石块、砂砾、沙、细沙以及黏粒，再处理到修复目标。如果大部分污染物被吸附于某一土壤粒级，且这一粒级只占全部土壤体积的一小部分，那么可以只处理这部分土壤。异位化学淋洗技术适用于污染物集中于大粒级土壤上的情况，对含有 25%~30%黏粒的土壤不建议采用这项技术，砂砾、沙和细沙以及相似土壤组成中的污染物更容易处理，可以用于处理重金属、放射性元素以及许多有机物，包括石油烃、易挥发有机物、PCBs 以及多环芳烃等，可以用于修复农田土壤中的重金属、PCBs 和多环芳烃。在实验室可行性研究的基础上，淋洗剂可根据污染物类型进行选择，能很大程度上提高修复工程的效率。该技术具有能耗低、设备投资小、工艺简单、范围广、速度快等优势，其操作的核心是通过水力学方式机械地悬浮或搅动土壤颗粒，土壤颗粒尺寸最小为 9.5mm，大于这个粒径的石砾和粒子容易用土壤淋洗的方式将其中污染物去除。土壤异位淋洗技术装备应该是可运输的，且能随时随地搭建、撤卸、改装，一般采用单元操作系统，包括栅筛分设备、振动筛、泥浆泵、砂砾曝气室、摩擦反应器、漂浮单元离心装置、流化床清洗设备、矿石筛、传送系统、砂砾清洗装置、剧烈环绕分离净化器、鼓轮过滤器、过滤压榨机、生物泥浆反应器等。

异位化学淋洗修复技术流程图如图 4-29 所示。

异位土壤化学淋洗修复技术示意图如图 4-30 所示。

美国国家超级基金项目中一个非常有名的修复实例是新泽西州温斯洛镇的土壤异位化学淋洗修复，这也是美国环保局首次全方位采用该项技术成功修复污染土壤的实例。KOP 公司将工业废物丢弃在这块 $4hm^2$ 的土地上，土壤和污泥受到砷、铍、镉、铬、铜、铅、镍和锌污染，其中污泥中铬、铜和镍最高值均超过了 10000mg/kg。通过异位化学淋洗修复后，土壤中的镍平均浓度下降到 25mg/kg，铬下降至 73mg/kg，铜下降为 110mg/kg。

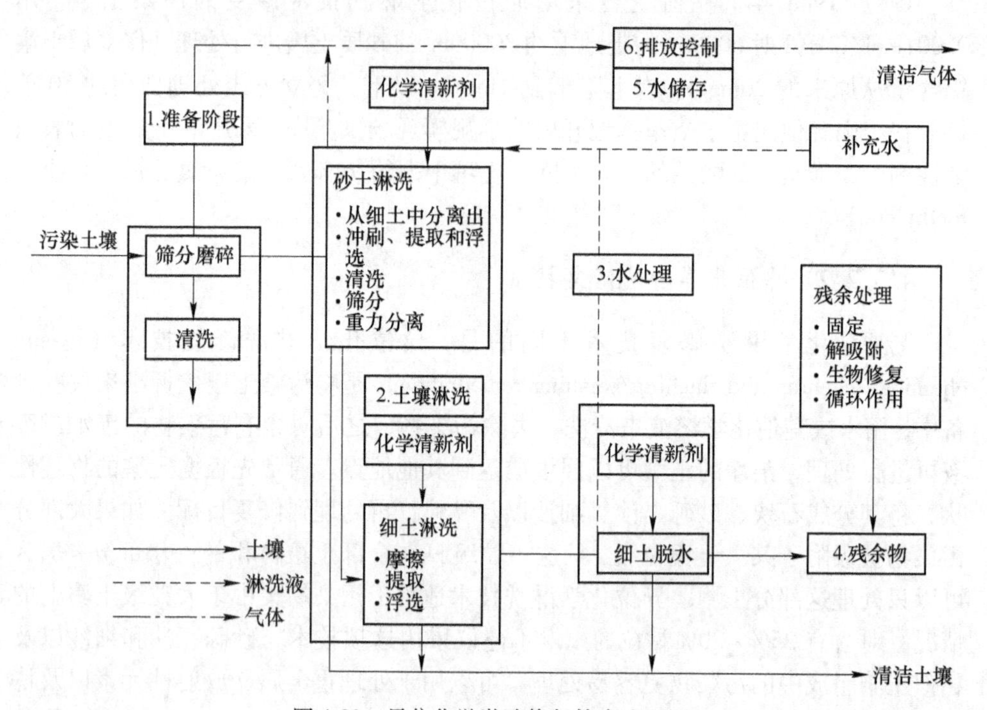

图 4-29 异位化学淋洗修复技术流程图

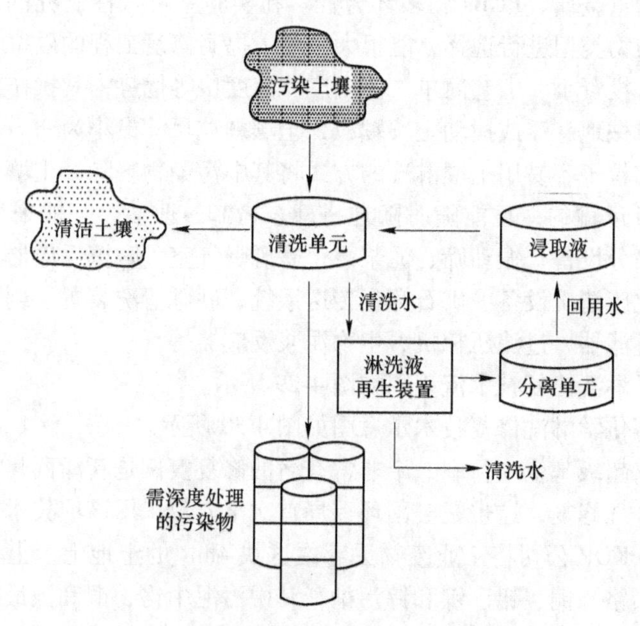

图 4-30 异位土壤化学淋洗修复技术示意图

4.3.3 化学氧化修复技术

化学氧化法主要是利用氧化剂的氧化性或者其分解产生的自由基的强氧化性，破坏有机污染物的分子结构，使高毒性污染物转变为低毒或无毒物质，该类方法具有污染物降解速度快、降解彻底等优点。这项修复技术属于原位修复技术，不需要将污染土壤全部挖掘出来，而只是在污染区的不同深度钻井，将氧化剂注入土壤中，通过氧化剂与污染物的混合、反应使污染物降解或导致形态的变化。成功的原位氧化修复技术离不开向注射井中加入氧化剂的分散手段，对于低渗土壤，可以采取创新的技术方法（如土壤深度混合、液压破裂等方式）对氧化剂进行分散。原位化学氧化修复技术主要用来修复被油类、有机溶剂、多环芳烃、PCP（pentachlorophenol）、农药以及非水溶态氯化物（如 TCE）等污染物污染的土壤，通常这些污染物在污染土壤中长期存在，很难被生物降解。而氧化修复技术不但可以对这些污染物起到降解脱毒的效果，而且反应产生的热量能够使土壤中的一些污染物和反应产物挥发或变成气态溢出地表，这样可以通过地表的气体收集系统进行集中处理。技术缺点是加入氧化剂后可能生成有毒副产物，使土壤生物量减少或影响重金属存在形态。目前最常用的氧化剂是 Fenton 试剂、K_2MnO_4、H_2O_2和臭氧气体（O_3）等，常见的化学氧化法有 Fenton 法、类 Fenton 法、H_2O_2氧化法、O_3氧化法、高锰酸盐氧化法和过硫酸盐氧化法等。

Fenton 法产生的自由基 HO· 能无选择性地攻击有机物分子中的 C—H 键，对有机溶剂（如酯、芳香烃）以及农药等有害有机物的破坏能力高于H_2O_2本身。然而，由于H_2O_2进入土壤后立即分解成水蒸气和氧气，所以要采取特别的分散技术避免氧化剂的失效。在实际应用中具有氧化反应速率快、设备简单、操作方便、效率高等优点，但同时也存在一定的缺陷，如H_2O_2消耗量大且难以充分利用，在 pH 值为 2.0~6.0 的酸性条件下才具有明显的活性等。类 Fenton 法与传统 Fenton 法相比，前者拓宽了活化H_2O_2反应的 pH 值范围，因而具有更好的应用前景，但由于类 Fenton 法仍以H_2O_2作为氧化剂，因此H_2O_2消耗量大的问题依然存在。H_2O_2是一种强氧化剂，通常用作漂白剂和消毒剂，其与有机污染物反应后的产物为H_2O和O_2，不会引起二次污染，是一种“绿色”的高效氧化剂，自身分解产生的·OH 具有非选择性强氧化性，能与大多数有机污染物进行反应，已被广泛应用于环境领域。H_2O_2氧化法对土壤酸碱度和土壤类型要求较低，能适用于大多数污染土壤的修复。但由于H_2O_2可与多种金属（如 Mn、Pb、Au、Fe）化合物发生催化氧化反应，且在光照条件下或储存在表面粗糙的容器（具有催化活性）都会引起H_2O_2分解，因此在实际应用过程中，H_2O_2溶液的安全存放和预防H_2O_2分解是非常重要的问题。

O_3本身具有很高的氧化电位，对难降解有机物的降解能力较强，但在土壤修复过程中由于需要以土壤中的空隙作为 O_3 流动和传递的途径，才能与污染物充分接触反应，因此在实际应用过程中 O_3 氧化法在砂质类污染土壤修复中会表现出更明显的修复效果。但 O_3 对各种金属和非金属具有较强的腐蚀性，故在实际应用过程中对设备的耐蚀性要求较高。高锰酸盐氧化法具有操作简单、适用范围广、修复效率高等优点，而高锰酸盐在酸性条件下的强氧化性使得其在酸性类污染土壤的修复中具有潜在的优势。但在应用高锰酸盐进行土壤修复时，须确定最佳高锰酸盐的投加量，若投加过量，则可能导致土壤板结，而且还会增加土壤中 Mn 的含量，进而可能对地下水造成污染。因此，从安全的角度考虑，应用高锰酸盐氧化法进行土壤修复时，需要通过试验确定高锰酸盐的最佳投加量。

4.3.4 原位化学还原与还原脱氯修复技术

原位化学还原与还原脱氯修复技术（in-situ chemical reduction and reductive dehalogenation remediation）是一项利用化学还原剂将污染物还原为难溶态，从而使污染物在土壤环境中的迁移性和生物可利用性降低的污染土壤原位修复技术。一般用于污染物在地下较深范围很大区域成斑块扩散，对地下水构成污染，且用常规技术难以奏效的污染修复。原位化学还原与还原脱氯修复技术需要构建一个可渗透反应区并填充以化学还原剂，修复地下水中对还原作用敏感的污染物（如铀、锝、铬酸盐）和一些氯代试剂，当这些污染物迁移到反应区时，或者被降解，或者转化成固定态，从而使污染物在土壤环境中的迁移性和生物可利用性降低。通常这个反应区设在污染土壤的下方或污染源附近的含水土层中。常用的还原剂有 SO_2、H_2S 气体和 Fe^0 胶体等。

化学还原与还原脱氯修复常用还原剂的特征概要见表 4-10。

表 4-10 化学还原与还原脱氯修复常用还原剂的特征概要

还原剂	二氧化硫	气态硫化氢	零价铁胶体
适用污染物	对还原敏感的元素（如铬、铀、钍等）及散布范围较大的氯化溶剂	对还原敏感的重金属元素，如铬等	对还原敏感的元素（如铬、铀、钍等）及氯化溶剂
修复对象	通常是地下水		
适宜 pH 值	碱性	不受限制	高 pH 值导致铁表面形成覆盖膜的可能，降低还原效率
天然有机质的影响	未知	未知	有促进铁表面形成覆盖膜的可能
适宜的土壤渗透性	高渗透性	高渗和低渗	依赖于铁胶体的渗透技术
其他因素	在水饱和区较有效	以 N_2 为载体	要求高的土壤水含量和低氧量
潜在危害	可能产生有毒气体，系统运行较难控制		有可能产生有毒中间产物

通常情况下，可渗透反应墙的建造是把原来的土壤基质挖掘出来，代替以具有一定渗透性的介质。可渗透反应墙墙体可以由特殊种类的泥浆填充，再加入其他被动反应材料，如降解易挥发有机物的化学品，滞留重金属的螯合剂或沉淀剂，以及提高微生物降解作用的营养物质等。理想的墙体材料除了要能够有效进行物理化学反应外，还要保证不造成二次污染。墙体的构筑是基于污染物和填充物之间化学反应的不同机制进行的。通过在处理墙内填充不同的活性物质，可以使多种无机和有机污染物原位吸附而失活。根据污染物的特征，可分别采用不同的吸附剂，如活性铝、活性炭、铁铝氧石、离子交换树脂、三价铁氧化物和氢氧化物、磁铁、泥炭、褐煤、煤、钛氧化物、黏土和沸石等，使污染物通过离子交换、表面络合、表面沉淀以及对非亲水有机物的厌氧分解作用等不同机制吸附、固定。很多学术机构、政府实验室的学者热衷于用 Fe^0 作墙体材料降解取代程度较高的 PCE（perchloroethylene）和 TCE 等氯代试剂，并且取得了一些成功的经验。在美国加州森尼维尔地区 Inersil 半导体工业污染地点，工作人员采用 1.2m 宽、11m 长和 6m 深的处理墙治理 TCE、cDCE（cis-1，2-dichloroethene）和 VC（vinylchloride）污染的地下水，内部全部填充 Fe^0 颗粒。安装后，地下水 VOC（volatile organic compounds）浓度降低到污染物最大允许量以下，TCE、cDCE 和 VC 浓度分别降至 5mg/L、6mg/L 和 0.5mg/L，达到饮用水标准。需要注意的是，为了保证修复工作的高效率，原位处理墙必须要建得足够大，确保污染物流全部通过。同时，为使反应墙长期有效，设计方案要考虑众多的自身因素和影响因子。首先，墙体的渗透性，这是优先考虑因素。一般要求墙体的渗透性要达到含水土层的 2 倍以上，但是理想状态是 10 倍及以上，因为土壤环境的复杂性、地下水及污染物组分的变化等不确定因素，常使系统的渗透性逐渐下降。细粒径土壤颗粒的进入和沉积，碳酸盐、碳酸亚铁、氧化铁、氢氧化铁以及其他金属化合物的沉淀析出，难以控制微生物增长所造成的“生物阻塞”现象，以及其他未知因素，都有可能降低墙体的渗透性。为了尽可能克服上述不利影响，可以在墙体反应材料中附加滤层和筛网。其次，墙体内应包含管道，用于注入水、空气，缓解沉积或泥沙堵塞状况。最后，反应墙应为开放系统，便于技术人员进行检查和监测，更新墙体材料。

4.3.5 化学钝化技术

化学钝化技术是一项修复土壤中重金属的技术。使用化学固定技术处理重金属最先应用于水处理中，在 20 世纪 50 年代人们开始用吸附剂固定水中的重金属。在之后的研究中，化学钝化技术开始应用于土壤修复中。研究中发现，重金属在土壤中有五种不同的形态，真正对植物产生影响的是有效态的重金属。基于此项原理，一些易与重金属结合的物质，如石灰、沸石等，被应用于土壤重金属

修复中。化学钝化技术是以降低污染风险为目的，通过向土壤中加入稳定化剂，调节和改变重金属在土壤中的物理化学性质，使其产生吸附、络合、沉淀、离子交换和氧化还原等一系列反应，降低其在土壤环境中的生物有效性和可迁移性，从而减少重金属元素对动植物的毒性。这种修复方法因投入低、修复快速、操作简单等特点，对大面积中低度土壤污染的修复具有较好的优越性，能更好地满足当前我国治理土壤中重金属污染以及保障农产品安全生产的迫切要求。根据Tessier 等人（A. Tessier）的形态分级分析，土壤中重金属不同形态的生物可利用性大小为：水溶态> 可交换态> 碳酸盐结合态> 铁锰氧化物结合态> 有机物以及硫化物结合态> 残渣态。通过稳定剂调节重金属从生物可利用性较大的形态向生物可利用性较小的形态转化，可以降低重金属对植物和人体等生物受体的毒性，实现修复重金属污染土壤的目的。不同金属元素有着不同的化学特性和迁移特征，单一的钝化剂很难对所有重金属具有良好的固定作用。钝化剂的钝化效果与处理的重金属种类以及加入量有直接关系。

常用的稳定剂主要分为无机稳定剂、有机稳定剂及无机-有机混合稳定剂，其中无机稳定剂主要包括石灰、碳酸钙、粉煤灰等碱性物质，金属氧化物、羟基磷灰石、磷矿粉、磷酸氢钙等磷酸盐，天然、天然改性或人工合成的沸石、膨润土等矿物以及无机硅肥；有机稳定剂包括农家肥、绿肥、草炭和作物秸秆等有机肥料；无机-有机混合稳定剂包括污泥、堆肥等。

修复土壤重金属复合污染的常用稳定剂分类见表4-11。

表4-11　修复土壤重金属复合污染的常用稳定剂分类

钝化剂类型		名　称	可修复重金属	修复机理
无机	含硅物质	硅酸钠、硅酸钙、硅肥、硅酸盐类黏土矿物	Pb、Cd 、Zn、Cu、Ni	降低重金属的迁移，减少对植物的伤害。增加土壤pH值，增加重金属的吸附，或者生成不溶性沉淀
	含钙物质	石灰、石灰石、碳酸钙镁	Cd、Zn、Cr、Cu、Pb	
	含磷物质	磷酸、盐基熔磷、羟基磷灰石、磷石灰、磷酸盐、过磷酸钙	Pb、Cr、Cu、Zn、Cd	与重金属产生吸附、沉淀和共沉淀作用，降低重金属有效性
	金属以及金属氧化物	零价铁、硫酸亚铁、二氧化钛、氢氧化铁	Pb、As、Cu、Cr	通过表面吸附、共同沉淀实现对重金属的固定
	生物炭	玉米秆生物炭、棉花秆生物炭、骨炭、果壳炭、黑炭	Pb、Cd、Cr、Cu	生物炭表面官能团的配位作用、吸附作用和离子交换作用

续表 4-11

钝化剂类型		名　称	可修复重金属	修复机理
有机	有机酸	柠檬酸、酒石酸、草酸、乳酸	Pb、Cr、Cd、Zn	与重金属离子产生络合，抑制植物对重金属离子的吸收，降低对植物的毒害
	有机高分子	壳聚糖、聚丙烯酸钠、聚丙烯酸钾、水溶性羧甲基壳聚糖	Pb、Cr、Cu	对金属离子产生吸附作用、增加土壤中水分保持利于植物生长
	作物组织	树皮、树叶、秸秆、稻草	Pb、Cd、Hg、Cr、Cu	吸附、络合土壤中的重金属，降低重金属离子的迁移能力
	动物粪便	猪粪、牛粪、鸡粪、蚯蚓粪	Cu、Zn、Pb、Cd	改变重金属在土壤中的存在形态，与重金属产生吸附、络合作用
	其他	有机肥、活性污泥、泥炭	Pb、Hg、Cr	络合吸附重金属

利用钝化剂钝化土壤重金属的机理十分复杂，但归总起来就是通过加入钝化剂，使土壤重金属的生物有效性和可迁移能力降低。钝化剂种类繁多，不同钝化剂修复土壤重金属的机理、反应过程不尽相同。现阶段没有一套完整的理论体系来解释钝化剂修复土壤重金属，主要方式是吸附、络合、沉淀、离子交换和氧化还原。随着研究的不断深入，很多新型的研究手段不断用来揭示钝化机理。常见的有 XRD（X 射线衍射）、SEM（扫描电镜）、TEM（投射电镜）、XAFS（X 射线吸收精细结构光谱）和 FTIR（红外光谱）。这些技术手段极大地推动了对土壤重金属钝化机理的研究。影响钝化剂修复土壤重金属效果的因素有很多，主要包括土壤本身的性质、土壤 pH 值、重金属之间相互作用和钝化剂的类型。土壤本身的干湿度、pH 值、有机质含量等条件会影响钝化剂的钝化效果。石灰等碱性物质的加入会提高土壤 pH 值，Cu、Cr、Zn 等重金属离子会形成氢氧化物沉淀，降低其生物有效性。

钝化剂的加入虽然改变了土壤内重金属的形态，但是重金属总量却没有改变。土壤 pH 值的变化、有机质的改变有可能会引起重金属离子二次泄漏，严重者会产生新的污染物引发二次污染。例如硅钙类钝化剂固定土壤中 Pb、Cu 等重金属，生成的氢氧化沉淀或者硅酸盐沉淀会在强酸或者强碱条件下再次释放出 Pb、Cu 离子。因此，如何长期稳定重金属仍是亟待解决的问题。化学钝化技术是一项简单可行的修复技术，但是其在工程推广中应关注三个问题：一是如何评价土壤重金属形态的变化；二是固化后重金属形态的长期稳定性；三是修复成本。此外，用精确的数学模型刻画重金属在环境胁迫下的二次释放也是原位钝化修复技术的研究内容。

4.3.6 光催化氧化技术

光催化氧化技术因具有处理效率高、成本相对较低、容易工业化等优点，逐渐成为高级氧化技术的主要方法之一。光催化技术是指在光和光催化剂同时存在的条件下发生的光化学反应，该过程将光能转化为化学能。光催化法是在常温常压下利用半导体材料（常用 TiO_2）作催化剂，在太阳光（紫外光）作用下将污染物降解为 H_2O、CO_2等无毒物质，无二次污染，可实现对污染物的完全矿化。根据光催化剂形态不同，光催化反应可分为均相光催化和异相光催化，均相光催化剂主要有 Fenton、H_2O_2、O_3、$K_2S_2O_8$等，异相光催化剂主要有 TiO_2、铁基材料、ZnO 等。光催化氧化技术可以用于修复农用地土壤中的有机磷类农药、有机氯类农药、氨基甲酸酯类农药、拟除虫菊酯类农药以及酞胺类、有机氟、杂环类等农药，另外，还能修复农用地土壤中的抗生素、多环芳烃、多氯联苯、重金属。

目前常用的催化剂是 TiO_2，对于 TiO_2光催化降解污染物机理研究尚不成熟，一般以价带理论为基础。TiO_2的带隙能为 3.2eV，相当于 387.5nm 的光子能量。当 TiO_2被能量等于或者大于其带隙能的光照射时，处于价带上的电子被光子激活迁移至导带上，在导带上产生带负电的高活性电子（e^-），并在价带上留下带正电荷的空穴（h^+），形成电子-空穴对。其在电场作用下，分离并迁移至粒子表面，一方面可直接将吸附的有机物分子氧化，另一方面也可与吸附在 TiO_2表面的有机物或水分子、溶解氧发生一系列反应，生成强氧化性的羟基自由基（·OH）或超氧自由基（O_2^-）。·OH 自由基是一种非选择性的强氧化剂，可以氧化各种有机物，当然也可以氧化大多数农药化合物，使其彻底氧化为 H_2O、CO_2、无机物等无毒物质。

光催化降解技术是一种极具发展前途的降解农药的技术。然综观国内外研究进展，发现 TiO_2光催化氧化技术在土壤修复中的应用仍存在以下问题：(1) 在实验室中取得了很多理想效果，但将结果应用于土壤污染现场时往往达不到预期效果；(2) TiO_2光催化剂禁带较宽（3.2eV），只能被波长较短的紫外光激发，而且光激发的电子与空穴易重新复合，将使光量子效率降低。因此，可以通过对 TiO_2进行掺杂（如掺 N、金属 Fe 等）及表面修饰，扩展光吸收范围，提高其催化剂的活性；(3) TiO_2分离与回收也是需解决的一大问题。于是，可以选择有效、结合率更高的载体，制备 TiO_2负载型催化剂，使其易于二次回收，从而节约成本；(4) 单一的光催化降解技术处理效果十分有限，利用与其他技术（如超声、臭氧、混凝等）的协同作用，以达到最优降解效果。

4.3.7 电动力学修复技术

电动力学修复（electrokinetic remediation，EK）技术由于其高效、无二次污

染、节能、原位的修复特点，被称为“绿色修复技术”。其基本原理是将电极插入受污染土壤或地下水区域，通过施加微弱电流形成电场，利用电场产生的各种电动力学效应（包括电渗析、电迁移和电泳等）驱动土壤污染物沿电场方向定向迁移，从而将污染物富集至电极区，再通过移土、抽出、离子交换树脂等方法去除。该技术特别适用于低渗透性土壤，容易安装和运行，而且不破坏原有的自然环境。研究表明，一些重金属（如铬、镉、铜、铀、汞、锌）及有机化合物（如多氯联苯、苯酚、氯苯乙烷、甲苯、三氯乙烯和乙酸等）都适合电动力学法。电动修复的优点主要有：（1）可以处理低渗透性土壤（由于水力传导性问题，传统技术的应用受到限制）的修复；（2）可以进行原位修复，电动修复过程对现场的污染最小；（3）修复时间短，实验室研究表明修复时间不会超过 1 个月；（4）处理每吨或每立方土壤的成本比其他传统技术要少得多。在实际应用中电动力学技术还存在着一些问题，如污染物的溶解性差和脱附能力弱，以及对非极性有机物的去除效果不好等，限制了该技术的有效应用。电动力学及其联用技术可克服单独采用 EK 技术的缺点，提高污染物的去除效率，并降低修复成本。因此，发展 EK 及其联用技术已成为目前土壤修复领域研究的热点。影响电动力学修复的主要因素有土壤 pH 值、电极材料、电压和电流。

电动力学作为一种新兴的原位修复技术已经在污染土壤尤其是重金属污染土壤的修复中显示了其高效性，尤其在传统方法难以治理的细粒致密的低渗性异质土壤以及不能改变地上环境的区域（如受污染区域上部有重要建筑物）修复中有独特的优势，适应无机/有机污染的饱和或非饱和土壤，且成本低于传统方法。但目前其作为一种技术仍旧存在一些需要改进和进一步研究的方面，如土壤体系中污染物的溶解/增强试剂（螯合剂）的投加；较高电压引起土体发热而导致效率变化；土壤中碳酸盐、铁类矿物碎石沙砾、腐殖酸类等对修复的影响等。电动处理的 Lasagna 处理方式由于其独特的优点有可能成为电动技术发展的一个重要方向，但对其中存在的诸多影响因素（如反应区的选择、电场切换时间等）需要作进一步深入的探讨。同时，作为一种技术电动力学方法也存在某些不足，诸如对于污染物的选择性不高，用以提高金属溶解度的酸化措施有可能对环境不友好，当目标污染物的浓度比较低而非目标物质的浓度较高的时候耗费较高等。

4.4 生物修复技术

生物修复（bioremediation）是一项清洁环境的低投资、高效益、便于应用、发展潜力较大的新兴技术，它具有成本低、操作简单、无二次污染、处理效果好且能大面积推广应用等优点。生物修复利用生物（包括植物、微生物和原生动物）的代谢功能，吸收、转化、清除或降解环境污染物，实现环境净化、生态恢复。从参与修复过程的生物类型来划分，生物修复包括微生物修复、植物修复、动物修复和联合修复等类型。

4.4.1 微生物修复

土壤中存在着丰富的微生物，这些微生物具有多种多样的代谢功能，驱动着土壤环境中的物质元素循环。微生物修复技术就是利用土壤中的土著微生物的代谢功能，或者补充具有降解转化污染物能力的人工培养的功能微生物群，通过创造适宜环境条件，促进或强化微生物代谢功能，从而降解并最终消除污染物的生物修复技术。

微生物修复的实质是生物降解或者生物转化，即利用微生物对有机污染物的分解作用或者对无机污染物的钝化作用。利用微生物修复技术既可治理农药、除草剂、石油、多环芳烃等有机物污染的环境，又可治理重金属等无机物污染的环境；既可使用土著微生物进行自然生物修复，又可通过补充营养盐、电子受体及添加人工培养菌或基因工程菌进行人工生物修复；既可进行原位修复，也可进行异位修复。

A　有机物污染土壤的微生物修复

有机物污染土壤的微生物修复是通过土壤微生物利用有机物（包括有机污染物）为碳源，满足自身生长需要，并同时将有机污染物转化为低毒或者无毒的小分子化合物，如 CO_2、H_2O、简单的醇或酸等，达到净化土壤的目的。对具有降解能力的土著微生物特性的研究，始终是环境生物修复领域的研究重点。常见的降解有机污染物的微生物有细菌（假单胞菌、芽胞杆菌、黄杆菌、产碱菌、不动杆菌、红球菌和棒状杆菌等）、真菌（曲霉菌、青霉菌、根霉菌、木霉菌、白腐真菌和毛霉菌等）和放线菌（诺卡氏菌、链霉菌等），其中以假单胞菌属最为活跃，对多种有机污染物，如农药及芳烃化合物等具有分解作用。有些情况下，受污染环境中溶解氧或其他电子受体不足的限制，土著微生物自然净化速度缓慢，需要采用各种方法来强化，包括提供 O_2 或其他电子受体（如 NO^{3-}），添加氮、磷营养盐，接种经驯化培养的高效微生物等，以便能够提高生物修复的效率和速率。

有机污染物质的降解是由微生物酶催化进行的氧化、还原、水解、基团转移、异构化、酯化、缩合、氨化、乙酰化、双键断裂及卤原子移动等过程。该过程主要有两种作用方式：

（1）通过微生物分泌的胞外酶降解。

（2）污染物被微生物吸收至其细胞内后，由胞内酶降解。微生物从胞外环境中吸收摄取物质的方式主要有主动运输、被动扩散、促进扩散、基团转位及胞饮作用等。

一些有机污染物不能作为碳源和能源被微生物直接利用，但是在添加其他的

碳源和能源后也能被降解转化，这就是共代谢（co-metabolism）。研究表明，微生物的共代谢作用对于难降解污染物的彻底分解起着重要作用。例如甲烷氧化菌产生的单加氧酶是一种非特异性酶，可以氧化多种有机污染物，包括对人体健康有严重威胁的三氯乙烯和多氯联苯等。

微生物对氯代芳香族污染物的降解主要依靠两种途径：好氧降解和厌氧降解。脱氯是氯代芳烃化合物降解的关键步骤，好氧微生物可以通过双加氧酶和单加氧酶使苯环羟基化，然后开环脱氯；也可以先脱氯后开环。其厌氧降解途径主要依靠微生物的还原脱氯作用，逐步形成低氯的中间产物。

一般情况下微生物对多环芳烃的降解都是需要氧气的参与，在加氧酶的作用下使芳环分解。真菌主要是以单加氧酶催化起始反应，把一个氧原子加到多环芳烃上，形成环氧化合物，然后水解为反式二醇化合物和酚类化合物。而细菌主要以双加氧酶起始加氧反应，把两个氧原子加到苯环上，形成二氢二醇化合物，进一步代谢。除此之外，微生物还可以通过共代谢降解大分子量的多环芳烃。此过程中微生物分泌胞外酶降解共代谢底物维持自身生长的物质，同时也降解了某些非微生物生长必需的物质。

B 无机物污染土壤的微生物修复

微生物不仅能降解环境中的有机污染物，而且能将土壤中的重金属、放射性元素等无机污染物钝化、降低毒性或清除。重金属污染环境的微生物修复近几年来受到重视，微生物可以对土壤中重金属进行固定、移动或转化，改变它们在土壤中的环境化学行为，从而达到生物修复的目的。重金属污染土壤的微生物修复原理主要包括生物富集（如生物积累、生物吸附）和生物转化等作用方式。

微生物可以将有毒金属吸收后储存在细胞的不同部位或结合到胞外基质上，将这些离子沉淀或螯合在生物多聚物上，或者通过金属结合蛋白（多肽）等重金属特异性结合大分子的作用，富集重金属原子，从而达到消除土壤中重金属的目的。同时，微生物还可以通过细胞表面带有的负电荷通过静电吸附或者络合作用固定重金属离子。

生物转化包括氧化还原、甲基化与去甲基化以及重金属的溶解和有机络合配位降解等作用方式。在微生物的作用下，汞、砷、镉、铅等金属离子能够发生甲基化反应。其中，假单胞菌在金属离子的甲基化作用中起到重要作用，它们能够使多种金属离子发生甲基化反应，从而使金属离子的活性或者毒性降低；其次一些自养细菌（如硫杆菌类 Thiobacillus）能够氧化 As^{3+}、Cu^{2+}、Mo^{4+}、Fe^{2+} 等重金属。生物转化中具有代表意义的是汞的生物转化，Hg^{2+} 可以被酶催化产生甲基汞，甲基汞可以和其他有机汞化合物裂解并还原成 Hg，进一步挥发，使得污染消除。

从目前来看，微生物修复是最具发展潜力和应用前景的技术，但微生物个体微小，富集有重金属的微生物细胞难以从土壤中分离，还存在与修复现场土著菌株竞争等不利因素。近年来微生物修复研究工作着重于筛选和驯化高效降解微生物菌株，提高功能微生物在土壤中的活性、寿命和安全性，并通过修复过程参数的优化和养分、温度、湿度等关键因子的调控等方面，最终实现针对性强、高效快捷、成本低廉的微生物修复技术的工程化应用。

4.4.2 植物修复

自 20 世纪 80 年代以来，利用植物修复环境污染物的技术迅速发展。植物修复技术就是利用自然生长植物根系（或茎叶）吸收、富集、降解或者固定污染土壤、水体和大气中的污染物的环境技术总称。主要通过植物提取、植物蒸腾作用、根系过滤和植物钝化来实现。一般来说，植物对土壤中的有机和无机污染物都有不同程度的降解、转化和吸收等作用，有的植物可能同时具有几种作用方式。

污染土壤的植物修复技术如图 4-31 所示。

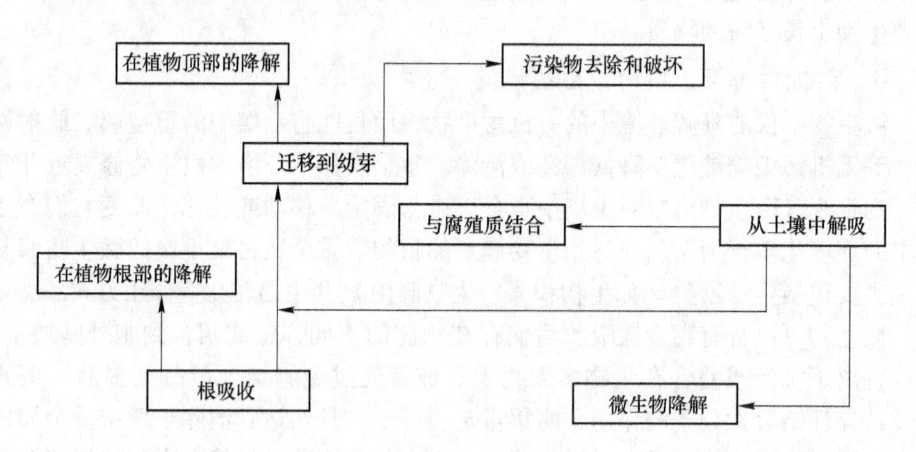

图 4-31　污染土壤的植物修复技术

植物的根和茎都具有相当的代谢活性，而且这种活性是可以诱导的。在土壤修复过程中，往往利用植物的这种性能去除土壤中的污染物。植物对外来物质的解毒能力很强，被称为“绿色肝脏”，可以从土壤中吸收污染物，经代谢成为无毒物质，或把这些污染物结合到稳定的细胞组分（如，木质素）中去。

植物修复技术目前主要应用于重金属污染土壤的修复，利用对重金属有富集特征的植物来吸收或者吸附积累重金属，达到从土壤中除去重金属的目的。对有机污染物的修复机制主要是根际修复，利用植物根际的环境来刺激微生物生长，改变根际微生物大的群落结构、分泌与有机物降解相关的氧化还原酶来降解有机污染物。

4.4.3 动物修复

土壤动物特别是无脊椎动物对动植物残体粉碎和分解作用，可促进物质的淋溶、下渗，增加土壤中细菌和真菌活动的接触面积，加速了养分的流动；土壤动物通过直接采食细菌或真菌或通过有机物质的粉碎、微生物繁殖体的传播和有效营养物质的改变等间接方式影响微生物群落的生物量和活动。由于微生物特别是细菌的活动性差，因而只能靠水及其他运动移动。

蚯蚓等无脊椎动物通过产生蚯蚓粪使微生物和底物充分混合，蚯蚓分泌的黏液和对土壤的松动作用，改善了微生物生存的物理化学环境，大大增加了微生物的活性及其对有机物的降解速度。

动物修复方法主要应用于重金属污染土壤修复过程中，采用土壤动物这种天然的方法来转化重金属形态或富集，可以在一定程度上提高土壤肥力。土壤动物不仅自己能够直接富集土壤中的污染物，还能够和周围的微生物共同富集，并在其中起到一种类似“催化剂”的作用。

4.4.3.1 土壤动物对一般有机污染物的处理机理

随着城市的发展和人们生活水平的提高，生活垃圾越来越多；密集型农业的进一步发展，特别是畜牧业的发展，产生了大量的粪便，排到环境中去会严重污染土壤环境和大气环境 。

据统计，全国每年产生的粪便量约为17.3亿吨。如果这些畜禽粪便和生活垃圾随意堆放，不做适当处理，势必对周围环境的水体、土壤 、空气和作物造成污染，成为公害，成为畜禽传染病、寄生虫病和人畜共患疾病的传染源。而这些污染物正是许多土壤动物的食物。土壤动物有许多腐生动物，它们专门以有机物为食，处理能力也是相当惊人的。在人工控制条件下，土壤动物的处理能力和效率更加强大。全国已有超过500家公司利用蚯蚓处理畜禽粪便，也有许多农场养殖蝇蛆 、蛴螬等来处理粪便，大大地降低了粪便污染量。

土壤动物主要是通过对生活垃圾及粪便污染物进行破碎、消化和吸收转化，把污染物转化为颗粒均匀，结构良好的粪肥。而且这种粪肥中还有大量有益微生物和其他活性物质，其中原粪便中的有害微生物大部分被土壤动物吞噬或杀灭。其次，土壤动物肠道微生物转移到土壤后，可填补土中微生物的不足，加速微生物处理剩余有机污染物的处理能力。

4.4.3.2 土壤动物对农药、矿物油类的富集

农药中含有的有机氯、有机磷等具有很强的毒性，会对高等动物的神经系统、大脑、心脏、脂肪组织造成损伤；而矿物油类会抑制土壤呼吸，使得土壤肥

力降低。从生态学角度上看，土壤动物处在陆地生态链的底部，对农药、矿物油类等具有富集和转化作用。甲螨、线虫等土壤动物对农药的富集作用比较明显，可以用作农药污染土壤的动物修复。

4.4.3.3　土壤动物对重金属的形态的转化和富集作用

土壤由于自身的特殊性成为重金属污染物的归宿地，于是土壤重金属污染日益严重。土壤肥力退化、农作物产量降低和品质下降，严重影响环境质量和经济的可持续发展。每次用植物富集重金属就是对土壤肥力的一次消耗，只收获植物，而不给土壤补充养分；如果利用动物来富集重金属或转化其形态，不但不会降低土壤肥力，还可以提高土壤肥力。

4.4.4　联合生物修复技术

联合修复技术就是协同两种或两种以上修复方法，克服单项修复技术的局限性，实现对多种污染物的同时处理和对复合污染土壤的修复，提高污染土壤的修复速率与效率。该方法已成为土壤修复技术中的重要研究内容，其中植物-微生物联合修复是最为广泛采用的联合生物修复技术。

4.4.4.1　有机物污染土壤的联合修复

在有机物污染土壤中，有植物生长时，其根系提供了微生物生长的最佳场所；反过来，微生物的旺盛生长，增强了对有机污染物的降解，也使得植物有更好的生长环境，所以，植物-微生物联合体系能够促进有机污染物的快速降解、矿化。其作用原理如下：

(1) 对于环境中中等亲水性有机污染物，植物可以直接吸收，然后转化为没有毒性的代谢中间产物，并储存在植物体内，达到去除环境污染物的作用；

(2) 植物释放促进化学反应的根际分泌物和酶，刺激根际微生物的生长和生物转化活性，并且植物还能释放一些物质到土壤中，有利于降解有毒化学物质，有些还可作为有机污染物降解的共代谢基质；

(3) 植物能够强化根际（根-土界面）的矿化作用，特别是菌根菌和共生菌存在时的矿化作用更为显著，菌根菌能够增加其寄主植物对营养和水的吸收，提高其抗逆性，增加有机污染物降解的有效性，提高吸收效率。

4.4.4.2　重金属污染土壤的联合修复

近几年，重金属污染土壤的植物-微生物联合修复作为一种强化植物修复技术逐渐成为国内外研究的热点，这种方式可以充分发挥各自的优势，从而提高污染环境的修复效率。微生物可以辅助超积累植物修复重金属污染土壤，其中有关

微生物调控植物修复的机理及效应是人们关注的重点。

微生物在其代谢过程中可改变根际土壤重金属的生物有效性，从而有利于超积累植物对重金属的吸收和积累；微生物的代谢产物还可改善土壤生态环境；另外，微生物还能够分泌植物激素类物质、铁载体等活性物质，促进植物的生长。反之，植物根系分泌的氨基酸、糖类、有机酸及可溶性有机质等可以被微生物代谢利用，促进微生物的生长，有利于提高植物-微生物联合修复的效率。

在重金属联合修复过程中，微生物主要通过两种方式提高植物修复效率：直接活化重金属，提高植物对重金属的吸收和转运；通过间接作用提高植物对污染物的耐受及抗逆性，从而促进植物生长，增加植物对重金属的吸收和积累。

目前，植物-微生物联合修复方面已经取得了许多有价值的结果，为植物-微生物联合修复重金属、有机物污染土壤的实际应用与推广提供了重要的研究数据。

4.5 农用地污染土壤修复策略

在修复污染农业土壤时，要依据当地概况与污染成因，确定主要治理目标。以贵冶周边土壤污染修复为例，在修复前先对当地土壤、地下水、稻米进行调查检验，在充分了解当地概况和土壤、水环境以后，采取分级制订的方式，确定主要修复目标。根据土壤受污染的程度不同，划分为重度污染土壤、中度污染土壤和轻度污染土壤，分别制定修复目标：（1）重度污染土壤修复后，区域景观得到显著改善和美化，生态效益显著；（2）中度污染土壤修复后，能够生长纤维、能源、观赏或经济林木等植物，具有一定的经济效益；（3）轻度污染土壤部分在修复结束之后，可以正常种植水稻等粮食作物，并且所有的粮食都能够达到国家标准规定的食用标准，具备非常可观的经济价值。

在综合制定了切实可行的修复目标之后，就要根据目标选择最佳的治理方案。由于污染土壤的复杂性，修复要分区（地理位置和空间单元）、分类（单元区内主要重金属类型）、分级（污染程度（轻/中/重度））、分段（先易后难、关键是广谱技术），利用物理+化学—生物/农艺一体化集合技术对污染土壤进行修复。针对污染土壤的修复思路是先调理、再消减、后恢复，最后达到增效的目标。

污染土壤修复尤其是污染农田修复是一项极其复杂、艰难的工作，尤其是针对多种重金属元素污染且面积较大的区域。在进行土壤修复过程中，需要政府、科研人员以及当地农业生产人员协调工作才能有效治理土壤污染，才能有效保证我国土壤可以正常进行农作物的种植，满足人们生活的需要。

土壤的污染修复处理直接关系着国民生产是否可以正常进行，污染土壤的修复工作不仅是进行基础的修复处理，还要实现综合治理的目标。真正地保证粮食作物的生产安全性，实现生态环境的改善，这才是最终的目的。

土壤修复和增效的方案要结合起来，污染土壤修复的最终目的就是要实现增效，在修复过程中要采用全面的修复工作，根据实际需要适当调整当地的产业结构，进而实现经济的发展和社会的进步。在修复过程中，需要当地的政府机构、市场环境、农业人员相结合，实施污染环境的修复，尤其是当地的政府部门应该加强资金投入和人员投入，从而可以更好地帮助恢复农业生产。

污染土壤修复工作不能只注重污染土地的修复，还要顾及当地的生态环境。在修复工作中选择的生长植物不能对当地环境造成影响（如生物入侵），要切实保证修复工作中各类试剂、植物等安全可用。修复的目标是增产，是为了获得经济效益。没有经济效益，污染土壤修复的意义就不大。选择修复植物时可以选择一些花卉苗木、巨菌草生物质等盈利性植物，保证修复过程中的经济效益。

污染土壤在实际修复阶段，应该深入分析当地的自然环境、经济状况以及社会的发展状态。自然环境修复的主要目的就是要通过污染土壤的治理来改善当地的自然条件，从而有效提升生态效应。修复完成之后，应可以使得植物正常生长，也能够实现植物生长的多样性。污染土壤治理是一项关系我国农业发展和社会稳定的工作，必须要加强质量，采取有效的措施，以可持续发展为最终的目标。

5 农用地污染土壤植物修复

5.1 概述

5.1.1 植物修复的定义

1983 年 Chenay 首次提出植物修复的构想，即利用植物的一些特殊功能来降低或去除土壤中的污染物质。所谓植物修复技术，是指在不破坏土壤结构的前提下，利用自然生长或经过遗传培育筛选的植物对土壤中污染物的固定、吸收、转移、富集、转化和根滤作用，使土壤中的污染物得以消除或将土壤中的污染物浓度降低到可接受水平的土壤修复方法（图 5-1）。

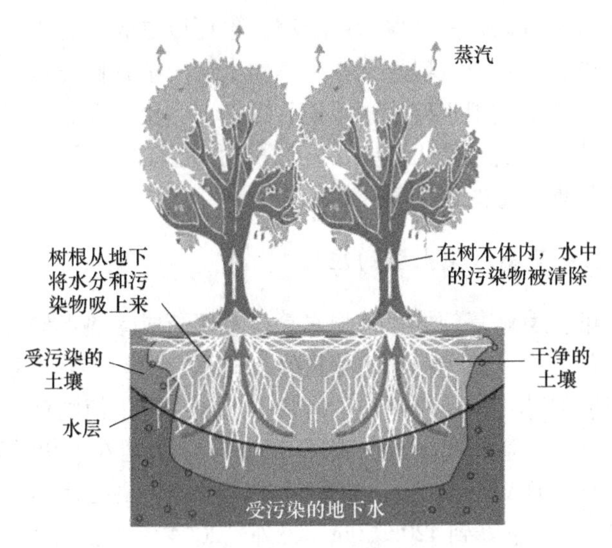

图 5-1　植物修复过程示意图

5.1.2 植物修复的特点

与常规物理、化学修复方法相比，土壤植物修复技术具有以下优点（表 5-1）：

植物修复可原位进行，避免了大量的挖土工程，成本相对较低；植物修复以太阳光为能源，在去除土壤重金属污染的同时，可进一步增加地面覆盖，减少水土流失，改善土壤肥力、土壤环境和生物多样性，且对环境基本不会形成二次污染或破坏。另外，植物修复还可为污染场地营造美学景观，从而创造出一定的休闲旅游价值。植物修复技术易为公众所接受，是一种非常有发展潜力的绿色修复技术。

表 5-1 几类植物修复土壤重金属污染的优缺点

植 物	优 点	缺 点
非食用型的蕨类植物	高生长速度	对重金属具有一定的选择性，难以全面清除复合污染土壤；重金属富集在植物体内需要进行后续处理
食用型的经济草本作物	高生长速度	有污染食物链的风险；重金属富集在植物体内需要进行后续处理
木本植物	高积累性、高耐毒害能力	生长周期和修复时限较长，修复效率低

5.1.3 植物修复技术的应用

植物修复的对象可以是重金属污染土壤，也可以是农药污染、原油和持久性有机物等有机污染、炸药或放射性元素污染的土壤。植物修复技术在国内外都得到了广泛研究，已成功应用于砷、镉、铜、锌、镍、铅等重金属以及与多环芳烃复合污染土壤的修复，并发展出包括络合诱导强化修复、不同植物套作联合修复、修复后植物处理处置的成套集成技术。

5.1.3.1 在重金属污染土壤的应用

在重金属污染土壤修复领域，植物修复技术逐渐成为热点研究领域，美国环境保护署、国防部、农业部等都已将植物修复技术应用到实际工程中。Mielke 等利用多种植物对明尼苏达州圣保罗地区镉污染土壤进行了植物修复，修复后土壤中的 Cd 由 19mg/kg 下降至 3mg/kg；美国 Edenspace 公司在 1996 年利用印度芥菜与乙二胺四乙酸（EDTA）结合成功修复了新泽西的一块铅污染土地，使表层土壤的 Pb 由 2300mg/kg 下降到 420mg/kg，另外，2004 年该公司还利用其申请专利的蕨类植物修复技术参与了华盛顿西北部约 2430000m^2的砷污染土地修复；陈同斌等在湖南郴州建立了我国首个砷污染土壤的植物修复示范工程，修复了 10000m^2的 As 污染土地。

许多超富集植物的修复潜力会受其生物量小和生长缓慢等条件的限制，加入一些改良剂（如氮磷钾肥料、石灰、泥炭、螯合剂、活性污泥等）可改善植物的生长条件，促进植物生长，从而提高超富集植物的修复能力。Ham 等研究发现，增加泥炭添加量可以提高土壤中 Cd 的生物有效性；Mcnear 等在加拿大某镍污染土壤修复中加入白云灰岩提高了超富集植物庭芥（alyssum murale）对 Ni 的

吸收量，研究还发现 As 污染土壤中加入螯合剂-二巯基丁二酸盐可促进印度芥菜对 As 的吸收；廖晓勇等通过田间试验发现适当施用磷肥不但促进了蜈蚣草的生长，提高了根系吸收重金属的能力，并且可以增加植物中 As 的含量。

5.1.3.2 在农药污染土壤的应用

通常情况下，有机农药能够当作植物以及根际区的营养源，这样就可以在某种程度上改良农药的化学性质，使得农药可以在土壤中降解，尽可能减少农药残留对环境带来的不利影响。利用植物技术来修复农药污染的土壤，无论是在国内还是在国外都得到了广泛的应用。阿特拉津是一种使用比较频繁的除草剂，国外一些研究人员在对多种农药污染的土墩进行修复的过程中发现，植物 Kochia 能够较好地吸收很久以前的阿特拉津。例如，美国衣阿华州为了预防农业径流的影响，通过截留硝酸盐等尽可能减少对下游河流带来不利影响，同时还顺着河道的流向栽种了一定数量的杨树并建立了缓冲带。经过一段时间后发现 10%~20%的莠去津被杨树吸收，同时地表硝酸盐从原来的 50~1000mg/L 逐渐减少到 6mg/L。

5.1.3.3 在污染地下水的应用

植物修复技术也常用于减缓受污染地下水的扩散。树木就像水泵一样，通过根系吸取地下水，从而阻止其扩散。植物修复的这种方法被称为“水压控制”，它能够减缓受污染的地下水向清洁的地区扩散。

5.1.3.4 其他

植物修复技术不仅可应用来去除农田土壤中的污染物，还能应用在人工湿地建设、填埋场表层覆盖与生态恢复、生物栖身地重建等方面。

修建湿地可用来处理酸性矿区废水，也可作为处理工作的最后一步，接受其他处理系统排出的污水。需要湿地处理的污水应仅含有少量的污染物，在排放到湿地中的湖泊或溪水之前，污水中的污染物基本已经被除去了。修建湿地可能需要挖掘土壤或重整地形，使水能够流动起来。湿地上可种植一些草或当地湿地常见植物。

应用植物修复技术时，污染物的深度是在应用植物修复技术时需要考虑的一个因素，小型草类和蕨类通常用于污染物较浅的地区，而杨树和柳树因其根系很深，所以通常用于水压控制或清除深层土壤或地下水污染。

近年来，植物稳定修复技术被认为是一种更易接受、大范围应用并利于矿区边际土壤生态恢复的技术，也被视为一种植物固碳技术和生物质能源生产技术；为寻找多污染物复合或混合污染土壤的净化方案，研究者们正致力于应用分子生物学和基因工程技术发展植物杂交修复技术，以及利用植物的根圈阻隔作用和作物低积累作用发展能降低农田土壤污染的食物链风险的植物修复技术。

5.2 植物修复过程和机理

5.2.1 修复机理

某些植物根部可以从受污染的土壤、沉积物或地下水中吸收水分和养分，同时去除或分解其中的有害化学物质。植物修复污染土壤的机理与过程如图 5-2 所示，在根部所及的范围内，植物可以通过以下方式来清除污染物：

（1）利用植物超积累或积累性功能的植物提取作用，将污染物储存在根、茎或叶中；

（2）利用植物根系控制污染扩散和恢复生态功能的植物稳定作用，将污染物转化成较为安全的物质储存在植物体内或根层；

（3）利用植物代谢功能的植物降解作用；

（4）利用植物转化功能的植物挥发作用，将污染物转化为蒸汽，输送到空气中；

（5）利用植物根系吸附作用将污染物聚集到根部，通过根部的微生物将其分解为较为安全的物质。

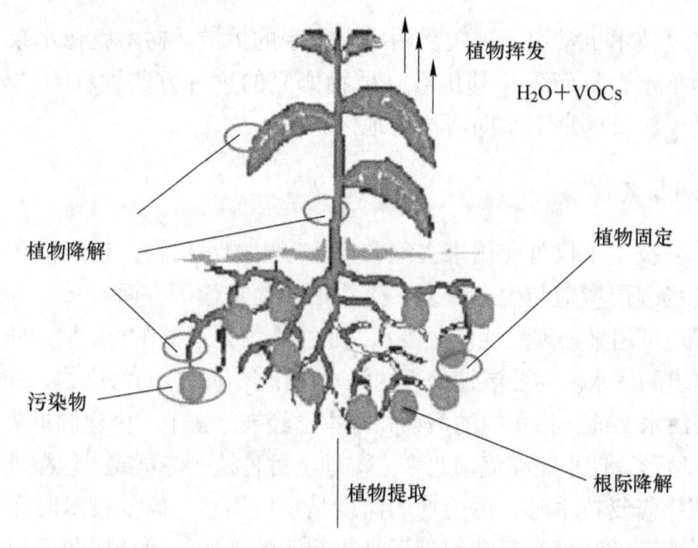

图 5-2 污染土壤植物修复机理与过程

当重金属进入植物体后会影响植物对所需离子的吸收、运输、渗透和调节等过程，并且离子的稳态平衡也会被打破，从而导致植物体代谢紊乱。为了保证在重金属污染土壤中正常生长，超富集植物在进化过程中形成了多种抵抗重金属毒害的机制。目前，关于超富集植物对重金属的迁移转化及耐性研究主要集中在细胞水平、亚细胞水平和分子水平三个层面。

（1）细胞水平。大量研究表明，超富集植物对重金属的区隔化作用是其解毒的重要机制之一。Mcnear 等对庭芥的研究表明，植物体内 Ni 主要积累于叶片表皮细胞与毛状体中，而在其他组织中则较少；Ma 等研究发现，天蓝遏蓝菜的叶表皮细胞积累的 Zn 占总积累量的 60%~70%（质量分数），超富集植物将重金属存储于叶片表皮细胞中，从而避免重金属对其他组织细胞的直接损伤。

（2）亚细胞水平。在植物亚细胞水平的研究中，细胞壁与液泡在植物对重金属的耐性机制中的作用备受关注。植物细胞壁中的配体残基能够通过离子交换、吸附、螯合等作用与重金属结合，影响重金属向细胞内部扩散及被吸收的速率；有些植物还能将重金属沉积在细胞壁上，从而达到解毒效果。研究表明，在 Cd 耐性植物柳树（salix viminalis）中，Cd 主要沉积在脉管细胞壁外层的角质层中；另有研究发现，在 Pb 胁迫下，细胞壁增厚，多糖物质增多；遏蓝菜叶中 67%~73%（质量分数）的 Ni 结合在细胞壁上。重金属与细胞壁内的配体残基结合并达到饱和后，其余的重金属会进入细胞内部，大部分被转运到液泡内部，与液泡内的各种蛋白质、糖类、有机酸和有机碱等结合，储存在液泡内，实现重金属离子在植物细胞内的区隔化。Vazquez 等对天蓝遏蓝菜根部 Zn 的研究和 Kupper 等对 Zn/Cd 超富集植物鼠耳芥（arabidopsis halleri）叶片中 Zn 的研究都发现重金属大多分布于液泡中。陈同斌等通过对蜈蚣草的研究发现，其羽片中的 As 主要储存在液泡中，这可能是蜈蚣草能够耐受高含量 As 的重要原因。

（3）分子水平。重金属进入植物体内后，能够与植物体内的植物螯合肽（PCs）、金属硫蛋白（MTs）、有机酸等相结合，从而降低其毒性，提高植物耐受能力。在烟草叶肉细胞中，Cd 和 PCs 大多数分布在液泡中；在燕麦（arena sativa）中，PCs-Cd 复合物进入液泡并最终形成高分子量（HMW）复合物，HMW PCs-Cd 复合物能降低 Cd 的毒性。吴惠芳等通过对龙葵、小飞蓬（conyza canadensis）的实验研究发现，植物根系中 MTs 的含量与 Mn^{2+} 的浓度呈正相关关系；HIMELBLAU 等发现，MTs 基因在衰老的叶片及韧皮部表达量较高。另外，TOLRA 等研究发现，Zn 超富集植物天蓝遏蓝菜茎叶中可溶性 Zn 浓度与苹果酸和草酸浓度显著正相关，在根系中则没发现这一现象；Ma 等对荞麦（fagopyrum esculentum）进行研究发现，其根系和叶片中的 Al 均以最为稳定的 Al-草酸复合物的形式存在，这也证明了有机酸在植物耐性中的作用。

5.2.2　植物体内重金属形态分析方法

植物体内重金属形态的差异影响其生物毒性的强弱及迁移转化的能力，为了更好地揭示超富集植物对重金属的迁移转化机理和耐性机制，需要对植物体内重金属的形态进行分析。虽然随着研究的深入和分析测试仪器的发展，植物体内重金属形态的研究已逐渐深入，但至今仍没有形成统一的重金属形态分析标准。目前，较为普遍的重金属形态分析方法是连续提取法。此外，为了更深入分析植物体内重金属形态，联机检测法和同步辐射法等分析技术也逐渐应用到了重金属形态分析中。

5.2.2.1 连续提取法

对于植物体内重金属形态分析，有学者提出了连续提取法。但该方法中提取剂、提取顺序的选择以及重金属提取形态的分类多种多样，还没有形成一种统一的形态提取方法。早在1970年，太田安定等按照植物体内重金属各种形态在不同溶剂中的溶解度选择了5种提取剂，并对提取出的相应重金属的形态进行了研究。1991年，许嘉琳等参照太田安定等的研究成果，选用质量分数为80%的乙醇、去离子水、1mol/L氯化钠溶液、质量分数为2%的醋酸和0.6mol/L盐酸5种溶液作为提取剂，逐步提取分析了小麦（triticum aestivum）和水稻（oryza sativa）根叶中Pb、Cd、Cu的不同形态。上述方法已被应用于多种植物的重金属形态分析，如徐劼等对茶树（camellia sinensis）中Pb的研究，王学锋等对油麦菜（lactuca sativa）中Cu、Zn、Cd的研究等。龚云池等采用小西茂毅等的方法连续提取梨（pyrus）果肉中的Ca，其提取方法与许嘉琳等提出的方法基本一致，只少了1种乙醇提取剂，各形态提取量之和占总Ca质量的90.5%~93.5%，马建军等也用该方法对野生欧李（cerasus humilis）果实中Ca的形态进行了研究。表5-2总结了一些常用连续提取法的提取剂。

表5-2 常用连续提取法的提取剂

提取方法	提取顺序					
	1	2	3	4	5	6
方法A	80%乙醇	去离子水	1mol/L氯化钠溶液	2%醋酸	0.6mol/L盐酸	
方法B	去离子水	1mol/L氯化钠溶液	2%醋酸	0.6mol/L盐酸		
方法C	80%乙醇	0.6mol/L盐酸				
方法D	去离子水	盐酸（浓盐酸：H_2O体积比为1：3）	65%硝酸			
方法E	去离子水	0.1mol/L EDTA	1%醋酸	2.5%氯化钠溶液	0.2%氢氧化钠溶液	70%乙醇
方法F	0.11mol/L醋酸溶液	0.5mol/L盐酸羟胺	先8.8mol/L过氧化氢，后1mol/L乙酸铵			
方法G	1mol/L氯化镁溶液	1mol/L醋酸钠溶液	0.04mol/L盐酸羟胺和25%醋酸混合液	先0.02mol/L硝酸和30%过氧化氢，后3.2mol/L乙酸铵和20%硝酸		

注：表中除乙醇为体积分数外，其余百分数均表示提取剂的质量分数，如2%醋酸表示质量分数为2%的醋酸。

汤秀梅等用方法 D 的提取剂对多种植物中的 Ca、Al 进行形态提取，并将提取的金属形态分为可溶性游离态、无机态、有机态；杨居荣等采用方法 E 的提取剂，对水稻、小麦籽实中 Cu、Cd、Pb 的形态进行分析，对应的提取形态分别为游离态及水溶性有机酸盐、络合态金属离子、弱结合态、球蛋白结合态及果胶酸盐、碱溶性蛋白质结合态、醇溶性蛋白质及少量无机盐和氨基酸盐等。

上述连续提取法多采用植物鲜样进行分析研究，存在一定的弊端，比如：鲜样不易保存，不利于大批量分析，不易固液分离，提取步骤较多，操作复杂，提取过程中容易造成较大误差等。在此基础上，吴慧梅等提出了两步连续提取法，将植物样品杀青干燥并研磨过筛，依次用体积分数为 80% 的乙醇和 0.6mol/L 盐酸对植物体内重金属进行提取，将提取的重金属形态分为乙醇提取态、盐酸提取态和残渣态，并且对茶叶（标准样品）和黄瓜（cucumis sativus）的根、茎、叶、果实进行了分析，回收率满足形态分析的要求。

赵钰等采用改进的 BCR 连续提取法对路边和公园植物体内重金属形态进行了分析，王芳等采用 Tessier 五步连续提取法对栀子（gardenia jasminoides）、菊花（chrysanthemum）和白芷（angelica dahurica）中重金属的形态进行了分析，这两种方法是土壤中重金属形态分析常用的提取方法，但由于植物与土壤间差异巨大，重金属的形态也并不相同，此类方法的适应性仍需进一步研究。

5.2.2.2 联机检测法和同步辐射法

联机检测法在植物重金属的形态分析中也得到了较好应用。Vacchina 等采用排阻色谱与电感耦合等离子体质谱联用技术对不同植物中的螯合态 Cd 进行了分析。Zhang 等采用高效液相色谱与电感耦合等离子体质谱联用技术对蜈蚣草中 As 的形态进行了研究。徐陆正等采用质量分数为 1% 的盐酸和质量分数为 5% 的 L-半胱氨酸作为提取液，微波消解后使用高效液相色谱与电感耦合等离子体质谱联用技术分析中成药中的 $H_{矿}^{+}$ 和甲基汞。

同步辐射法主要是利用 X 射线吸收光谱（XAS）、X 射线荧光光谱（XRF）和 X 射线吸收精细结构光谱（XAFS）等方法来研究重金属在超积累植物体内的微区分布特征以及形态转化。Zayed 等采用 XAS 对几种蔬菜作物中 Cr 的形态进行了研究，并测定了样品中 Cr^{3+} 和 CrO_4^{2-} 的含量；Aldrich 等人同样利用 XAS 测定植物体内重金属形态，测定了牧豆（prosopis iuliflora）中 As 的形态；Isaure 等测定了拟南芥（arabidopsis thaliana）中 Cd 的形态；Shi 等对海州香薷中 Cu 的形态进行了研究。

5.3 植物修复技术的类型

植物修复技术按其修复机理与过程可分为植物提取、植物稳定、植物挥发和根系过滤等，重金属污染植物修复主要的技术分类及其应用状态见表5-3。

表5-3 重金属污染的植物修复技术分类及其应用

修复技术	重金属存在介质	重金属	所用植物	优点	缺点	应用规模
植物提取	土壤、沉积物、污泥	Ag、As、Cd、Co、Cr、Cu、Hg、Mn、Mo、Ni、Pb、V、Zn等	印度芥菜（brassica juncea）、遏蓝菜（thlaspi caerulesences）、蜈蚣草（pteris vittata）、东南景天（sedum alfredii Hance）等	生物量大、累积量大	需对植物进行后处理	实验室、中试、工程应用
植物稳定	土壤、沉积物、污泥	As、Cd、Cr、Cu、Hs、Pb、Zr等	印度芥菜、向日葵（helianthus annuus）、遏蓝菜、高山甘薯（dioscorea esculenta（lour.）burkill）等	无需植物后处理	有二次污染风险，需长期监控	工程应用
植物挥发	地下水、土壤、沉积物、污泥	As、Se、Hg	杨树（populus alba）、桦树（betula platyphylla）、印度芥菜、烟草（nicotiana tabacum）等	无需植物后处理	应用范围小，有二次污染风险	实验室、工程应用
根系过滤	地下水、地表水	Pb、Cd等	印度芥菜、向日葵、宽叶香蒲（typha latifolia）、浮萍（lemna minor）、水葫芦（eichhornia crassipes）等	去除效果较好	需对植物进行后处理；仅针对水污染	实验室、中试

5.3.1 植物提取

植物提取又称为植物萃取，是指利用对重金属富集能力较强的超富集植物吸收土壤中的重金属污染物，然后将其转移、储存到植物茎、叶等地上部位，通过收割地上部分并进行集中处理，从而达到去除或降低土壤中重金属污染物的目的。植物提取有很多优点，如成本低、不易造成二次污染、保持土壤结构不被破坏等。符合植物提取的植物有以下几个特性：生长快、生物量大、能同时积累几种重金属、有较高的富集效率、抗病虫害能力强、能在体内积累高浓度的污染物。Baker等在英国首次利用遏蓝菜修复了因污泥施用而导致重金属污染的土地，这也是该技术比较成功的工程修复案例。植物提取修复是目前研究最多也是最有发展前途的一种植物修复技术，已经开展相关工程试验。

5.3.2 植物稳定

植物稳定也称为植物固定，该技术是利用特殊植物的吸收、螯合、络合、沉

淀、分解、氧化还原等多种过程，将土壤中的大量有毒重金属进行钝化或固定，以降低其生物有效性及迁移性，从而减少其污染物对生物和环境的危害，适用于表面积大、土壤质地黏重等相对污染严重的情况，有机质含量越高对植物固定就越有利。Cotter Howells 等研究发现在植物根部 Pb 能够与磷发生反应，在根际土壤中形成磷酸铅沉淀，降低 Pb 对环境的危害。

植物固定只是一种原位降低重金属污染物生物有效性的途径，并不能彻底去除土壤中的重金属，随着土壤环境条件的变化，被稳定下来的重金属可能重新释放而进入循环体系，重金属的有效性就可能也随之改变，从而重新危害环境，在实际应用中受到一定的限制。

5.3.3 植物挥发

植物挥发是指植物利用其本身的功能将土壤中的重金属吸收到体内，并将其变为可挥发的形态而释放到大气中，从而达到去除土壤中重金属的一种方法。研究发现，印度芥菜能使土壤中的 Se 以甲基硒的形式挥发去除，烟草能使毒性较大的 Hg^{2+} 转化为气态。目前这方面的研究主要集中在气化点比较低的重金属元素汞和非金属硒、砷，应用范围比较窄，且重金属元素通过植物转化挥发到了大气中，只是改变了重金属存在的介质，当这些元素形态与雨水结合，而又散落到土壤中，容易造成二次污染，又重新对人类健康和生态系统造成威胁。

5.3.4 根系过滤

根系过滤是利用超积累或耐性植物从污染水体中吸收、沉淀和富集重金属的技术。例如水葫芦和浮萍可吸收清除水体中的 Cd、Cu 和 Se；Bruken 等通过研究发现，将印度芥菜根部浸在 6mg/L 的 Cu 溶液中 24h 后，根部 Cu 的回收率可达 97.2%。

5.4 植物修复的影响因素

土壤是一个巨大的综合体，是植物生长的基质，可以过滤降水和废水，既产生气体也吸附气体，是有机体的大本营。土壤在超积累植物形成过程中起了关键的作用，其影响了土壤中金属的生物可利用性和植物生长状况等。

5.4.1 土壤粒径

土壤是一种由固相、液相和气相组成的分散系。从粒径上分，土壤颗粒又包括砂粒、粉粒和黏粒。砂粒和粉粒是由岩块破碎而来，它们在化学性质上比黏粒和有机质相对稳定，是相对不活泼的。土壤粒径分布决定土壤的质地，进而影响土壤的物理化学和生物学性质，而且与土壤养分转化和植物生长所需的环境条件关系紧密。土壤粒径越小，其吸湿能力和吸水能力越强，对超积累植物根系的水供应影响很大。有机质和细黏粒是金属污染土壤中主要的金属负载体，也是超积累植物的营养物质来源。只有了解土壤颗粒的组成和质地特性及其与土壤肥力的关系，才能采取适当的措施对不良质地土壤加以改良，为植物修复提供一个良好的生活环境。在农业生产实践中，对土壤的要求是既能通气又能保水；既能供水，又能吸水；既容易耕作，又不能结成大块或散成单粒。

因此，必须考虑各种颗粒的合理搭配，理想的土壤，应该是砂粒、粉粒及黏粒的一种混合体系，各种颗粒的特性兼而有之。

5.4.2 土壤质地

为了便于描述土壤质地，需要使用一些特殊的名字，如砂壤土、粉壤土、砂质黏土等。砂土含水量低，热容量小，春季升温快，所以超积累植物在砂土上种植，发苗也快。相反，在黏土上种植超积累植物，发苗较慢。壤质土的特性介于黏土和砂土之间。一般而言，比较好的土壤质地应该是包含10%~20%黏土，砂粒和粉粒含量接近平等，而且含有一定量的有机质。

5.4.3 土壤颗粒表面积

土壤颗粒的比表面积对植物修复也是很重要的，因为许多物理和化学反应在土壤颗粒表面发生。在植物修复过程中，大量的反应，如污染物解毒、吸附和解析，生物降解等，都在土壤颗粒表面进行。土壤颗粒越小，其比表面积反而越大。

5.4.4 土壤孔性

土壤孔隙度过大不利于根系固定，容易失水；孔隙度过小根系不易下扎、伸展。孔隙度过大或过小都会对超积累植物根系与污染物的接触不利。一般而言，最适宜的土壤孔隙度应该是8%~10%。

5.4.5 土壤温度

超积累植物多被发现于温带和热带地区。气候带直接影响空气温度和土壤温度，土壤温度和空气温度对植物生长都很重要。土壤表面温度在不同季节和在一天24小时不同时间段波动和变化。土壤被稠密的植物或厚层覆盖物所掩盖，温度变化并不剧烈。土壤温度直接影响超积累植物生长和根系微生物活性。土壤冷冻和融化也影响土壤的结构。缓慢的冻融变化对土壤结构有利，有利于植物生长。土壤温度的高低决定了生化过程的方向和速率。了解土壤的温度变化对调节土壤热状况、提高土壤肥力、满足作物对土壤温度的要求，都有重要的意义。

5.4.6　土壤颜色

土壤表层颜色可以反映许多土壤的特质，如营养状况，土壤温度，土壤结构和土壤类型等，这些特性都直接影响超积累植物的生长。土壤表面的颜色主要由有机质含量决定，颜色越黑，有机质含量越高。有机质赋予土壤很多优良的特质，如良好的团聚性、较高的持水能力等。黑色的土壤也能在白天吸收更多的光辐射，以便在夜里释放热量。土壤底层的颜色反映土壤的湿度和气体含量。一般而言，微红色和褐色的底层颜色表示较好的通气状况和较低的水含量；浅灰色和橄榄色代表较多的水分和铁的化学还原反应；浅灰色和褐色的杂色表示地下水位波动。

5.4.7　土壤类型

土壤类型包含了很多土壤信息，如主要的金属元素，土壤形成因素和土壤形成过程等。超积累植物的生长状况也能反映土壤的类型。大部分超积累植物生长在四种类型土壤：（1）蛇纹岩土壤。富含 Ni、Cr 和 Co。（2）菱锌矿土壤。Pb 和 Zn 含量丰富，Cd、As 和 Cu 含量也很高。（3）富 Se 岩风化土壤。（4）富含 Co 和 Cu 的土壤，由含金属硫化物的白云岩和黏土岩发育而成。

土壤类型的高级分类包括土纲、亚纲、土类和亚类；低级分类包括土属、土种和变种。分类水平越低，土壤类型越具体，土壤信息越丰富。

5.5　超富集植物

5.5.1　基本概念

超富集植物也被称为“超积累植物”，是 Brooks 在 1977 年提出的，特指在自然环境中生长的 Ni 含量（干重）超过 1000mg/kg 的一类植物。目前，“超积累植物”常常用来表示能主动从土壤中过量提取一种或几种微量元素的一类植物。如今，约有 500 种被子植物品种被鉴定为微量元素（Ni、Zn、Pb、Cd、Cr、Mn、Cu、Co、U、Sb 和 Ti）、准金属元素（As）和非金属元素（Se）的超积累植物，其中约 400 种是 Ni 的超积累植物。同时，关于超积累植物新品种的报道也在不断出现。然而，很多从污染区筛选的超积累植物品种可能会从超积累植物名单中被删除，因为它们在受控条件的实验中，其特质不符合超积累植物的评判标准。

5.5.2　评定指标

目前，评定超积累植物主要有四个指标，即临界浓度、转移系数、富集系数和耐性特征。理想的超积累植物还应该具有其他一些特点，如抗病能力强、生物量大、生长周期短和能超积累一种以上重金属等。

5.5.2.1　临界含量标准

通常用植物体内重金属浓度的临界值来衡量超积累植物的重金属积累能力。超积累临界浓度是指植物地上干物质中的重金属浓度超过正常生长时的浓度水平，其因金属种类不同而不同。Brooks 等人用 1000mg/kg 作为 Ni 超积累植物的临界值。Malaisse 等人用 1000mg/kg 作为 Cu 超积累植物的临界值；Reeves 也将 1000mg/kg 作为 Pb 超积累植物的临界值；Brooks 和 Baker 建议 10000mg/kg 作为 Mn 和 Zn 的临界值。此外，还有一些学者建议将植物地上部（茎或叶）重金属含量超过普通植物在同一生长条件下的 100 倍作为临界值。周启星和魏树和针对临界值也给出了系统性建议：Zn、Mn 为 10000mg/kg；Pb、Cu、Ni、As 均为 1000mg/kg；Cd 为 100mg/kg。

5.2.2.2　转移系数标准

转移系数是指植物地上部分（主要是指茎或叶）重金属浓度与根部的比值，可以用其来衡量植物把其根部吸收的重金属等污染物转移到地上茎叶的能力。超积累植物的转移系数标准应大于 1。Chaney 提出超积累植物必须能够高效地把重金属从根部转移至茎部。Salt 认为超积累植物地上可收获部分的金属浓度必须远高于土壤浓度才能保证通过植物修复来实现污染土壤的金属含量不断降低。周启星从植物生理学考虑，提出超积累植物细胞内矿质元素浓度应该大于细胞外矿质元素浓度。

5.2.2.3　富集系数标准

富集系数（BF）是指平衡时植物组织中积累的环境毒物浓度（C_t）和溶解在环境中环境毒物的平均浓度（C_e）之比，应该大于 1，有时甚至达到 50~100。$BF>1$ 意味着植物地上部分金属浓度高于污染土壤的金属浓度。因为植物对金属的积累量随着土壤中金属浓度的升高而增加，所以对超积累植物来说，这是一个关键标准。当土壤中某种金属浓度远大于临界浓度时，非超积累植物体内的金属浓度也可能达到临界浓度；而一旦土壤中金属浓度稍微低于超积累植物的临界浓度，这些非超积累植物就跟普通植物一样，体内的金属浓度将低于临界标准。所以，植物地上部分较高的富集系数是超积累植物的必备特征，它可鉴别“伪”超积累植物。至少当土壤中重金属浓度与通过临界含量标准认定“超积累植物”应达到的临界含量标准相当时，植物地上部富集系数才会大于 1。

5.2.2.4　耐性特征标准

毫无疑问，植物超积累重金属的基础是对重金属的高耐性，特别是在人为控

制试验条件下，与对照组相比，受污染植物地上部生物量没有下降，甚至有所上升。对于在自然污染状态下生长的植物来说，是指植物的生长从长相来看，没有表现出明显的毒害症状，如组织坏死、萎黄；相反，对于大多数普通植物来说，当污染物浓度高到一定程度，其生长就会受抑制，生物量明显下降。

5.5.3 常用的超富集植物

国外对超富集植物的研究较早，成果也较多。Robinson 等对意大利佛罗伦萨矿区内的植物进行实验研究，发现布氏香芥（alyssumbertolonii）是 Ni 的超富集植物；Rasclo 等在意大利和奥地利边界的 Zn 污染土壤中发现了 Zn 的超富集植物圆叶遏蓝菜（thlaspi rotundifolium）；Vanderent 等通过水培实验发现天蓝遏蓝菜（thlaspi caerulescens）是 Pb 的超富集植物。我国在超富集植物研究方面起步较晚，但近几年也取得了较多的研究成果。陈同斌等、韦朝阳等在中国分别找到了 As 的超富集植物蜈蚣草和大叶井口边草（pteris cretica）；魏树和等发现了龙葵（solanum nigrum）是 Cd 的超富集植物；刘威等发现了一种新的 Cd 超富集植物宝山堇菜（viola baoshaensis）；龙新宪等通过水培实验发现东南景天是 Zn 的超富集植物。

目前已发现的能用于重金属污染修复的超富集植物大约有 500 多种，已筛选应用的部分重金属超富集植物的相关特性见表 5-4。

表 5-4 部分重金属超富集植物的特性

植物名	科名	分类	重金属							
			Cd	Cr	Cu	Pb	Ni	As	Zn	Mn
蜈蚣草	肾蕨科	草本						++		
澳大利亚粉叶蕨	裸子蕨科	草本						++		
大叶井口边草	凤尾蕨科	草本						+		
斜羽凤尾蕨	凤尾蕨科	草本						+		
长叶凤尾蕨	凤尾蕨科	草本						+		
阴地凤尾蕨	凤尾蕨科	草本						+		
菖蒲	天南星科	草本	+							
球果焯菜	十字花科	草本	+							
印度芥菜	十字花科	草本		++	+	++	+			
鸭跖草	鸭跖草科	草本			+					
艾蒿	菊科	草本			+					
狗牙根	禾本科	草本								++
香根草	禾本科	草本							+	

续表 5-4

植物名	科名	分类	重金属							
			Cd	Cr	Cu	Pb	Ni	As	Zn	Mn
商陆	商陆科	草本								++
东南景天	景天科	草本							++	
酸模	酸模亚科	草本							++	
向日葵	菊科	草本	+			+			+	
烟草	茄科	草本	+			+		+		
杨梅	杨梅科	木本				+				
麻疯树	大戟科	木本				+				
红椿	楝科	木本				+				
盐肤木	漆树科	木本			+	++				
杨树	杨柳科	木本	+							+
旱柳	杨柳科	木本		++		+			+	

注："+" 表示富集植物叶片或地上部中 Cd 含量达到 100~200mg/kg，Cu、Ni、Pb、As、Cr 含量达到 1000~2000mg/kg，Mn、Zn 含量达到 10000~20000mg/kg 以上且富集系数大于 1。

"++" 表示富集植物叶片或地上部中 Cd 含量大于 200mg/kg，Cu、Ni、Pb、As、Cr 含量大于 2000mg/kg，Mn、Zn 含量大于 20000mg/kg 以上且富集系数大于 1。

按植物种类及其经济应用特点，可将超富集植物分为三大类：

第一类为生长周期短、生物量大、非食用的蕨类草本植物，这类植物对土壤重金属污染修复较为实用，代表性的植物有蜈蚣草（pteris vittata）、粉叶蕨（pityrogramma calomelanos）等，这些蕨类植物大多对 As 具有良好的富集作用，如蜈蚣草叶片最大含 As 量 5070mg/kg，其地下部和地上部对 As 的富集系数高达 71 和 80，粉叶蕨的 As 富集量更是高达 8350mg/kg。此外，同属的长叶凤尾蕨（P. longifolia）和阴地凤尾蕨（P. umbrosa）等均能超富集土壤环境中的 As。

第二类为具有经济利用价值的药用或食用的草本植物或农作物，这类植物不仅对土壤重金属有超富集作用，而且具有经济利用价值。Ebbs 等筛选了 30 多种十字花科植物，其中包括印度芥菜（brassica juncea）、芸苔（B. napus）、遏蓝菜属植物（thlaspi carulescens）等。Huang 等通过实验发现豌豆（pisum sativum）对重金属 Pb 有较好的富集效果。Ebbs 等通过种植燕麦（avena sativa）有效修复了重金属 Zn 污染的土壤。聂惠等研究油料作物向日葵（helianthus annuus）对重金属 Cr、Pb、Zn 都有较好的富集作用。叶菲等通过温室土培盆栽方法，证明了重金属 Cr 的超富集植物油菜（brassica junica）中油杂 1 号可以在不影响对土壤净化能力的情况下，减轻重金属 Cd 对与其互作植物的伤害。

第三类为木本植物。这类植物生长速度相对较慢，但一旦成林后，其生态服

务功能强，对土壤重金属污染修复和生态恢复的效果与持续性好。刘周莉等研究木本植物忍冬（lonicera japonica）在高浓度重金属处理下仍能保持正常生长，土培条件下其地上部分 Cd 含量超过 100mg/kg，是一种可以用于 Cd 污染土壤修复的超富集植物。施翔等发现利用旱柳（salix matsudana）提取土壤中的 Zn，叶片中富集 Zn 的最高浓度可达 1153mg/kg，是一种有效且环境友好型的修复植物。此外，也有研究表明，杨树（pterocarya stenoptera）对 Hg 和 Cd 也有很好的耐性和净化功能。

5.6 植物修复后处理技术

关于修复重金属污染土壤后的植物的后处理技术多种多样，主要包括修复植物的处理处置与资源化综合利用。

5.6.1 修复植物的处理处置

目前，将修复植物作为废弃物进行处理处置的方法主要包括焚烧法、灰化法、堆肥法、压缩填埋法、液相萃取法和高温分解法等。其中，焚烧法、灰化法、堆肥法主要是降低修复植物的生物量和体积，以便于运输和进一步处理；焚烧法和灰化法需要消耗大量电能，成本较高且可能产生二次污染，且其产物还需要再次处理；堆肥法所需时间长，重金属未被去除，易产生二次污染。压缩填埋法较简便易行，但存在植物生物量和体积较大、运输不便、场地占用大、运行成本较高的弊端，且重金属有再溶出的风险。液相萃取法主要是使用螯合剂将超富集植物体内的重金属提取出来的方法，但目前尚无有效的方法将提取出的重金属与螯合剂分离，该方法的研究仍处于实验室阶段。受到普遍关注的方法是高温分解法，该方法整个过程在密闭条件下进行，无有毒有害气体释放；该方法既能减少修复植物的生物量和体积，还能得到可作为燃料的裂解气；若采用快速高温分解，产物主要为生物油（占产物质量 50%~70%），反之，则主要为焦炭渣。生物油可作为替代性的液体燃料，又是一种重要的有机化学原料，焦炭渣中的重金属也可以回收。

5.6.2 资源化综合利用

利用超富集植物对特定重金属的高吸收性，可以进行“植物冶金”。研究发现，将硫氰酸铵添加到生长有成熟的亚麻（linum usitatissimum）以及羽扇豆（lupinus micranthus）等植物的土壤中，10 天左右收割并焚烧植物可得到 Au 和其他金属；Ni 超富集植物庭芥生物量较大，采用该方法理论上可一次性回收 72kg/hm^2的 Ni。另外，植物焚烧后的飞灰可通过飞灰固化装置与人工合成的螯合剂相结合，得到固化产物后通过湿法冶金提取其中的重金属，能够带来一定的经济效

益。Reijnders 研究发现，可以通过多种方法提取焚烧飞灰中的 As、Se、Ni、V 等重金属；Stucki 等采用火法冶炼处理固化后的飞灰，Cd、Cu、Pb、Zn 等重金属可作为重金属冷凝物被回收，回收率达 99%以上；Zn 超富集植物遏蓝菜、伴矿景天（sedum plumbizincicola）收割焚烧后灰分中 Zn 含量极高，也可用该方法回收重金属。

还可利用有机堆肥的方法对含 Cu 植物进行资源化利用。重金属 Cu 是植物生长所必需的微量元素之一，适量的 Cu 可促进植物生长。海州香薷是 Cu 的耐性和超富集植物，将 Cu 含量较高的海州香薷进行相应处理后作为含 Cu 有机肥施用，既可提高作物产量和品质，又合理地利用了含 Cu 植物残体，并且能够有效避免二次污染的发生。

5.7 土壤重金属污染的植物修复应用模式

5.7.1 植物与植物联合修复

土壤重金属的富集植物与非富集植物种植间作或套作在一起，能降低一种作物对重金属的吸收，对该作物提供一定的污染防护作用，进而达到联合修复效果。通常，选择超富集植物与低积累植物通过间套种植模式，可在重金属污染土壤上实现边修复边生产的目的；同时，可缩短修复时间，提高修复效率和经济效益。如 Zn 超富集植物天蓝遏蓝菜（thlaspi caerulescens）和同属的非超富集植物大荠（thlaspi arvense）间作后，Zn 对大荠的毒害作用明显降低，且其生物量显著增加。在丛植菌根真菌 AMF 接种处理下，刺槐（robinia pseudoacacia）周围配置豆科草本红三叶（trifolium pratense）和紫花苜蓿（medicago sativa）作为地面覆盖植物，能够在一定程度上提高土壤重金属的修复效率。十字花科遏蓝菜属植物 T. carulescens 和玉米（zea mays）套作，收获的玉米种子中含 Cu 量降低至 4.72mg/kg，显著低于单种玉米含 Cu 量，使得玉米达到食品卫生标准。Cd 富集植物甘蓝型油菜（brassica napus）与菜心（brassica campestris）或玉米间作在一起，甘蓝型油菜地上部 Cd 积累量明显得到提高，证明了间作技术还可以提高植物的修复能力。

5.7.2 植物与动物联合修复

一些研究表明，以蚯蚓（pheretima spp.）为代表的土壤动物也可用于强化重金属污染土壤的植物修复过程与效果。蚯蚓能显著改善土壤结构，提高土壤肥力及植物产量，且蚯蚓的生命活动会对土壤重金属的生物有效性产生影响，间接提升植物的吸收效率。如在广东省 Pb、Zn 复合污染的矿区土壤上种植植物并引种蚯蚓，结果使植物产量提高了 30%，植物对重金属吸收效率最高可提升至 53%。Chene 等研究表明，蚯蚓的取食、做穴和排泄等生命活动可以显著提高红

壤中螯合剂 DTPA 提取态 Zn 和黄泥土中的有机态 Zn 含量，促进植物的吸收积累；蚯蚓通过排泄粪便，产生大量的腐殖酸，能够提高重金属污染土壤的腐殖酸含量，从而影响土壤重金属的移动性。

5.7.3 植物与微生物联合修复

在重金属污染的土壤中，往往富集生长着一些具有重金属抗性的细菌和真菌，它们可以通过多种方式影响重金属的毒性及重金属的迁移和释放，因此，可以利用这些土壤微生物与超富集植物进行联合修复，以强化生物修复的效果。众所周知，一些根际细菌可以调节植物的生理过程，促进植物生长，且能够分泌有机酸来降低土壤的 pH 值，从而提高土壤重金属的生物有效性。如有研究发现，外源添加放线菌 PSQ、shf2 和细菌 Ts37、C13 于蜈蚣草盆栽中，可有效提高蜈蚣草对重金属 As 的吸收和积累能力。

菌根是土壤真菌与植物营养根结合形成的一种互惠互利的共生体，菌根分泌物可以调节菌根根际环境，影响重金属的生物有效性。如在 As 超富集植物蜈蚣草的根系上接种菌根真菌后，蜈蚣草中 As 累积量提高了 43%；胡振琪等通过盆栽玉米模拟 Cd 污染土壤修复实验发现，接种菌根菌 glomusdiaphanum 使得玉米生物量相较于对照组增加了 5.79 倍，地上部 Cd 含量降低了 53.9%；杨玉荣研究表明，菌根真菌与刺槐联合修复土壤重金属 Pb 污染是单一刺槐对 Pb 的修复效率的 3.2 倍，证明了菌根技术广阔的应用前景。此外，菌根还可以作为生物肥料和植物激素，为植物生长提供有利生境，从而增加该植物对重金属的吸收量。

5.8 植物修复技术的强化措施

植物修复与物理的、化学的和微生物的治理方法相比，有其独有的优点，主要包括：治理成本低、治理过程原位（对环境扰动小）、治理效果永久、可大面积开展以及可净化与美化环境等。但在实际应用中，也存在一些局限性。

（1）有些情况下无法利用超富集植物有效修复污染土壤。包括：1）环境条件（如气候类型、土壤类型等）不适于特定超富集植物生长的地区（当然也可以选用本土植物，但修复效率可能不高）。2）重金属浓度过高的污染场地。植物对重金属有一定的耐受范围，超过耐受极限，植物生长受到抑制甚至会死亡，超富集植物亦是如此。3）深层污染场地。超富集植物根系一般较浅（30cm 以内），通常只对浅层污染土壤（90cm 以内）有修复效果。

（2）即使可采用植物修复法，仍存在其他一些缺点。包括：1）大多数超富集植物都有重金属选择性，往往只能积累某种特定重金属，但污染土壤通常是重金属复合性的；2）已知的超富集植物多为野生型，个体矮小、生物量低、生长缓慢，因此植物修复比传统理化法耗时久，治理周期长；3）超富集植物提取的重金属会因为植物器官凋谢等原因重返土壤，降低修复效率。植物病虫害及修复植物的后期处理等问题也需要加以考虑。

修复效率高低是植物修复技术能否得以推广应用的关键。主要可从三个方面来提高修复效率：（1）提高修复植物的生物量；（2）提高土壤中植物有效性重金属含量；（3）提高植物对重金属的吸收、转运能力。

5.8.1 改良修复植物性能——基因工程技术

基因工程技术提高植物修复能力主要体现在以下三个方面：（1）通过增加修复植物生物量促进其对重金属的积累。研究报道，将小麦 TaPCSI 基因转入烟草体内，表达后发现其茎比野生品种增加了 1.6 倍，转基因植物生长在 Pb 质量浓度为 1572mg/L 条件下，其重金属积累量是野生品种的 2 倍。（2）通过导入与重金属转化相关的基因，降低重金属对植物的毒性，提高耐性。如某些细菌中存在由 merB 基因编码的有机汞裂解酶，它可将高毒的甲基汞转化为毒性稍低的 Hg^{2+} 和 CH_4，由 merA 基因编码的汞离子还原酶，可以将 Hg^{2+} 进一步还原为汞原子，因此可以利用转基因技术通过植物表达 merA 及 merB 基因，达到净化汞污染土壤的目的。研究表明，转 merA 基因的金盏菊具有良好的抗汞污染能力，普通植株在 $HgCl_2$ 质量分数为 30mg/kg 条件下逐渐死亡，而转基因植株在 $HgCl_2$ 质量分数为 50mg/kg 条件下依然能生存，显示其具有较强的抗性。（3）通过转入与重金属螯合相关的基因，减轻毒害，提高耐性。如金属硫蛋白的巯基可以螯合 Cd、Cu 和 Zn 等多种重金属。

研究报道，采用水培实验，比较了转枣树金属硫蛋白基因拟南芥与对照组拟南芥对 Cd 的吸收情况。实验表明：经 0.1mol/L Cd 分别处理 24h 和 48h，转枣树 MT 基因拟南芥根部对 Cd 的吸收量分别为 227mg/L 和 323mg/L，地上部分为 513mg/L 和 667mg/L，明显超过对照组（根部 93mg/L 和 107mg/L；地上部分 323mg/L 和 437mg/L）。

5.8.2 调节修复植物根际环境

（1）施加螯合剂、表面活性剂。螯合剂可以与土壤溶液中重金属结合，形成水溶性的重金属-螯合剂螯合物，提高土壤中植物有效重金属含量，同时也可增加修复植物对重金属的提取量。常用的螯合剂大致可分为两类：1）人工合成螯合剂，如 EDTA，EGTA，HEDTA，DTPA，CDTA 等；2）天然的螯合剂，主要是一些低分子量的有机酸，如柠檬酸、草酸、苹果酸等。研究报道，在玉米盆栽试验中，添加 EDTA 后玉米体内 Pb 含量分别是相应对照组的 4.3、6.5、6.0、5.4 倍（地上部）和 2.5、3.9、3.6、3.6 倍（根部）。Evangelou 等的研究表明，小分子酸尤其是柠檬酸，对活化土壤中 Cu 的能力最强，使用 62.5mmol/kg 的柠

檬酸，烟草地上部 Cu 浓度比对照提高了 2 倍。使用螯合剂能有效提高修复效率，但同时也存在一定的环境风险，主要表现在土壤中自由重金属含量增加，植物未必能充分吸收，这就有可能导致地下水受到污染。Satrout Dinov 等的研究表明，EDTA 与 Cu、Fe、Pb 和 Zn 等形成的金属螯合物很难降解，一些水溶性较高的 EDTA-金属螯合物会迁移污染地下水。为此，可采用“少量多次”加入方式，也可以采用低毒易降解但价格较高的螯合剂，如 EDDS 等。

表面活性剂是一种亲水亲脂性化合物，它的两亲性使之能与膜中成分的亲水和亲脂基团相互作用，从而改变膜的通透性，促进植物对重金属的吸收。

在含 Cd、Cu、Zn 质量分数分别为 25mg/kg、30mg/kg、700mg/kg 土壤中种植莴苣与黑麦草，添加表面活性剂一段时间后，三种重金属地上部含量比对照增加了 4~24 倍。表面活性剂与螯合剂联合使用，既能增加土壤中活性重金属的含量，又能强化植物的提取能力，能显著提高修复效率。但表面活性剂有一定的毒性，使用它可能会抑制植物生长或是带来一定的环境风险。为此，可以采用易降解、无毒或低毒的生物表面活性剂。如在 Pb 污染土壤中种植油菜并接种能够产生生物表面活性物质的菌株 J119，结果表明油菜地上部 Pb 质量分数增加了 31.0%。

（2）调节土壤 pH 值、E_h 值。通常情况下，降低土壤 pH 值会提高土壤溶液中重金属的含量。这是因为 H^+ 浓度增加能促使部分难吸收态及交换态重金属溶解，成为植物可吸收态重金属。当然，并不是说土壤 pH 值越低越好，应当存在一个最佳 pH 值，在这个酸度下植物生长发育不受影响而且土壤中活性重金属含量比较高。试验表明，在 pH 值为 5.84 时，遏蓝菜对 Zn 与 Cd 的吸收达到最大，随着 pH 值升高或降低，二者在遏蓝菜中积累量均下降。降低 pH 值可采用直接加酸法和施肥法，还可以考虑加入有机酸如柠檬酸、苹果酸等，有机酸不仅可以降低 pH 值，还可以起到螯合作用且自身易降解，提高 pH 值可以采用施加生石灰等碱性物质的办法。

通常情况下，当土壤氧化还原电位提高时，土壤溶液中重金属浓度都会有不同程度的增加，这是由于 E_h 值提高改变了重金属的化学价态，使重金属的生物有效性发生了变化。比如 Cr^{6+} 水溶性比 Cr^{3+} 强，E_h 值升高可将 Cr^{3+} 氧化成 Cr^{6+}。但也有一些重金属在 E_h 值降低时才会被活化，比如 As（As^{3+} 比 As^{5+} 易溶）。调节土壤 E_h 值大小的方法一般是通过灌水和晾田进行，此外，增加土壤有机质可以降低 E_h 值。

（3）接种微生物。微生物可以通过与重金属相互作用或者与根分泌物协同作用，影响土壤重金属的生物有效性。菌根是土壤真菌与植物营养根结合形成的一种互利的共生体，菌根表面的菌丝体向四周延伸，增加了植物根系的表面积，增强了植物的吸收能力，菌根分泌物（有机酸、蛋白质、氨基酸等）可以调节根际环境，活化重金属，提高土壤溶液重金属含量。赵根成等通过室内盆栽试验研究表明，施放线菌 PSQ，shf2 和细菌 Ts37，C13 处理能明显促进植物修复砷污染土壤，15，30，45d 4 组微生物处理砷修复效率均高于同期对照组，其中 45 天再施 shf2 的修复效率为 11. 3%，是同期对照的 2. 36 倍。但也有一些研究得出接种微生物并没有强化作用的结论。接种 AM 真菌导致 Zn Cd-Pb 超富集植物 T. praecox 地上部生物量下降了 17%，地上部重金属积累量最大下降幅度分别为 13%、25%和 31%。这可能是因为接种的微生物与修复植物不匹配，因此筛选出具有“强化”作用的微生物是应用此法的关键。

结合相关研究人员的研究成果可以看到，根际微生物可以将凤眼莲中 9%的马拉硫磷除去。如果赤松幼苗生活在一个已经添加烷烃（PHC）的土壤里面生产一段时间以后，那么植物的生长量就会不断增加，并且 PHC 产生的降解量和根际和菌根菌处于对应的状态，同时也得到了相应的 TNT 的微生物。可以看到根结线虫积极参与到有机污染物的吸收以及代谢环节，如寄生性线虫汲取呋喃丹 48h 以后，有 90%以上的量已经逐渐转换为无毒产物，仅仅 2%还是母体化合物。由此可见，植物根际对污染物降解起到了很大的作用，但是可能因为化合物性质的不同，在不同生态体系中产生的降解量会存在一定的区别。

5. 8. 3 田间管理及农艺措施

通过对修复植物进行田间管理并采取适当农艺措施可以达到提高其生物量及缩短生长周期等目的。主要从以下 6 点加以考虑：（1）污染土壤的翻耕和整平。翻耕可将深层污染物质翻到土壤表层，利于修复植物吸收，翻耕的深浅程度要根据土壤污染情况而定。整平是将结块土壤打碎，能起到保墒作用，也有利于后期田间管理。（2）育苗问题。不同育苗方式对修复植物的育苗速度、发芽率等都有影响，恰当的育苗方法对缩短修复周期有很大帮助。（3）搭配种植。大多数重金属污染土壤都是复合性的，而修复植物往往只对某些重金属有较强提取作用，因此可以考虑间作或套作多种超富集植物以缩短修复时间。（4）植株密度。在 10cm×10cm，20cm×20cm，10cm×40cm 与 40cm×40cm 4 个种植密度下，利用蜈蚣草对砷污染土壤进行了 2 年的田间实际修复，综合考虑修复过程中的收获方式、经济成本与可操作性，在 4 个密度处理中密度 20cm×20cm 为蜈蚣草的最佳栽培密度。（5）水肥需求。超富集植物地上部生物量的大小是影响植物效率的一个重要因素，水分和肥料是促进植物生长的重要条件，但过度施加不仅会导致资源浪费甚至还会抑制植物生长，因此掌握修复植物水肥需求规律非常重要。试验表明，当施磷量为 $320kg/hm^2$时，蜈蚣草对 As 提取量最大，是对照组的 2. 4 倍，当施磷量增加到 $600kg/hm^2$时，提取量减少至对照组的 1. 2 倍。（6）植物生长素。植物生长素是植物自身产生的调节物质，极低浓度时就能促进种子萌发和

植株快速生长，因此外施植物生长素对于缩短修复周期有帮助。有研究报道，向生长在 0.2mmol Pb 培养液中的 medicago sativa 施加 100μm IAA 和 0.2mmol EDTA，叶片中 Pb 的累积量是未加任何物质的 28 倍，是只加 0.2mmol EDTA 的 6 倍。有研究表明植物生长素能与重金属螯合，从而起到缓解重金属毒害的作用。

5.9 问题与展望

5.9.1 存在问题

尽管植物修复技术是公认的较理想的土壤重金属污染修复的原位绿色环保技术，但在实际应用过程中，仍存在诸多问题与困境，主要表现在以下几个方面：

（1）超富集植物种类少，植物修复效果慢、周期长。目前文献报道的重金属超富集植物虽约有 45 个属，400 多种，但大多数为同科的 Ni 超富集植物；而 Co 超富集植物仅 26 种；Cu 超富集植物 24 种；Se 超富集植物 19 种；Zn 超富集植物 16 种；Mn 超富集植物 11 种。且大多数超富集植物的生长较缓慢，特别是一些超富集木本植物的生长修复周期比其他物理-化学技术的耗时要长，且不易机械化作业，富集效率也并不一定高，因此，目前大规模的推广应用仍存在一些制约。

（2）超富集植物对重金属存在一定的选择性。尤其是目前发现的植物大多仅对某单一重金属具有较好的富集作用。比如蕨类植物多只对 As 吸收富集能力强，对其他重金属元素不存在超富集作用。而土壤重金属污染通常为两种或多种重金属的复合污染，且常常伴生有机污染，因此，若使用单一植物，则难以全面清除土壤中的污染物质；若同时使用多种修复植物，则在生产实践中可操作性下降。

（3）植物修复效果易受到环境制约。超富集植物的繁殖生长及植被形成通常受到污染地的土壤质量、pH 值、酸碱度、盐度、污染物浓度及周边生态环境状况等因素的制约，往往出现生长受阻或生长状况不佳等问题，结果达不到污染修复的效果，特别是在环境恶劣、土壤干旱瘠薄的污染区，使用植物修复技术存在较多困难。土壤重金属的有效性也直接影响到植物修复的效果。有研究表明，连续耕种会导致土壤重金属的有效性降低，植物对重金属的吸附能力也会随之降低。如树龄 6 年的柳树富集 Cd 的量比树龄 1 年的柳树低 11%；印度芥菜在第三年收获时所富集的重金属 Cd 含量比上一年同比下降 8%。

（4）超富集植物可导致食物链污染，尤其是有重金属富集能力的农作物极易产生健康或生态风险。据统计，土壤中 Cd 浓度每提高 5mg/kg，生物受毒害的概率提高 15%。因此，若不严格监管，污染物就会转移至食物链中，被人或动物误食后会造成严重的生物安全和人体健康风险问题。

5.9.2 展望

植物修复技术具有巨大市场前景，但从实验阶段走向产业化应用还需继续努力。随着人们对食品安全和生态健康的重视，重金属污染研究的愈加深入，植物修复技术及植物中重金属的形态分析研究也随之增多。但是目前，植物修复技术仍存在着一些问题，如目前对植物超积累重金属的分子机制、调控原理等方面的研究不够完善，修复植物的规模化种植、适用的栽培技术、收获物的安全处置及资源化利用方面仍旧是植物修复技术发展的瓶颈。基于此，未来该领域研究需要在以下三方面寻求突破：

（1）筛选超富集植物。到受重金属污染的地方寻找超富集植物是一条捷径。此外，要运用基因工程、育种工程等技术手段培育出生物量大、富集能力强、提取多种重金属的超富集植物。建立超富集植物特性记录库及种子资源库，为培育出性能更好的超富集植物做准备。

（2）开发修复剂。大量研究表明修复剂（如螯合剂、表面活性剂等）能显著提高修复效率，但其毒性较高、不易降解、价格较贵，因此很有必要开发出安全、高效、经济的修复剂。

（3）掌握修复植物生长特性。合理的田间管理和农艺措施是比较容易操作的技术手段，可以达到提高修复植物地上部生物量、缩短生长周期的效果。掌握修复植物的生长习性是实施该措施的前提，因而很有必要对超富集植物生长特性进行系统研究，进而采取恰当的田间管理措施。

6 农用地污染土壤化学钝化修复技术

农田土壤重金属钝化修复研究主要开始于20世纪50年代，其研究思路来源于科研人员采用吸附剂吸附去除水体中有害重金属离子。通过科研人员大量研究发现，土壤重金属污染的危害主要源于存在于土壤中具有活性的那部分重金属离子，而重金属离子一旦被钝化或固定，使其活性下降，亦即降低其在土壤中的迁移性，其对植物的毒性将极大地下降，随后研究人员逐渐将这些重金属离子吸附剂应用到土壤重金属污染的吸附固定中。20世纪80年代以后，大量钝化材料，如黏土矿物材料、沸石分子筛材料、磷酸盐、石灰、有机物料、人工合成的沸石、污泥、含铁氧化物材料等被大量应用于土壤重金属Pb、Cd、As等污染的钝化修复研究中。

6.1 基本概念和修复机理

6.1.1 基本概念

化学钝化修复技术是基于降低污染风险目的，通过向土壤中加入稳定剂，以调节和改变重金属在土壤中的物理化学性质，使其发生吸附、沉淀、络合、离子交换和氧化还原等一系列反应，降低其在土壤环境中的生物有效性和可迁移性，从而减少重金属元素对动植物的毒性的过程。这种修复方法因投入低、修复快速、操作简单等特点，对大面积中低度土壤污染的修复具有较好的优越性，能更好地满足当前我国治理土壤中重金属污染以及保障农产品安全生产的迫切要求。

重金属的生物可利用性与其化学形态、颗粒大小、微区环境等密切相关。以铅（Pb）为例（图6-1），当铅以硫化铅或磷酸铅形式存在时，其生物可利用性较低，而以碳酸盐或氧化物形式存在时具有较高的生物可利用性；铅的生物可利用性随颗粒的变小而增大；游离态的铅离子具有很高的生物可利用性，但被包裹材料封锁时，其生物可利用性则大大降低。

修复农用地土壤重金属污染所使用的钝化剂通常是一些环境友好型材料，包括含磷材料、黏土矿物、生物炭、有机物料、硅钙类材料等，而污染场地修复中常采用的无机黏结物质（如水泥）、有机黏结剂（如沥青等热塑性材料）、热硬化有机聚合物（如尿素、酚醛塑料和环氧化物等）、玻璃化物质等材料则因修复后土壤基本失去农用价值而并不适用。

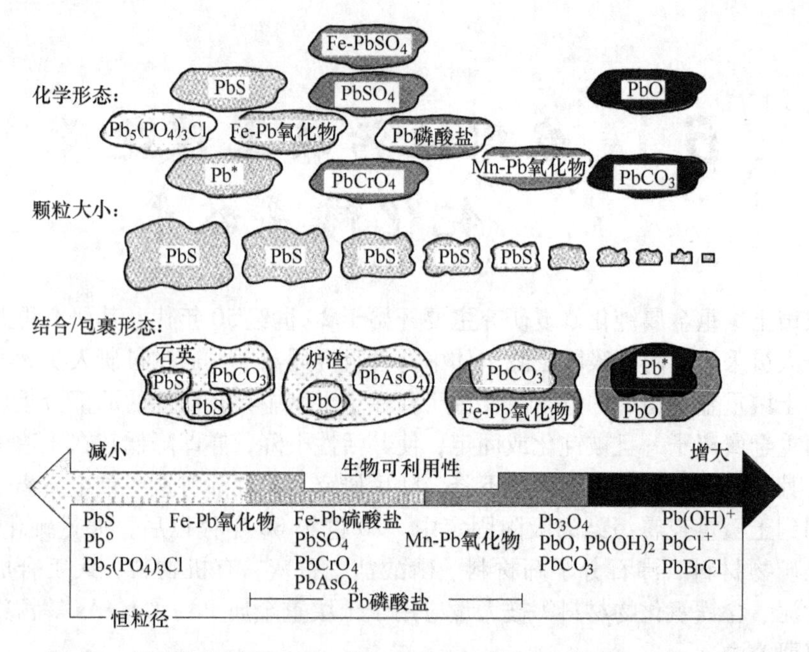

图 6-1 铅的生物可利用性与其存在形式、颗粒大小及微区环境的关系

钝化技术因成本低、修复效率高且操作简单，被广泛应用于土壤重金属污染的快速控制修复，对同时处理多种重金属复合污染的土壤也具有明显的优势。但值得注意的是，经钝化后的重金属物质仍留存在土壤中，钝化只是降低了重金属在土壤中的可迁移性和生物有效性，而随着时间的延续或环境条件的变化，重金属存在被再次活化的可能。

6.1.2 修复机理

根据目前的研究，钝化剂钝化重金属的机理主要包括吸附、与重金属形成难溶盐、改变土壤 pH 值、有机物螯合、氧化还原等。

6.1.2.1 离子吸附

钝化剂可以通过自身的吸附能力吸附土壤中的重金属，降低重金属的可迁移性和生物有效性。例如凹凸棒石具有层链状晶体结构，表现出良好的交替性能，对重金属具有较强的吸附能力；硅酸盐与凹凸棒石类似，具有能吸附重金属的表面构架；沸石因具有硅氧四面体和铝氧八面体结构，对重金属也表现出良好的吸附能力；有机物料具有多孔性和较大的表面负电荷，也可以很好地吸附重金属；铁氧化物、锰氧化物在吸附砷后，能形成双齿结构的稳定复合物；膨润土因其较大的内外表面积，可以有效地吸附重金属。

6.1.2.2 与重金属形成难溶盐

与重金属形成难溶盐是一个重要的钝化机制。人们发现在利用磷石膏、白云石和红石膏修复镉、铜、铅复合污染土壤时，三种材料均与重金属发生反应，在表面形成难溶盐矿物。通过扫描电镜观察，主要是钝化剂中高岭石上的端面电荷与三种重金属结合，形成难溶化合物。Cao 等通过 XRD、扫描电镜和 X 射线能谱分析（SEM-EDX）发现，含磷材料通过共沉淀作用在土壤矿物及植物根表面形成了难溶的磷氯铅矿。向土壤中添加富含 Fe、Mn 和 Al 氧化物的物料时，也可通过表面络合及表面沉淀机制与重金属形成难溶盐，使重金属得到修复。

6.1.2.3 改变 pH 值使重金属沉淀

施用石灰石等碱性物质后，一方面，土壤 pH 值升高，土壤颗粒表面负电荷增加，对 Pb、Cu、Zn、Cd 和 Hg 等重金属离子吸附增强；另一方面，pH 值升高有利于重金属离子形成氢氧化物或碳酸盐结合态沉淀或共沉淀。有研究指出，土壤中重金属有效态含量随碱性无机钝化剂施入量的增加而减小。陈晓婷等发现向土壤中添加钙镁磷肥能增加土壤 pH 值，能降低可利用态 Pb 含量。杨林等研究了活性炭、石灰及活性炭加石灰三种材料对铬污染土壤中小白菜生长状况的影响及土壤修复效果，结果发现三者均可降低有效态铬的含量，小白菜叶部、根部的铬含量随土壤有效态铬含量的升高而升高，有效态铬含量随 pH 值的升高而降低。

6.1.2.4 有机物螯合

向土壤中添加有机钝化剂，通过有机钝化剂表面的极性基团与重金属结合，形成稳定的螯合（络合）物，达到修复重金属污染土壤的效果。如腐殖酸可与多种金属离子形成具有一定稳定程度的腐殖酸-金属离子络合（螯合）物。Karlsson 等利用 X 射线吸收精细结构谱（XAFS）研究了有机质对镉在土壤中的有效态含量的影响，发现镉可与有机质中的羧基及巯基形成稳定的络合物。王果等研究了稻草、猪粪、紫云英的水溶性分解产物对铜、镉的吸附，结果发现有机分解产物通过络合作用可不同程度地抑制铜、镉在土壤中的沉淀和吸附。华珞等研究了大分子腐殖酸和小分子腐殖酸对锌和镉污染土壤的修复效果，结果表明，大分子腐殖酸对重金属的钝化作用要优于小分子腐殖酸，且对锌污染土壤的钝化效果优于对镉污染土壤；在锌镉复合污染的土壤中，大分子腐殖酸与小分子腐殖酸均使锌的危害减小，但会造成镉的危害加重。

6.1.2.5 氧化还原

金属的价态不同，其生态毒害作用也不同，在土壤中的可迁移性及生物可利

用性差异巨大。所以，可以利用具有氧化还原作用的钝化剂改变重金属的价态，进而降低其生态毒性。如对重金属铬，可以添加钝化剂使六价铬还原为三价铬，使其毒性大大减小；又如对重金属砷，可以利用三价铁将三价砷氧化为五价砷，降低其生态毒性；利用一些有机物在分解的过程中会消耗大量氧气，从而使土壤呈还原状态的特性，也可以使重金属生成沉淀；此外还有一些细菌具有氧化还原作用，如一些细菌可以将硫酸盐还原成硫化物，促使重金属形成沉淀。

实际上，在应用钝化剂修复重金属污染土壤时，只通过一种反应机制来钝化重金属的钝化剂很少，往往是通过多种反应机制同时作用，因此也受到多方面因素的影响，如土壤组成、pH 值、氧化还原电位、阳离子交换量等。到目前为止，对于钝化剂钝化重金属的反应机制，尚未完全弄清楚，但随着 X 射线衍射、同位素示踪、扫描式电子显微镜等技术的介入，钝化剂的作用机制将有望得到进一步明确和完善。

6.2 高效钝化材料

表 6-1 总结了一些修复土壤重金属复合污染的稳定剂及作用机理。常用的稳定剂主要分为无机稳定剂、有机稳定剂及无机-有机混合稳定剂，其中无机稳定剂主要包括石灰、碳酸钙、粉煤灰等碱性物质，金属氧化物、羟基磷灰石、磷矿粉、磷酸氢钙等磷酸盐，天然、天然改性或人工合成的沸石、膨润土等矿物以及无机硅肥。有机稳定剂包括农家肥、绿肥、草炭和作物秸秆等有机肥料。无机-有机混合稳定剂包括污泥、堆肥等。

表 6-1 修复土壤重金属复合污染的常用稳定剂分类

分类	名称	有效成分	重金属	稳定化机理
无机稳定剂	石灰石、石灰	$CaCO_3$ CaO	Cd、Cu、Pb、Ni、Zn、Hg、Cr	提高土壤的 pH 值，增加土壤表面可变负电荷、增强吸附；或形成金属碳酸盐沉淀
	粉煤灰	$SiO_2Al_2O_3$ 等	Cd、Pb、Cu、Zn、Cr	提高土壤的 pH 值，增加土壤表面可变负电荷，增强吸附
	金属及金属氧化物	FeO、Fe_2O_3、Al_2O_3、MnO_2	As、Zn、Cr、Cu	诱导重金属吸附或重金属生成沉淀
	含磷物质	可溶性的磷酸盐，难溶性的羟基磷灰石、磷矿石、骨炭等	Cd、Pb、Cu、Zn	诱导重金属吸附、重金属生成沉淀或矿物、表面吸附重金属
	天然、天然改性或人工合成矿物	海泡石、沸石、蒙脱石、凹凸棒石	Zn、Cd、Pb、Cr、Cu	颗粒小、比表面大、矿物表面富有负电荷，具有较强的吸附性能和离子交换能力
	无机肥	硅肥	Zn、Cd、Pb	增加土壤有效硅的含量，激发抗氧化酶的活性，缓解重金属对植物生理代谢的毒害

续表 6-1

分类	名称	有效成分	重金属	稳定化机理
有机稳定剂	有机肥（农家肥、绿肥、草炭等）秸秆	各种动植物残体和代谢物组成 棉花，小麦，玉米和水稻	Cd、Zn Cd、Cr、Pb	胡敏酸或胡敏素络合污染土壤中的重金属离子并生成难溶的络合物
无机、有机混合材料	固体废弃物	污泥、堆肥、石灰化生物固体等	Cd、Pb、Zn、Cr	提高土壤的 pH 值，增加土壤表面可变负电荷，增强吸附

6.2.1　含磷材料

含磷材料对重金属的钝化修复是当前土壤重金属污染修复研究的热点领域之一，它可以通过释放磷来有效地固定土壤中的重金属，还能为土壤提供植物磷营养，是一种廉价、环境友好的修复材料。在实际应用中，常见的含磷材料有磷酸及可溶性磷酸盐，磷酸钙、磷灰石、磷矿粉、骨粉等难溶含磷材料，以及活化磷矿粉、溶磷菌-磷矿粉、动物粪便-磷矿粉堆肥等复合含磷材料。含磷材料修复的对象主要包括 Pb、Cd、Cu、Zn、Ni、Hg、Cr、Co，以及 As 等。

磷酸盐可以直接参与土壤重金属的钝化，也常与其他矿物材料混合使用。采用磷酸酸化磷矿粉处理 Pb 污染的土壤，可将土壤中非残渣态 Pb 转化为残渣态，降低土壤中 Pb 的浸出毒性。Pb 能与磷形成极稳定的磷氯铅矿［$Pb_5(PO_4)_3Cl$］，明显降低植物对 Pb 的吸收。另外，用磷酸化生物炭修复铅污染土壤，发现其修复效果良好。与磷酸的钝化作用相比较，可溶性磷酸盐（如磷酸铵、磷酸氢钾）等也可直接参与重金属的钝化作用。在实际研究过程中，由于低成本和高溶解性，常用 $Ca(H_2PO_4)_2$代替 $CaHPO_4$，以 $Ca(H_2PO_4)_2$和 $CaCO_3$进行混合，能明显降低重金属元素的可提取态浓度，有效实现对重金属离子进行钝化。用磷酸氢二铵处理土壤 60 天后，Cd 的溶出量从 306mg/kg 降低到 34mg/kg，磷含量增加会相应提高 Cd 的稳定效果。雷鸣等研究了磷酸氢二钠对污染土壤中重金属（Pb、Cd、Zn）向水稻迁移的影响，发现其显著提高了土壤 pH 值，降低了土壤中交换态 Pb、Cd、Zn 含量，同时明显降低了水稻各器官中 Pb、Cd 的含量。

过磷酸钙和重过磷酸钙等也被用于修复重金属污染土壤。用过磷酸钙修复 Pb、Cu 污染土壤，一段时间培养后，Pb 和 Cu 大幅度转化为残渣态。重过磷酸钙用于钝化修复 Pb、Cu 和 Zn 复合污染土壤，4 周后发现可有效地降低提取态 Pb 和 Cu，但对土壤中 Zn 的稳定化作用较小；磷处理可抑制 Pb 和 Cu 在土壤剖面中的径向迁移。在 Pb、Cd、Cu 和 Ni 污染的土壤中施加重过磷酸钙处理后，Pb 和 Cd 向残渣态转化，降低大白菜对重金属的吸收。林笠等采用盆栽试验研究了重金属 Cd、Pb 复合污染土壤中添加磷对草莓累积重金属的影响，结果表明，

添磷后不仅能显著降低 Cd、Pb 对草莓产量和品质的影响，还能降低 Cd、Pb 在各组织中的累积。

含磷材料还包括磷酸钙、天然磷灰石、磷矿粉、骨粉等难溶磷酸盐矿物，它们是碱性矿物，有效磷远低于可溶性磷酸盐及磷肥。用磷矿粉处理重金属污染的土壤能增加植物对 As 的吸收，降低蕨类植物体内 Pb、Cd 含量。羟基磷灰石可显著降低土壤中 Pb、Zn、Cd、Co 和 Ni 的生物有效性，增强它们的地球化学稳定性。纳米磷材料的性质有别于普通含磷矿物，用纳米 $Ca_3(PO_4)_2$处理射击场的重金属 Pb、Cu、Zn 污染后，土壤中可提取态重金属大幅度降低，部分 Cu 和 Pb 结合在纳米磷酸钙表面；而用负载纳米羟基磷灰石的生物炭原位修复 Pb 污染土壤，Pb 的固定率达到 74.8%，残渣态增加到 66.6%，土壤中生物有效性 Pb 显著减少。

难溶磷矿物的磷有效性低，为提高有效磷的释放，还用溶磷菌-磷矿粉、有机酸活化磷矿粉、动物粪便-磷矿粉堆肥等处理不同污染程度的土壤。磷矿粉经处理后，有效磷含量提高，对重金属的钝化效率也高于原磷矿粉。Park 等利用溶磷菌处理磷矿粉后，固定污染土壤中的 Pb 效果更强。与溶磷菌相比，草酸处理磷矿粉后，能更好地钝化土壤中重金属 Pb、Cu、Cd，毒性淋溶分析显示 Pb 含量低于美国 EPA 标准；砖红壤中施加磷矿粉和草酸活化磷矿粉后，交换态铅含量下降，稳定态 Pb、Cu 含量增加，且活化磷矿粉的效果更佳。许学慧等在 Cd、Cu 污染的矿区土壤中添加磷矿粉和活化磷矿粉，降低了土壤中交换态重金属的含量，减少了莴苣对重金属 Cd 和 Cu 的吸收；施加活化磷矿粉后莴苣根和地上部重金属含量比对照组降低 55%和 59%。

含磷材料在土壤重金属原位修复中具有重要的实际意义。该方法对土壤环境的扰动少，除了提供磷素外，大部分磷材料可提高土壤的 pH，影响重金属在土壤中的形态，加快重金属由可溶性向难溶性的转化，减少植物对重金属的吸收。现有研究表明，含磷材料主要对重金属 Pb、Cd、Cu 等有较好的钝化效果，其机理表现在以下方面：提高土壤 pH，使重金属离子生成氢氧化物沉淀；利用释放的磷酸根与重金属离子作用，生成溶解度更小的磷酸盐矿物（磷氯铅矿等）；土壤重金属离子与含磷矿物晶格中的阳离子发生同晶置换而被固定；金属阳离子在矿物表面发生静电吸附和共沉淀作用被固定（图 6-2），实际环境中这几种作用机理可能是共存的。

6.2.2 黏土矿物

黏土矿物类材料，是一种天然无害的环境友好型材料，价格低廉，在自然界中分布广泛，存量巨大，对重金属有良好的吸附效果，被科研工作者深入研究，并在实际工程中广泛使用。用于土壤污染物钝化的黏土矿物主要包括海泡石、凹

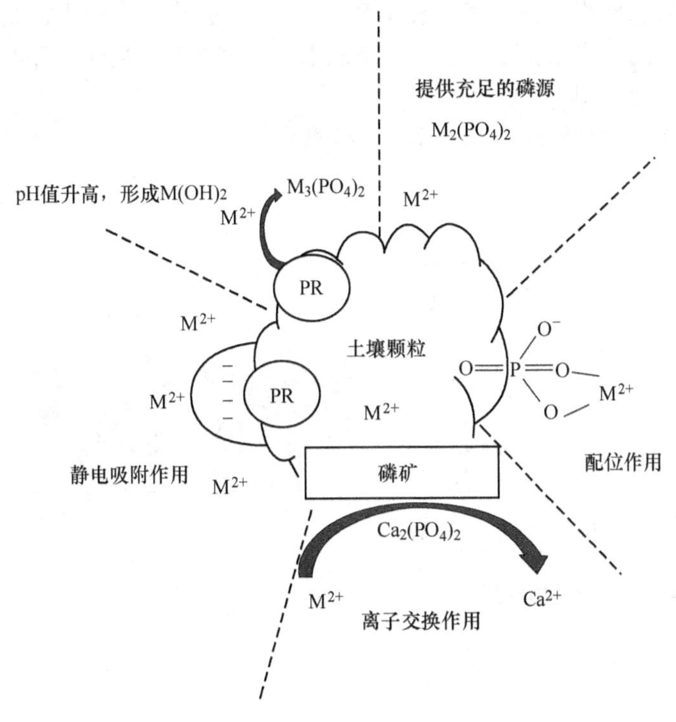

图 6-2　含磷材料对土壤中重金属的钝化作用机理

凸棒石、膨润土（蒙脱石）等，它们的大比表面积决定了其良好的吸附性能，可通过吸附、离子交换、配位反应和共沉淀等作用钝化重金属。

6.2.2.1　黏土矿物的结构特征

黏土矿物是土壤矿物成分的基本组成部分之一，主要指含镁（Mg）、铝（Al）等为主的水合硅酸盐矿物，其基本结构单元为硅氧四面体与铝氧八面体。四面体与八面体结构单元按照一定比例相互结合就构成了黏土矿物的基本结构单体，主要包括 1∶1 层型（即一个四面体片和一个八面体片结合）与 2∶1 层型（即两个四面体片与一个八面体片结合）两种基本结构类型。常见的 1∶1 层型黏土矿物主要有高岭土和埃洛石等，常见的 2∶1 层型黏土矿物则主要有膨润土、蛭石和伊利石等。两种层状结构黏土矿物的层间都含有大量结晶水，最大的区别在于 2∶1 层型黏土矿物层间存在大量可交换性阳离子，如 Ca^{2+}、Na^{+}、K^{+} 等（如膨润土根据层间主要可交换性阳离子的不同分为钙基膨润土和钠基膨润土两个主要类别），而 1∶1 层型黏土矿物层间阳离子可交换性则较弱。除以上两种常见的层状结构黏土矿物外，自然界中还大量存在具有复杂架状结构的沸石族矿物，主要由硅氧四面体和铝氧四面体或单一硅氧四面体组成（即两个四面体共角

顶基础上的架状堆积，相互连接成孔道结构）。与层状结构黏土矿物不同，在沸石族矿物复杂的孔道结构中存在大量结晶水与可交换性阳离子，能与溶液中重金属离子发生交换作用。

黏土矿物基本结构层（架）如图 6-3 所示。

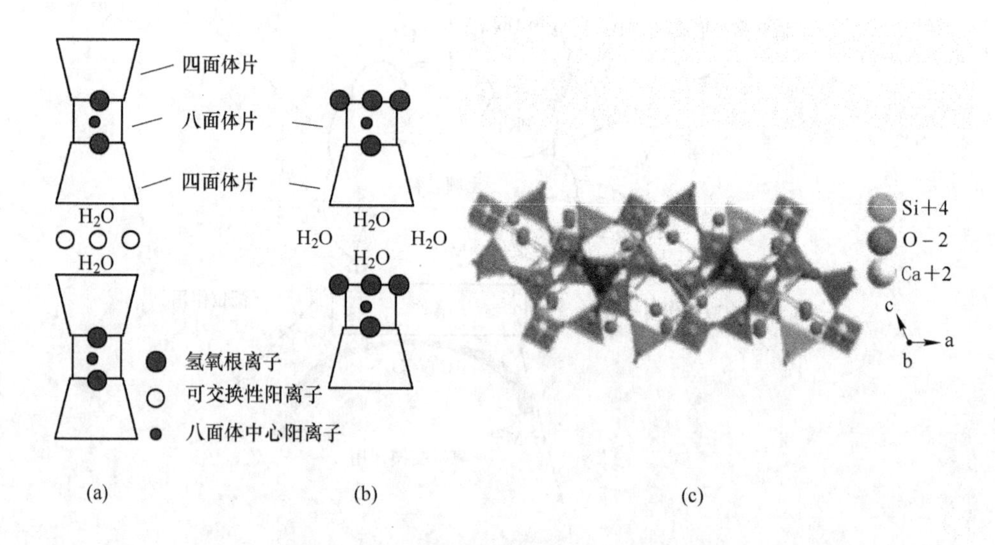

图 6-3　黏土矿物基本结构层（架）

（a）2∶1层型；（b）1∶1层型；（c）斜发沸石

6.2.2.2　黏土矿物对重金属的吸附性能

黏土矿物作为重金属污染土壤的改良剂，主要通过对重金属离子的吸附作用降低其在土壤环境中的迁移转化能力与生物有效性/毒性，从而起到改良修复效果。研究黏土矿物对溶液中目标重金属离子的吸附性能，可以为判断该矿物材料对土壤中重金属的修复效果提供参考。文献中记载的几种类型的黏土矿物对常见土壤重金属的吸附性能见表 6-2。表中列举了代表性 2∶1 层型黏土矿物（膨润土/蒙脱石）、代表性 1∶1 层型黏土矿物（高岭土）以及架状矿物（沸石类）对典型土壤重金属的单位吸附量。由表 6-2 中数据可知，黏土矿物对土壤重金属存在吸附固定作用，且不同类别的矿物对不同重金属表现出不同的吸附性能。对比表中三类代表性黏土矿物的吸附数据可得，膨润土/蒙脱石对土壤重金属的吸附性能要明显好于高岭土与沸石。2∶1 层型黏土矿物对重金属的吸附性能好于 1∶1 层型黏土矿物与架状黏土矿物，这主要可归因于 2∶1 层型黏土矿物的层间结构中存在大量的可交换性阳离子，这些阳离子为重金属离子在黏土矿物上的吸附反应提供了大量活性点位。而对于不同种类的重金属离子，黏土矿物的吸附性能也可能存在很大差异，如膨润土/蒙脱石对铅、锌的吸附性能要明显好于其他重金

属；高岭土对铬、镍的吸附性能要明显好于对其他重金属。

表 6-2　高岭土、膨润土与沸石对土壤重金属的吸附性能

重金属	黏土矿物	单位吸附量/mg·g^{-1}	重金属	黏土矿物	单位吸附量/mg·g^{-1}
镉	膨润土	61.35	铜	Na^{+}-膨润土	17.876
	蒙脱土	6.78		Na^{+}-蒙脱石	33.3
	高岭土	9.9		天然高岭土	0.8±0.3
	高岭土	0.32		高岭土	9.2
	斜发沸石	2.40		斜发沸石	1.64
	斜发沸石	3.70		斜发沸石	3.80
	菱沸石	6.70		菱沸石	5.10
铅	天然膨润土	107	铬	Ca^{2+}-蒙脱土	12.44（三价）
	蒙脱土	57.0		膨润土	0.57（六价）
	天然高岭土	2.0±0.3		土耳其蒙脱土	7.28（六价）
	高岭土	1.41		高岭土	10.40（六价）
	斜发沸石	1.60		斜发沸石	2.40（六价）
	斜发沸石	6.00		菱沸石	3.60（六价）
	菱沸石	6.00		钙十字沸石	7.10（三价）
锌	膨润土	98.04	镍	膨润土	2.375
	膨润土	68.493		蒙脱石	28.4
	高岭土	1.25		高岭土	10.4
	斜发沸石	0.50		斜发沸石	0.90
	斜发沸石	2.70		菱沸石	4.50
	菱沸石	5.50			

6.2.2.3　黏土矿物吸附重金属的作用机理

黏土矿物主要通过三类作用力实现对重金属离子的吸附作用，具体包括：（1）静电作用。黏土矿物基本结构单元之一的硅氧四面体中的硅（Si）可被铝（A1）替代，Si 离子本身带+4 价电荷，在被带+3 价电荷的 Al 离子取代后，配位氧的电价因没有得到完全中和使得整个铝氧四面体呈负电性，同时存在带负电的基团（如表面羟基，CO_3^{2-}等），使黏土矿物的表面呈负电性，与重金属离子产生范德华力、氢键等物理吸附。（2）表面络合/沉淀作用。黏土矿物表面带负电的基团容易与带正电的重金属离子发生表面络合或化学沉淀反应。（3）离子（阳离子）交换作用。黏土矿物晶体中的阳离子可与重金属离子发生置换，其中层间与孔道中的可交换性阳离子为主要置换对象，而多面体中心阳离子（Mg、A1

等）亦能与重金属离子发生不可逆置换反应形成晶格吸附。

对于不同的黏土矿物而言，三类作用力在其吸附重金属时所占的重要性存在较大差异。2∶1层型黏土矿物的层间充满着大量可交换性阳离子，故当其吸附重金属离子时，离子交换作用的重要性异常突出，表面络合与沉淀作用亦不可小觑，而静电作用对于矿物吸附重金属的重要性则相对较弱，图6-4所示为Cd^{2+}在凹凸棒土上的吸附机理示意图，除却主要的离子交换作用，Cd^{2+}在凹凸棒土表面与·OH和CO_3^{2-}发生络合与沉淀反应；1∶1层型黏土矿物层间主要由氢键作用联结，不存在或极少存在有效的可交换性阳离子，于是静电作用和表面络合/沉淀作用占据吸附作用力的主要地位；架状黏土矿物则比较特殊，如沸石类矿物含有大量孔道结构，孔道中存在可交换性阳离子可供置换反应，同时重金属能在微孔中发生内孔扩散（孔内填充）作用。此外，重金属性质及环境因素等都会影响黏土矿物对重金属的吸附行为从而影响吸附过程中的主要作用力。例如，Kaya和Oren研究发现，当$pH<4$时，影响膨润土吸附Zn^{2+}的主要原因是H^+与Zn^{2+}的竞争造成静电作用减弱；当pH在4.7时，离子交换作用为Zn^{2+}的吸附作主要贡献；当pH=8时，表面沉淀作用起到主要作用。

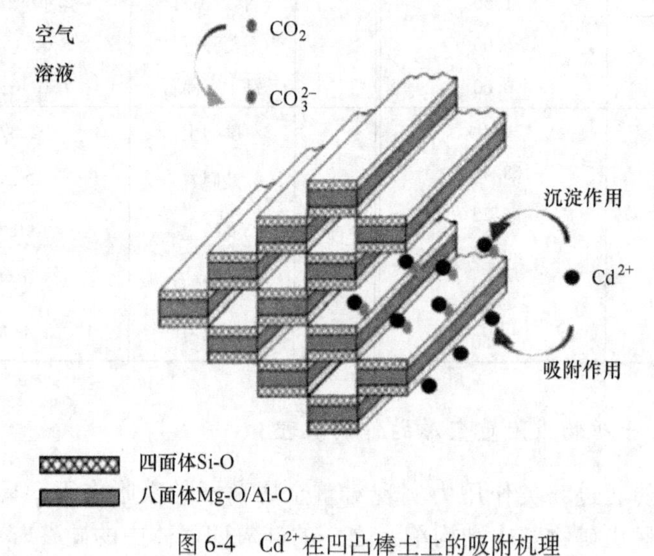

图6-4 Cd^{2+}在凹凸棒土上的吸附机理

6.2.2.4 常用的黏土矿物

用于土壤污染物钝化的黏土矿物主要包括海泡石、凹凸棒石、膨润土（蒙脱石）等，它们的大比表面积决定了其良好的吸附性能，可通过吸附、离子交换、配位反应和共沉淀等作用钝化重金属。

（1）凹凸棒石。也称坡缕石，对Cd、Pb和Cu污染土壤具有良好的修复效

果。其对 Zn 的钝化以吸附和表面络合为主，对 Cd 以碳酸盐、氢氧化物或表面络合的形式固定。谢晶晶等认为，Zn^{2+}在凹凸棒石表面先发生快速吸附，其后为慢速沉淀，表面快速水化时可提高悬浮液的 pH 值，诱导了 Zn^{2+}水解沉淀。实验证明凹凸棒石添加量为红壤的 1%~4%（质量比）时，土壤中可提取态重金属的浓度都有明显降低。殷飞等发现添加 20%凹凸棒石降低可提取态 Pb、Cd、Cu、As 的比例达 35%~54%，植物易吸收的可交换态 Pb 显著减少，残渣态 Pb 显著增加。Liang 等也表明，凹凸棒石能降低水稻土中 Cd 的可交换态，增加碳酸盐结合态和残渣态，并降低糙米中 23%~56%的 Cd。

凹凸棒石晶体结构如图 6-5 所示。

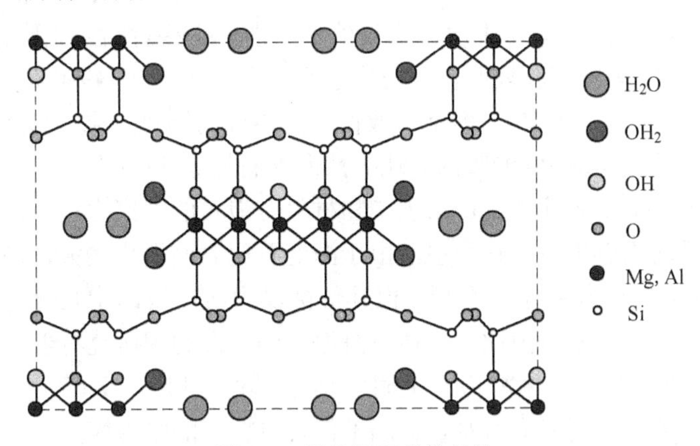

图 6-5　凹凸棒石晶体结构

凹凸棒石对重金属的吸附能力可通过改性得到加强。将凹凸棒石改性成微纳米网加入污染土壤，能明显降低土壤 Cr（+6 价）的淋洗量，并能将 Cr（+6 价）还原成 Cr（+3 价）。添加 10%富钙凹凸棒石可以分别降低土壤酸溶态 Cd 56%和 Pb 82%。凹凸棒石-磁铁复合物在去除 U（+6 价）方面比单一组分更优越。

（2）蒙脱石。蒙脱石掺入沉积物后可固定 Zn，但不能提高 Cu 的稳定性。0. 5%膨润土可明显降低 Pb、Zn 和 Cd 的水溶性。Zhang 等发现蒙脱石对 Cu 吸附量可达 3741mg/kg，按 2%施入土壤可降低对蚯蚓 60%的重金属毒性。

相比较单一蒙脱石，其改性产物的环境应用正引起更多关注。蒙脱石-OR-SH（钙基蒙脱石酸活化后，在乙醇-水-巯基硅烷溶液中分散）饱和吸附的 Cd 无毒性，在连续盆栽 4 季作物后，对土壤 Cd 仍保持显著的钝化效果。施加巯基化改性膨润土能有效固定土壤 Cd 和 Pb，显著降低土壤中重金属的活性态含量，并将其转化为稳定的铁锰结合态，有较好的钝化长效性。另外，蒙脱石与有机聚合物的复合研究也有大量报道。将壳聚糖加载到蒙脱石后，该复合物对 Pb^{2+}、Cu^{2+}和 Cd^{2+}的最大吸附量分别为 49. 3mg/g、28. 2mg/g 和 20. 6mg/g。

（3）海泡石。海泡石是具有链式层状结构的纤维状富镁硅酸盐黏土矿物，由二层硅氧四面体片之间夹一层金属阳离子八面体组成，为2∶1型，其化学式为$Mg_8(H_2O)_4[Si_6O_{15}](OH)_4 \cdot 8H_2O$，其中$SiO_2$含量一般在54%~60%之间，MgO含量大部分在21%~25%之间，并常伴有少数置换的阳离子。

海泡石有较好的重金属吸附能力，能降低水稻土中可交换态Cd并增加碳酸盐结合态和残渣态，使Cd以碳酸盐、氢氧化物或者表面络合的形式被固定。添加0.5%~5%的海泡石可降低菠菜对Cd吸收量的28.0%~72.1%，当5%海泡石加入土壤，酶活性和微生物量可得以恢复。海泡石的添加可使TCLP-Cd降低0.6%~49.6%，而植物吸收降低14.4%~84.1%。将1%~5%海泡石加入土壤后，Cd、Zn和Pb的淋洗量降低60%~70%，而苜蓿茎秆中Zn的浓度降低45%。当添加量为5%时，土壤呼吸活性、脱氢酶和碱性磷酸酶活性分别增加了25%、138%和42%。Li等的实验表明，可交换态Cd降低14.3%~49.0%，而糙米中的Cd含量降低34.5%~44.4%。海泡石改性后有更好的钝化效果，如经过氧化氢改性后可极大地促进其对Pb的吸附，比天然海泡石提高43.5%。

我国是世界上少数几个富产黏土矿物材料海泡石的国家之一，但开发利用却十分滞后，目前仍以出口原料为主。由于海泡石比表面面积较大，理论计算其内表面可达$500m^2/g$，仅次于活性炭，但其价格仅为活性炭的十几分之一，价格极其低廉，而且易于开采。因此，加强对海泡石的开发利用研究有着极其重要的意义。Onodern研究表明，用海泡石吸附水体中Cd^{2+}、Pb^{2+}、Zn^{2+}、Cu^{2+}，在5min内即可达到平衡，说明海泡石对重金属不仅具有较强的吸附能力，而且吸附速率快。在水溶液pH值为5时，浓度分别为100mg/L的Cd^{2+}、Pb^{2+}、Hg^{2+}溶液，经改性海泡石吸附处理后，重金属去除率均达到98%以上。pH是影响海泡石吸附重金属能力的重要因素，$pH<5$的酸性水溶液将不利于海泡石对重金属离子的吸附作用，$pH \geqslant 5$的弱酸性和弱碱性条件有利于海泡石对水溶液中重金属的吸附。研究表明，与其他吸附剂相比，由于海泡石独特的晶体结构，具有比表面积大、吸附性能好和离子交换能力强的特点，对重金属离子具有较强的吸附固定能力，加工处理工艺简单，特别适宜于我国农田土壤重金属污染钝化修复治理，具有修复费用较低、钝化效果高、环境友好等优点，具有广泛的应用前景。

6.2.2.5 黏土矿物对重金属污染土壤的修复

国内外对黏土矿物钝化修复农田重金属污染开展了大量研究工作。研究表明，盆栽土壤经海泡石钝化修复后，pH值明显提高，有效态Cd含量明显降低，与对照组相比，在土壤重金属镉含量分别为1.25mg/kg、2.50mg/kg和5.00mg/kg时，添加海泡石可使土壤Cd有效态含量分别降低11.0%~44.4%、7.3%~23.0%和4.1%~17.0%；海泡石钝化修复可以明显提高菠菜产量，在上述3种Cd浓度污染土壤下，海泡石钝化修复可使菠菜产量分别比对照增加2.76~5.11、0.68~

1.40、1.48~7.12倍，在海泡石添加量为1%~10%时，菠菜地上部Cd含量分别比对照降低78.6%~300.4%、44.6%~169.0%和18.1%~89.3%。

采用蛭石对重金属污染土壤进行修复表明，添加蛭石的土壤pH值由初始的4.17增加到5.99，土壤中Cu、Ni、Pb、Zn交换态和碳酸盐结合态含量明显降低，试验蔬菜莴苣和菠菜可食部位重金属含量降幅达60%以上。王林等通过盆栽试验研究表明，菜地土壤中添加海泡石、酸改性海泡石以及二者与磷酸盐复配使用均能显著降低土壤提取态Cd、Pb的含量，最大降低率可分别达23.3%和47.2%，其中钝化材料复配处理效果要优于钝化材料单一处理。菜地土壤添加海泡石和磷酸盐，可在一定程度上提高土壤pH值，增加土壤对重金属离子的物理化学吸附作用，以及生成矿物沉淀等，促进污染菜地土壤中的Cd、Pb由活性高的交换态向活性低的残渣态转化，显著降低Cd、Pb的生物有效性和迁移能力。

当前，我国南方酸性水稻田重金属Cd污染形势突出，土壤Cd污染约占重金属污染的40%，稻米Cd超标比较普遍，稻米安全生产面临较大挑战，迫切需要高效、稳定、价低、友好的钝化修复材料及其修复技术。国内外尽管在长达几十年的时间中开展了大量钝化修复技术研究，但由于欧美发达国家农田污染面积一般较小，大量土壤重金属污染修复技术研究主要以场地污染研究为主，国内有关农田重金属污染钝化修复技术虽然研究较多，但主要以实验室研究为主，田间小面积试验为辅，技术大面积复制的高效性、稳定性、长期钝化修复的环境友好性等尚不明确，现有技术的大面积推广应用仍然存在许多不确定性。因此，加强南方酸性水稻田重金属污染，特别是Cd污染的修复技术研究急迫而艰巨。

在已经开展的钝化修复研究中，以黏土矿物材料研究较多。在大田试验研究中，海泡石分别与磷肥和生物炭复配用于农田重金属Cd污染钝化修复，当666.7m^2海泡石添加量为1000kg时，可使糙米中Cd含量降低46.5%，当1000kg海泡石与333.5kg磷肥联合使用时，糙米镉含量降幅高达72.9%。当1000kg海泡石与333kg生物炭联合使用时，糙米中Cd的降幅可达63.6%，联合钝化效果几乎是海泡石与生物炭单一修复之和，表明海泡石和生物炭之间具有很好的兼容性。

黏土矿物材料对重金属离子的吸附作用是其重要特性之一，其吸附机理包括物理吸附、化学吸附和离子交换三种。重金属铅在农田土壤污染中，大部分被表层土壤吸附固定，这是因为土壤中含有的伊利石、蒙脱土和高岭土对Pb^{2+}的吸附作用要比对Ca^{2+}的吸附作用力大2~3倍，因而导致铅在耕作层土壤中的迁移力较弱，土壤中的蒙脱土和高岭土对铬的吸附作用同样较强。土壤对砷的吸附则以黏土矿物中铁铝的氢氧化物为主。Kumpiene等研究了采用斑脱土修复As污染土壤，添加10%的斑脱土就可使土壤中As的淋溶量减少50%。郝秀珍等通过盆栽试验研究了添加天然蒙脱土和沸石对铜矿尾矿砂上黑麦草生长的影响，结果发

现，尾矿砂中加入蒙脱土可以显著降低有效态锌含量，但对有效态铜的含量无明显影响。屠乃美等通过田间试验研究了不同改良剂对铅镉污染稻田的改良效应，结果显示，对 Pb、Cd 污染的水稻田土壤，施加适量的海泡石和高岭土具有一定的改良效果，水稻的生长发育得到明显改善，产量获得了一定的提高，土壤和糙米中 2 种重金属的含量明显降低。在施用钙镁磷肥、石灰、海泡石和腐植酸的试验研究中，除腐植酸外，另外 3 种修复剂均可有效地降低土壤重金属 Cd 的有效态含量，降幅达 26%～97%，稻米 Cd 降低率可达 6%～49%，其中，海泡石效果最为显著，而腐植酸效果一般。说明黏土矿物材料对农田土壤重金属污染具有较好的钝化修复效果。

6.2.2.6 黏土矿物钝化修复对农田土壤环境质量的影响

农田土壤重金属污染钝化修复效应评价的一个重要方面就是环境友好性，即长期高效的钝化修复不应导致农田土壤板结、盐碱化和环境质量下降，影响农业稳产高产。目前，有关钝化修复对农田土壤环境质量影响研究较少，特别是长期跟踪监测研究更少，大量钝化修复研究主要集成在修复效应方面。

连续 2 年酸性水稻田 Cd 污染土钝化修复试验表明，添加海泡石对土壤脲酶、磷酸酶活性和微生物量碳等均无明显影响，钝化修复提高了土壤过氧化氢酶活性，土壤微生物量 N 和真菌出现一定程度的降低。在湖南省某地酸性 Cd 污染水稻田钝化修复试验中，稻田施用海泡石和坡缕石进行钝化稳定化，在水稻收获时，测定的土壤中脲酶、蔗糖酶、过氧化氢酶和酸性磷酸酶活性均有不同程度的提高，钝化修复明显有利于土壤中相关代谢反应的恢复，两种黏土矿物对土壤中水解氮含量无明显影响，但对土壤有效磷含量有一定的降低作用。采集长期污灌菜地土壤进行盆栽试验表明，在黏土矿物材料海泡石钝化修复下，补充添加适量的鸡粪可明显提高土壤脲酶、蔗糖酶和过氧化氢酶活性，与对照相比，3 种酶的含量分别增加 14.0%～47.6%、2.0%～22.4%和 6.4%～38.6%；大田试验条件下，3 种酶的含量分别增加 22.2%、5.5%和 36.5%。说明在菜地土壤 Cd 污染黏土矿物材料钝化修复下，补充施加适量的鸡粪不仅可以起到强化 Cd 钝化修复效应，而且可以进一步提高土壤酶活性，改善 Cd 污染污灌菜地土壤环境质量。孙约兵等采用盆栽试验研究表明，海泡石钝化修复下，土壤脲酶、蔗糖酶和过氧化氢酶活性分别增加 14.2%～28.8%、23.5%～34.0%和 5.1%～15.4%，真菌和细菌数量分别增加 45.6%～96.5%和 15.5%～91.7%。而 Cd 污染酸性水稻田土壤鸡粪和生物炭复配持续两年钝化修复后，各修复的土壤有效磷和碱解氮含量间并无显著性变化。

总体来看，黏土矿物材料钝化修复重金属污染农田土壤，在不影响农作物产量及品质的情况下，对土壤环境质量不会产生有害影响，而且具有一定的改善土

壤环境质量的作用，有利于农作物的生长和产量及品质的提高。

6.2.3 工业废弃物

粉煤灰颗粒呈多孔型蜂窝状结构，比表面积大，碱性，具有较高的吸附重金属能力。可施入污染土壤以固定重金属。实验表明，经粉煤灰改良后，土壤中Hg、Cd和Pb有效态含量平均降低24.4%~31.8%，钝化作用明显。

自然沸石或改性沸石均可用于稳定土壤中重金属污染物。其作用机理是通过增加碱度而促进表面对重金属的吸附；或重金属离子与沸石内阳离子的交换。通过在沸石的孔口附近交换阳离子来改变其孔道的尺寸，可赋予沸石新的吸附性能。研究表明，2%沸石在土壤中培养一个月可导致Zn、Pb的生物有效性降低15.9%和6.1%。污染土壤中添加沸石可增加淋出液pH并降低Pb的生物有效性。硝酸钾、氢氧化钠改性沸石比天然沸石能更显著地降低土壤酸提取态Zn的含量。

赤泥是铝土矿经强碱浸出氧化铝后产生的残渣。在含Pb 913mg/kg的土壤中加入1%赤泥，可以使NH_4NO_3提取Pb降低90%。添加5%赤泥可使土壤交换态Pb和Zn降低99%以上。2个月赤泥处理使生物有效性Cu含量比对照降低13.2%。但也有研究表明，5%的赤泥添加使Cd、Ni、Pb和Zn的不稳定态降低22%~80%，而As和Cu的不稳定态却分别增加了24%和47%，当赤泥添加量为5%或更高时，Cd、Ni、Pb和Zn流动性的降低更甚于As、Cu、Cr和V。

一些铁基材料也用于土壤重金属的钝化。如钢渣具有较高的pH值，导致重金属形成化学沉淀。据殷飞等报道，添加20%钢渣能显著降低土壤中可交换态Cd以及可交换态和碳酸盐结合态Zn含量，并显著增加残渣态Cu含量。据报道，硫酸亚铁加入土壤1个月后，土壤酸提取态As含量比对照处理降低86.6%，2个月后，土壤As的生物有效性含量比对照降低90.8%，优于骨炭、磷酸二氢钙和堆肥。随硫酸铁用量增加，对有效态As的固定效果明显增加；当$Fe^{3+}/PO4^{3-}$摩尔比为7.2时，7天后土壤有效态Pb、Cd、As去除率分别为99%、41%、69%。

比较了活性炭、膨润土、生物炭、壳聚糖、粉煤灰、有机黏土、沸石等对Cu污染土壤的修复能力。除有机黏土和沸石外，其他改良剂均明显增加土壤pH值。Tica等比较了磷灰石和Slovakite（白云岩、膨润土、沸石等的混合物）的钝化效果，两者均能有效降低重金属Pb、Zn、Cu和Cd的毒性，而Slovakite效果更佳。

大量天然及废弃物材料因廉价易得吸引了许多研究者的关注。目前对这些材料的应用特性和效能已有许多试验，但以下方面尚需进一步加强研究：（1）单一矿物对重金属的微观稳定机制；（2）钝化剂加入后重金属的长期稳定性；（3）黏土矿物的改性及产物的效能。

6.2.4 生物炭

生物炭是土壤重金属修复研究中的一种重要材料。田间试验证明，小麦秸秆生物炭可有效固定土壤中的 Cd 和 Pb。将稻秆和稻壳生物炭施入土壤，短期内可以有效钝化重金属。生物炭对重金属生物有效性的影响源于改变土壤 pH，增加土壤有机质含量，改变土壤氧化还原状况及微生物群落组成等多种机制的协同作用，而生物炭对重金属的吸附机理主要有静电作用、离子交换、阳离子 π 键、沉淀反应等。

生物炭对重金属的钝化效果受到多因素的影响，如生物炭的来源、制备条件（温度、炭化时间等）、土壤性质、重金属种类及污染程度等。生物炭的表观性质在一定程度上决定了其对重金属的固定能力。不同原材料和热解温度会得到性质不同的生物炭，对土壤重金属的修复效果和机制也有差别。硬木在 600℃时制得的生物炭对 Cu 和 Zn 的吸附量高于棉花秸秆 450℃时制得的生物炭。将竹炭和水稻秸秆生物炭按不同比例施加到 Cu、Pb、Zn、Cd 污染土壤中，发现后者钝化效果更好。

生物炭因其在高温裂解过程中部分基团损失、吸附后分离难等不足，已有学者开始研究将生物炭与其他材料复合或者进行化学改性，加强其吸附能力。主要有以下方法：（1）用 KOH、H_2O_2、O_3、H_2SO_4/HNO_3等改性生物炭，提高生物炭的比表面积，增加其表面官能团（如羧基），提高对污染物的固定能力；（2）与磁性吸附剂（如纳米氧化铁、零价铁等）复合，可以赋予生物炭磁性，利于回收；（3）结合纳米技术制备新型复合材料，提高生物炭的封存和处理能力；（4）用化学修饰法将锰或镁氧化物、过磷酸钙等与生物炭复合，在生物炭表面添加一些能与污染物相互作用的基团，提高吸附效果。

对比了甘蔗渣生物炭与经厌氧消化的甘蔗渣制备的生物炭对水中 Pb^{2+} 的去除效果，发现后者对 Pb^{2+} 的最大吸附量是前者的 20 倍。Agrafioti 等分别将 CaO 溶液、FeO 粉末、$FeCl_3$溶液与稻壳、有机固体废弃物混合，用于 As（V）的去除，发现其对 As 的去除率显著高于原始生物炭。Zhao 等研究表明用生物炭与磷肥共热解后可增加生物炭对重金属的固定率。

6.2.5 石灰

6.2.5.1 钝化效果与机制

在土壤化学修复中，石灰是使用时间最久的钝化剂，由于易溶解和反应，CaO 在钝化固定重金属镉、铅和锌元素方面是一种非常有效的材料。它的添加会导致土壤的 pH 值迅速升高，促使土壤中重金属镉、铅和锌等形成氢氧化物沉淀；同时，石灰具有较高的水溶性，能更有效地渗入土壤孔隙中，具有更好的修

复效果。

钙可与镉发生同晶替代作用。试验表明，施用生石灰处理，在2年中可使糙米中镉含量降低至国家食品卫生标准限值（0.2mg/kg）以下。Pandit等研究发现施石灰能降低菠菜中镉的浓度。Tan等研究石灰钝化土壤后5种蔬菜（莴苣、大白菜、花椰菜等）体内含镉量的变化，发现降低了40%~50%。

施用石灰可降低土壤中有效态铜含量。铅污染土壤经石灰处理后，玉米对铅的吸收明显下降，其籽粒含铅量可达到国家食品卫生标准。吴烈善等在人工污染的黄色黏土中添加石灰处理，土壤Pb、Cu、Cd、Zn的稳定率可达98.5%~99.8%。石灰对铬（Cr^{6+}）和汞（Hg^{2+}）的吸附很稳定，施用6%石灰后，土壤能固定69%的Cr^{6+}和63%的Hg^{2+}。

石灰通过降低土壤中H^+浓度，可增加土壤颗粒表面负电荷，促进对重金属离子的吸附，降低重金属的迁移性；另外，石灰可改变重金属形态，促进金属碳酸盐形成，减少活性重金属的比例。

但石灰在实际应用中由于飞飘使得农民撒施极不方便，而且在实际应用中发现施石灰对酸性水稻田Cd污染稻米降Cd效果并不十分理想，其中一个原因可能是由于Ca^{2+}与Cd^{2+}有相近的离子半径，所以导致已吸附在土壤颗粒上的Cd^{2+}可被Ca^{2+}重新置换到土壤溶液中而再次有可能被植物所吸收，导致施石灰降低作物吸收Cd的效果并不明显。同时发现施石灰降低土壤pH值维持时间较短，一般仅有2~3个月时间，土壤pH值又会迅速上升，这样需要反复增施石灰以便保持效果，而长期大量施用石灰又会导致土壤钙化、板结，影响农作物正常生长。

6.2.5.2 石灰与其他材料配施的效果

2%石灰-烧石膏-木炭（质量比3∶1∶2）施用在湖南衡阳一土壤中，镉固定率达58.9%。2%天然腐熟牛粪+2%石灰组合施用，Pb、Cu、Cd、Zn稳定效率达95.9%~99.4%。石灰和有机肥复合施用可使土壤中交换态Cd含量降低54.7%，远高于单独施用石灰的。Wang等在草甸土进行Cd的钝化实验，0.2%石灰+5%蛇纹石复配的效果好，处理60天后有效态Cd含量降低29.1%。He等研究施用石灰、矿渣和甘蔗渣在第四纪红黏土的钝化效果，发现复合施用效果佳，镉含量降低58.3%~70.9%，结合种植低Cd积累的水稻品种，可使糙米中的Cd含量降至污染物限度。

6.2.6 其他钝化剂

6.2.6.1 有机钝化剂

有机物料不仅可提供植物养分、改良土壤，同时也是有效的土壤重金属吸附、络合剂，被广泛应用于土壤重金属污染修复中。有机物通过提升土壤pH

值、增加土壤阳离子交换量、形成难溶性金属-有机络合物等方式降低土壤重金属的生物可利用性。目前常用的有机钝化剂主要包括植物秸秆、畜禽粪便、城市污泥和有机堆肥等。

紫云英施入农田中，土壤有效铜和镉的含量降低，同时降低了稻草和谷粒中铜和镉的含量。水稻秸秆和磷肥混施可降低土壤中重金属的植物有效性。水稻秸秆堆肥施用增加了农田土壤中重金属 Zn、Cd 和 Pb 的碳酸盐结合态、铁锰氧化物结合态、有机质结合态和残渣态重金属的比例，也降低了农田土壤中重金属的生物有效性。

家禽粪便、生物固体等可增加土壤中溶解性有机质含量，并与重金属形成较稳定的金属-有机络合物，降低重金属的生物可利用性，特别是腐熟度较高的有机质可通过形成黏土-金属-有机质三元复合物增加重金属吸附量。施用猪粪后，稻麦两季表层土壤重金属 Cu、Zn 含量略有升高，静态环境容量均降低。家禽粪便、生物固体等使用后，可强烈地与 Hg 结合而固定之。在农田土壤中添加猪粪，可使土壤有效铜、镉显著降低，同时也极大降低稻草和谷粒中铜、镉的含量。

经研究畜禽粪便对 Pb 淋溶的影响，发现畜禽粪便能显著降低土壤水溶态及可交换态 Pb 含量，促使其向残留态转化，降低其迁移和生物可利用性。张亚丽等向 Cd 污染土壤施加猪粪等有机物，也得到了类似结果。施用 15g/kg 的粪肥和压滤泥浆均降低了土壤外源 Ni 的植物有效性。

腐熟堆肥施入土壤后可减少重金属的生物有效性，不但可以显著降低污染土壤中 As、Cd、Pb、Zn 等的生物有效态含量，还可显著降低植物对重金属的吸收。添加生物堆肥到铜污染土壤中，可显著降低 $CaCl_2$ 提取的铜含量，增加土壤的 pH 值。

腐植酸能与重金属结合，也是土壤重金属的钝化剂。用腐殖酸与膨润土（或过磷酸钙）处理 Pb 污染土壤，发现分别投加 20%腐植酸与 20%膨润土、10%腐植酸与 6%过磷酸钙，固定 40 天后土壤中有效态铅含量均大幅降低。添加主要成分为腐殖酸的褐煤到铜污染土壤中，显著降低了土壤中 $CaCl_2$ 提取的铜含量。

6.2.6.2 铁粉

纳米铁或含铁纳米材料在土壤重金属治理过程中也发挥着重要的作用。有研究者利用零价纳米铁降低污染土壤中 Cd、Cr 和 Zn 的有效性，发现其能明显提高金属的稳定性，对 Cr 的修复效果和稳定性很好。研究证实，有机堆肥配合铁砂等在钝化重金属污染物时表现出加和作用，可显著降低重金属的生物有效性，并可能超过无机钝化剂的单独作用。

纳米零价铁粉施于砷污染土壤中，能使砷由水溶态和吸附态向非晶质铁铝氧化物结合态和晶质铁铝氧化物态转化，其中水溶态和吸附态砷可减少 70%和

18%，而非晶质铁铝氧化物结合态和晶质铁铝氧化物态砷分别最大增加42%和51%，并显著降低三七中的砷含量。磷酸铁纳米材料可以显著降低土壤中水溶态、可交换态和碳酸盐结合态Cu含量，促使Cu向残渣态转化；铁纳米材料可显著降低土壤淋洗液中Cr含量。

纳米零价铁配合低分子量有机酸施用可增加农田土壤中铅的去除，0.2mol/L柠檬酸配合2.0g/L零价铁对农田土壤铅的去除效率能增加83%。生物炭负载纳米零价铁能有效固定土壤中铬，当施用8g/kg生物炭负载纳米零价铁于土壤中15天后，土壤中六价铬不可检出，进而降低铬在土壤-植物系统的转移。

6.3 影响因素

6.3.1 土壤pH值

土壤中重金属的固定受pH值的影响很大，随着pH值的降低，重金属的吸附性减弱，因而，移动性增加；反之，重金属形成了氢氧化物沉淀，移动性降低，但是在强碱性条件下由于和OH^-络合，形成羟基络合物如$M(OH)_x^{(2-x)}$，其移动性反而增强。图6-6给出了4种重金属离子溶解度随土壤pH值的变化情况。可以看出Zn和Cd溶解度在土壤pH值范围内随pH值的升高而降低，而Pb和Cu大约在pH>6后溶解度反而增大，可能是由于形成了可溶性的$Cu(OH)_3^-$和$Pb(OH)^-$。由于砷和铬在碱性溶液中具有较强的溶解性，因而不能通过添加石灰石等碱性外源物质提高土壤溶液的pH值达到固定和降低毒性的效果。

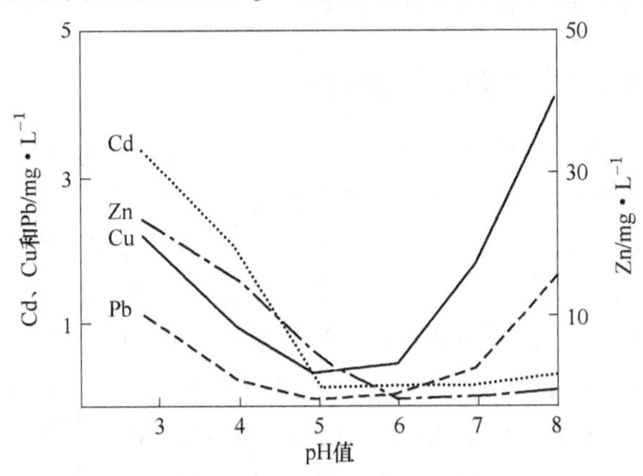

图6-6　重金属溶解性随土壤pH值变化情况

一般地，酸性条件下有利于含磷材料对土壤中Pb的固定，因为酸性条件促进污染土壤中重金属Pb和磷灰石中磷酸根的溶出，易于形成溶解度很低的磷酸铅沉淀。Cao等比较了三种pH值（pH＝3、5和7）条件下，用$Ca(H_2PO_4)_2H_2O$钝化土壤中的三种常见铅化合物PbO、$PbCO_3$和$PbSO_4$，发现pH＝3最有利于向磷酸铅的转化。Zhang 等人发现，在低 pH 值（≤4）时 $PbCO_3$的溶解速度最快，因而，向磷酸铅 $Pb_5(PO_4)_3Cl$ 的转化也最快；但高 pH 值（>5）有利于 PbS 的溶解并向 $Pb_5(PO_4)_3Cl$ 的转化。

Matusik 等指出，在中性或弱碱性条件下，含磷物质对 Cd 的固定较低，当 pH 值<5 时，Cd 的固定不超过 80%。当 pH 值在 6.75～9 之间，Cd 的固定最强（浓度降低>99%）。随着 pH 值的增高，沉淀的晶型降低。在酸性条件下（pH≤5），形成 $Cd_5H_2(PO_4)_44H_2O$，在中性状态（pH 值约为 7），形成 $Cd(H_2PO_4)_2$、$Cd_3(PO_4)_2$和 $Cd_5H_2(PO_4)_44H_2O$，而在 pH>8.5 时，形成无定型结构沉淀。同样，中性条件更有利于 Cu、Zn 和 Hg 等重金属离子的去除；相对于固定 Pb，磷矿石固定 Cd 和 Zn 时，pH 值的影响会更大，土壤有机质对重金属钝化效果产生影响。

在富含有机质重金属污染土壤中添加石灰石等碱性物质，可导致土壤溶液中可溶性有机碳（DOC）升高，可溶性的重金属-有机质络合物增大，使土壤中重金属的淋溶性加强。

Lang 研究磷酸盐诱导钝化铅的结果显示：当 pH>5 时，即使有机物质存在，30min 内仍有大量的氯磷铅石生成；但在 pH<4 时，有机物质的存在严重阻碍了氯磷铅石的形成；有机物质的存在，挡住了氯磷铅石种晶的表面，削弱了晶体的生长，因此，在所有的 pH 值下，含有有机物质的溶液中形成的氯磷铅石微粒均比不含有机物质的小，使氯磷铅石具有更高的移动性，不易被土壤固定。Martinez 等人指出，存在于土壤中的可溶性有机配体，能促进磷酸铅盐的溶解，提高铅在环境中的生物可利用性和迁移率。

6.3.2 重金属离子之间的相互竞争作用

通常来说，含磷材料对 Pb 的修复效果最好，磷灰石对重金属离子的去除大小顺序为 Pb>Cd>Zn>Cu>Mn>Hg。当这些金属共存时，它们之间发生竞争抑制作用，使修复效率显著下降。与单一体系相比，共存 Pb、Zn 和 Cu 的吸附分别下降约 15%、48%和 76%，就 Pb 而言，其他重金属的抑制顺序为 Cu>Cd>Zn。由于常见金属离子也可以与磷酸根作用形成磷酸盐沉淀，所以这些离子对羟基磷灰石固定 Pb 离子会有一定的阻碍作用。研究表明：在溶液 Pb 初始浓度较高时，这种阻碍作用的顺序为 Al>Cu>Fe(+2 价)>Cd>Zn>Ni，Pb 初始浓度较低时为 Cu>Fe(+2价)>Cd>Zn>Al>Ni；而阴离子如 CO_3^{2-}、Cl^-、F^-、NO_3^-和 SO_4^{2-} 对铅的吸附基本没有影响。

6.3.3 植物生长

由于植物根系分泌低分子量酸性有机污染物，植物根系周围土壤中被钝化的重金属因酸化或络合而可能再次被激活，处理效率将会减弱；沉淀产物往往又随

着植物根系从土壤溶液中吸收营养物质而溶解。图 6-7 显示了根系分泌物与土壤中重金属沉淀相互作用关系。Sayer 等在含有磷酸铅沉淀的石英砂上种植一种草，发现植物地上部分的 Pb 比对照组高 30 倍，他们认为由于植物根系不断地吸收磷酸铅中的 P，磷酸铅溶解，促进了植物吸收更多的 Pb。在一个相反的实验中，Laperche 等证实，如果在含有磷酸铅沉淀的石英砂体系中添加足够的磷灰石，植物地上部分的 Pb 显著下降。2 个实验证明了在缺乏 P 素土壤中植物生长吸收被固定在磷酸铅中的 P 同时溶解 Pb。因此，在进行原位钝化修复时，必须添加足够的营养物质以减少植物由于从沉淀物中吸收养分而导致重金属被溶解。

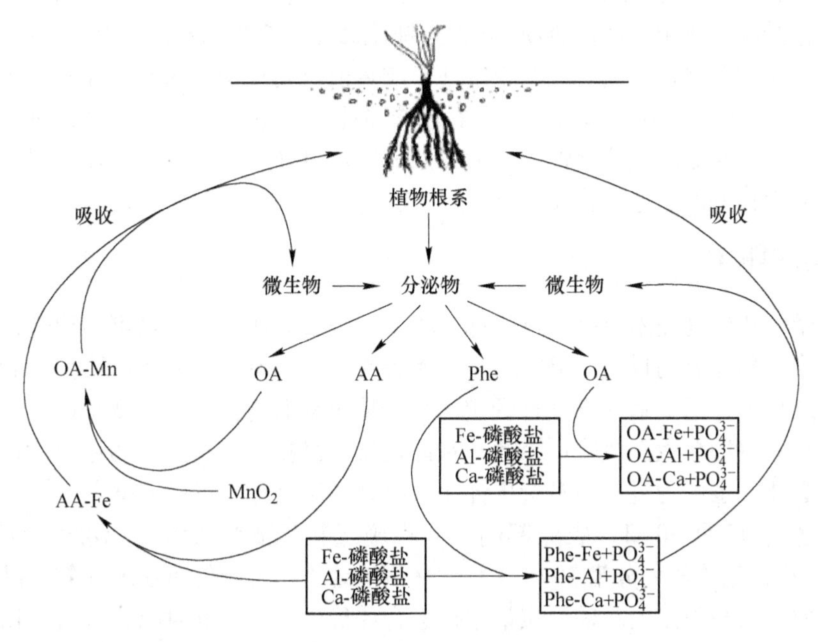

图 6-7　根系分泌物与土壤中金属沉淀物相互作用关系
（OA＝有机酸，AA＝氨基酸包括植物铁载体，Phe＝酚类化合物）

6.3.4　农艺措施对钝化修复效应及稳定性的影响

在农田重金属污染钝化修复中，农艺措施、耕作制度及环境条件的变化等都有可能对土壤重金属钝化修复效应及稳定性产生一定的影响。王永昕等在重金属 Cd 污染土壤黏土矿物材料海泡石钝化修复下，研究施用鸡粪对钝化修复效应的影响，结果表明，与对照组相比，增施鸡粪可以显著降低小白菜地上部和根部 Cd 含量，降低幅度分别达 26. 9%～32. 1%和 7. 7%～24. 8%；在大田试验中，钝化修复下增施鸡粪小白菜地上部和根部 Cd 含量可分别降低 7. 5%和 16. 4%。不同钝化修复下菜地土壤有效态 Cd 含量均较对照呈现不同程度的降低。其中，海泡石钝化修复下，增施鸡粪效果最为明显，盆栽试验和大田试验下，土壤有效态Cd最大降幅分别为17.7%和10.3%。王朋超等通过盆栽试验研究表明，在菜地重金属Cd污染钝化修复中，施加过磷酸钙和钙镁磷肥后，油菜地上部Cd含量与对照相比分别降低54.3%～86.7%和74.4%～79.6%，其中当过磷酸钙和钙镁磷肥施加量为中高剂量时，油菜地上部Cd含量降低至0.18mg/kg和0.10mg/kg。说明施加磷肥有利于菜地Cd污染钝化修复作用。淹水处理可使重金属Cd污染酸性稻田土壤处于还原状态，土壤pH值升高，OH^-含量增加；此外，土壤中SO_4^{2-}被还原成S^{2-}，均对Cd的沉淀有促进作用，有利于Cd污染酸性水稻田钝化修复的稳定性，而干湿灌溉和旱作均对镉钝化稳定性存在一定的不利影响。总体来看，农艺措施对农田土壤重金属Cd污染钝化修复效应与稳定性具有一定的影响，而翻耕、轮作等钝化修复效应及稳定性影响目前研究较少。因此，在农田土壤重金属Cd污染钝化修复中如何发挥好农艺与耕作措施的协同强化作用，避免不利因素对钝化修复效应及稳定性的影响仍然需要通过开展大量研究工作，以便确定钝化修复中良好的农艺与耕作措施。

6.4 效果评价

化学钝化修复技术只是通过降低土壤中重金属的活性和生物可利用性，从而达到污染治理修复的目的。但重金属仍然存在于土壤中，时间和环境（如风化、淋溶和老化等作用）影响会使被固定的重金属重新获得活性，也就是说，钝化后的重金属具有潜在生态风险。因此，对钝化技术修复效果及其长期稳定性进行评价十分必要，也可为进一步筛选出钝化效果好的修复材料提供依据。

2016年12月30日，农业部制定并实施《耕地质量等级》（GB/T 33469—2016），将耕地质量划分为10个等级，从耕地地力、土壤健康状况和农产品持续产出的质量安全等方面对耕地质量进行综合评价，但其评价对象为普通农田，是否适用于重金属污染修复后的土壤值得商榷。一般来讲，评价钝化技术的修复效果包括两个方面：对利用稳定化效率对化学钝化剂的固定效果直接进行评价，和对修复后土壤的环境风险评价。评价方法可以分为化学评价方法、生物评价方法和显微检测评价方法。

6.4.1 评价方法

6.4.1.1 化学评价方法

化学评价方法包括批处理试验和土柱淋溶试验。批处理试验即化学浸提法，包括一步浸提和多步连续浸提。采用一定化学浸提剂提取土壤中的重金属有效态含量，可以快速得知土壤中可溶性重金属浓度，从而得出添加钝化剂的固定效果。通常用稳定化效率、固定剂容量等来评估钝化效果。

$$\eta = (C_0 - C_s) \times 100/C_0$$

$$C_{ap} = (C_0 - C_s) \times V/M$$

式中　η——稳定化效率,%;

C_{ap}——固定剂容量;

C_0——添加钝化剂前土壤中某种重金属的浸出含量，mg/L;

C_s——添加钝化剂后该种重金属的浸出含量，mg/L;

V——浸提剂体积，mL;

M——固定剂质量，g。

稳定效率和固定剂容量值越大，说明钝化效果越好。

常见的多步连续浸提方法有 BCR 连续浸提法和 Tessier 连续浸提法。通过采用不同的浸提剂分步浸提，测定钝化后土壤中的重金属不同形态的分布比例，可用来说明和预测重金属在外界环境发生改变时被溶出的可能性。重金属化学形态是近年来土壤、环境甚至植物营养类学科研究的热点。重金属能否进入食物链对人类造成危害取决于重金属的生物活性，而重金属的形态是决定其活性的基础。土壤中不同形态的重金属能量状态不同，在适当的环境条件下不同形态间可以相互转化。因此，研究重金属的形态分布和含量变化有利于全面了解重金属的危害并治理重金属污染土壤。

土柱淋溶实验是将施加钝化剂后的土壤填充到聚氯乙烯（PVC）管中，不定期或定期添加某种浸提剂，模拟重金属从表层土壤到深层土壤的淋溶过程。通过测定淋溶液中和不同深度土壤中重金属的浓度变化，评价钝化剂的固定效果。

6.4.1.2　生物评价方法

重金属的生物有效性必须通过生物活体来监测，只通过化学方法测定是不完备的。植物毒性评价是最常见的生物评价方法，是通过观测修复后土壤种植的植物生物量、生长情况以及植物体内重金属含量的变化，与未修复土壤种植的植物对比，来评判修复后土壤毒性变化情况。在植物毒性评价中选择对重金属较为敏感的植物或者选种当地品种更能准确反映修复效果。植物评价方法已经在室内盆栽试验和短期大田试验展开，但是缺乏长期监测研究，因此，加快开展长期定位监测试验的研究十分必要。动物监测也是生物评价方法的一种。近几年的研究中，蚯蚓被用于动物监测的研究越来越多。另外，微生物对重金属的胁迫反应更为敏感，通过测定土壤中酶的活性、微生物结构群落等，也可以得知钝化修复后土壤的环境风险。

6.4.1.3　显微检测评价方法

通过检测钝化修复前后土壤中重金属在微观结构上的变化，可以明确钝化剂

材料对重金属离子的钝化机理和反应产物，如扫描电镜（SEM）、X射线衍射（XRD）。对重金属的全量及形态的定量研究可以采用中子活化分析（NAA）、X射线荧光分析（XRF）以及X射线电光子分光光谱（XPS）等手段。二次离子质谱（SIMS）分析可以用来确定晶体形态以及固定物质表面无定型结构物质的形态和丰度。

6.4.2 综合评价体系

土壤质量的好坏，取决于土壤肥力的高低。这是因为土壤肥力是土壤各方面性质的总和，在农业生产和科学研究中占有重要地位。但是对于重金属污染修复后的土壤，土壤肥力指标不能完全评估修复土壤是否满足农业安全持续利用。袁毳等以修复后重金属污染土壤为研究对象，采用德尔菲法（图6-8），构建了包括物理、化学、农作物、重金属等四个方面11个指标的评价体系（表6-3），评估化学钝化修复农田重金属污染土壤的效果。

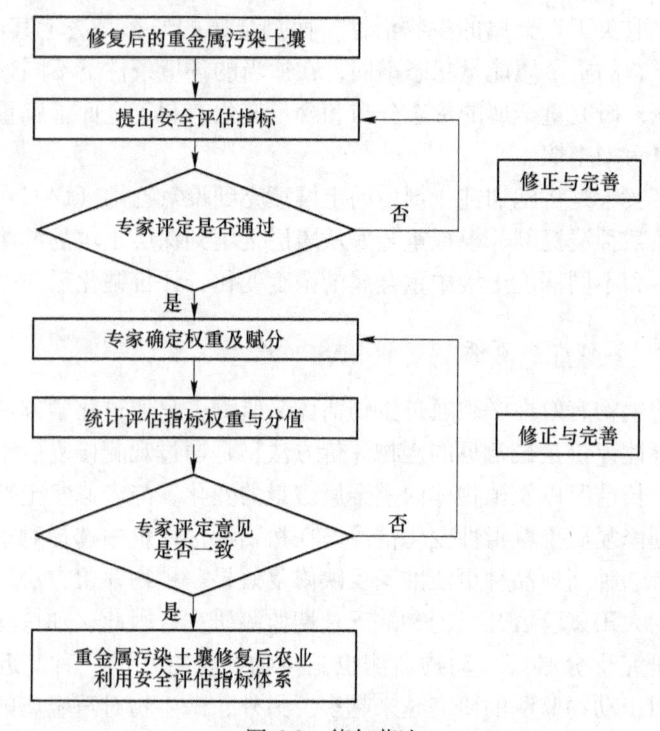

图6-8 德尔菲法

重金属污染土壤修复后农业利用安全评估值P计算见下式：

$$P = A_1 \cdot (P_{w1} + P_{w2}) + A_2 \cdot (P_{h1} + P_{h2} + P_{h3} + P_{h4}) + A_3 \cdot (P_{n1} + P_{n2}) + A_4 \cdot (P_{z1} + P_{z2} + P_{z3})$$

表 6-3 重金属污染土壤修复后农业利用安全评估指标体系

序号	指标类型	权重	指标名称（Pi）	分值	评 分 标 准
1	物理指标（A_1）	0.16	土壤质地（P_{w1}）	3	土壤质地明显降低 0~1 分；土壤质地未发生变化 2 分；土壤质地得到有效改善 3 分
2			土壤孔隙度（P_{w2}）	6	若土壤孔隙度没有明显的变化，则为 3 分；若孔隙度减少，每减少 10%，减少 1 分，直至 0 分；若增加，则每增加 10%，增加 1 分，直至 6 分
3	化学指标（A_2）	0.27	pH 值（P_{h1}）	10	若土壤 pH 严重酸化（$\mathrm{pH}<2.5$）或严重碱性（$\mathrm{pH}>9.0$），则 $P_{h1}=0$；若土壤 pH 每增加 0.5 个单位，则加 1 分
4			CEC（P_{h2}）	6	若 CEC 在 20cmol · kg^{-1} 以上，则为 5~6 分；若 CEC 在 10~20cmol · kg^{-1} 之间，则为 2~4 分；小于 10cmol · kg^{-1}，则 0~1 分
5			有机质（P_{h3}）	12	若土壤养分指标没有明显的变化，则为 6~7 分；若降低，根据每降低一个等级，减少 1 分；若增加，根据每增加一个等级，增加 1 分，直至 12 分
6			土壤养分（P_{h4}）	12	
7	农作物指标（A_3）	0.21	水稻生长指标（P_{n1}）	7	减产 30%以上，为 0 分；减产 10%~30%以下为 1~3 分；产量没有明显变化，则为 4 分；增产 20%以内记 5~6 分，增产 20%以上则为 7 分
8			水稻根际环境指标（P_{n2}）	7	若微生物群落数量减少 50%以上记 0~1 分；减少 50%以下记 2~3 分；没有明显不变，记 4 分；增加 10%~50%以下记 5~6 分；增加 50%以上记 7 分
9	重金属指标（A_5）	0.36	土壤重金属总量（P_{z2}）	12	按照国家标准，0~2 分：降低 20%以下；3~4 分：降低 20%~40%；5~6 分：降低 40%~60%；7~8 分：降低 60%~80%；9~11 分：降低 80%以上；12 分：含量达标准
10			农作物重金属含量（P_{z1}）	12	
11			土壤重金属生物有效性（P_{z3}）	13	0~2 分：降低 20%以下；3~5 分：降低 20%~40%；6~8 分：降低 40%~60%；9~11 分：降低 60%~80%；12~13 分，降低 80%以上
合计		1.0		100	

评估标准：若 P 总分值为 60 分以下，则表示该修复方法对土壤质量影响很大，不能继续作为农业用地；若 P 总分值在 60~80 分之间，则表示该修复方法对土壤质量影响较小，能继续作为农业利用；若 P 总分值在 80 分以上，则表示该修复方法对土壤质量影响很小，能继续作为农业利用。

6.4.2.1 物理性质

一般来说，重金属进入土壤环境后，重金属的化学行为及其毒性受到土壤的理化性质（如土壤质地、土壤结构、土壤孔隙度、土壤密度、土壤水分等）的影响。其中，土壤结构、土壤孔隙度与土壤密度，即使在修复后发生变化也可通过种植前的犁耕达到适宜种植的条件，因此，不将其作为评价指标。研究表明，土壤质地的好坏直接影响土壤气、水分调节的强弱，从而影响重金属的生物有效性。我国主要将土壤质地分为砂土、黏土、壤土三大类。土粒从砂土到壤土呈粗到细的规律，土粒越细阳离子交换量越大，土壤质地越好。土壤质地越好的毛细孔隙越多，通气性越好，水分自我调节能力越好且越适宜农业生产。土壤质地由差至好为砂土、黏土、壤土。赋分方法：土壤修复前后，若土壤质地明显变差，则为0~1分；若土壤质地变化不明显，则为2分；若土壤质地明显得到改善，则为3分。

孔隙度不仅通过空气状况和土壤水分影响作物的发芽率，还可储存土壤有机物。土壤空气含量、土壤吸水程度、有机质含量均与土壤孔隙度的大小成正比。孔隙度低于10%时，将会抑制根系增植，一般作物适宜的土壤孔隙度为50%以上。赋分方法：土壤修复前后，若土壤孔隙度没有明显的变化，则为3分；若孔隙度减少，每减少10%，减少1分，最低分为0分；若增加，则每增加10%，增加1分，最高分为6分。

6.4.2.2 化学指标

土壤化学指标有pH值、有机质、阳离子交换量（CEC）、土壤养分等。土壤pH值对土壤结构、肥力及有机体有直接影响作用，是重金属污染土壤修复前后评价的一项重要的指标。据报道，当前湖南长株潭示范区降镉的VIP技术，其中一项就是通过施加石灰升高土壤pH值，从而达到降镉目的。当pH值低于4.5时土壤溶液中的铝、溶解性铁和锰都大大增加，对植物危害大，最适植物生长的pH值在4.5~8中间，越接近土壤有效养分含量越高，越利于植物生长。大多数植物在pH值小于2.5或大于9.0时难以存活。因此评价土壤pH值范围为2.5~9.0之间，若修复后造成土壤pH值严重酸化（$pH<2.5$）或严重碱性化（$pH>9.0$），则$P_{h1}=0$；若修复后土壤pH值增加了，每增加0.5个单位，则加1分，最高分为10分。

CEC是土壤保肥能力的评价指标，也是土壤缓冲性能的主要来源，更是改良土壤和合理施肥的重要依据。研究表明，土壤养分含量越高，土壤CEC越大，土壤的保肥能力越大。CEC的大小为土壤保肥能力的强弱，一般每千克土在20cmol以上的保肥能力最强，10~20cmol保肥能力为中等，小于10cmol的保肥能力较弱。评价赋分方式为：修复后的土壤CEC在20cmol/kg以上，则为5~6分；若CEC在10~20cmol/kg之间，则为2~4分；小于10cmol/kg，则为0~1分。土壤中有机质和N、P、K的含量是评价土壤肥力的重要强度指标。按照全国第二次土壤普查养分分级标准进行评定，土壤养分和有机质的分级见表6-4。土壤有机质含量的多少一方面体现土壤生产力的好坏，另一方面对土壤重金属的

有效性有直接影响，因此，将其单独评分。研究表明，农业施肥（尤其是化肥）对土壤重金属有累积作用。评价赋分方法：修复前后，若土壤养分指标没有明显的变化，则为6~7分；若降低，根据每降低一个等级，减少1分；若增加，根据每增加一个等级，增加1分，最高分为12分。

表6-4 土壤养分分级标准

分级	有机质	全氮	全磷	全钾
一级	>40	>2	>1	>25
二级	30~40	1.5~2	0.8~1	20~25
三级	20~30	1~1.5	0.6~0.8	15~20
四级	10~20	0.75~1	0.4~0.6	10~15
五级	6~10	0.5~0.75	0.2~0.4	5~10
六级	<6	<0.5	<0.2	<5

6.4.2.3 农作物指标

农作物指标分为农作物生长指标和根际环境指标。农作物种类诸多，本节以南方主要作物水稻为例。农作物生长指标包括农作物生长因子、产量及质量等指标，但是考虑农作物生长指标测定的难度，因此本书中农作物生长指标主要是依据产量来赋分，方法为：若修复后的土壤农作物产量减产30%以上，为0分；减产10%~30%以下，为1~3分；产量没有明显变化，则为4分；增产20%以内，记5~6分，增产20%以上，则为7分。

根据环境是土壤中受植物根系及其生长活动显著影响的微域环境在污染物的自净及其迁移转化方面发挥重要作用研究表明，在一定气候条件与管理措施下，土壤质量通过决定根系生长来影响作物产量。此外，根际微生物通过合成以及分泌植物促生物质来增加植物生物量，同时还可活化土壤重金属。因此，对修复前后的土壤根际环境中微生物群落数量进行分析，若微生物群落数量减少50%以上记0~1分；减少50%以下记2~3分；没有明显不变，记4分；增加10%~50%以下记5~6分；增加50%以上记7分。

6.4.2.4 重金属指标

重金属指标包括土壤重金属总量、农作物重金属含量和土壤重金属生物有效性。重金属污染土壤修复后，一方面土壤中重金属的含量要在土壤环境质量标准（GB 15618—1995）之内，另一方面，种植的作物中重金属含量也要在食品安全国家标准食品中污染物限量（GB 2762—2012）之内。因此，土壤重金属总量和作物重金属含量两项评价指标，分别依据土壤环境质量标准和食品中污染物限量标准进行赋分。若修复后，土壤或农作物中重金属含量在标准之内，则为12分；

若修复后，土壤或农作物中重金属含量仍旧超过标准，但是与标准值相比，仍旧有所降低，则依据降低百分数来赋分，若降低0%~50%之内，则为0~6分；若降低50%~90%，则为7~11分。

此外，土壤中重金属由于溶解、沉淀、氧化还原、拮抗、络合以及吸附等各种反应形成不同的化学形态，不同的化学形态表现出不同的活性，直接影响重金属的生物有效性、毒性、迁移以及在自然界中的循环。研究表明，重金属化学形态变化，尤其是重金属的生物有效性已成为一项重要的土壤重金属污染评价指标。赋分方法：修复后，若土壤重金属生物有效性没有明显变化，则为0分；若降低0%~40%，则为1~6分；若降低50%~90%，记7~12分；若为100%，则为13分。

6.5 展望

随着我国农田土壤重金属污染面积的增加，寻找切实可行的处置方法刻不容缓。从国内外的研究与实践来看，土壤重金属的化学钝化措施可以较好地固定重金属，降低重金属的活性和环境风险，但是该技术在实际应用中尚有一些亟待深入研究的问题。

（1）钝化与其他技术联用。钝化能使重金属的形态暂时改变，但并未从土壤中彻底根除。当外界条件改变时，固定的重金属还可能重新释放，导致二次污染。微生物修复技术利用微生物产生的硫化物等来固定土壤中重金属，具有持久性作用。此外，利用作物轮作-磷修复措施也可以较好地修复农田重金属污染。

（2）方案优选及钝化剂改性。污染土壤常是多种重金属共存的体系，同时地域、气候等环境因素对钝化剂的要求不完全相同。因此，必须结合每种重金属的性质来选择不同的钝化剂和修复措施。钝化剂改性可以根据不同重金属特性增强其钝化功能，形成广谱性多功能钝化材料。

（3）新型高效环保钝化剂研发。钝化剂包括人工合成的材料和天然材料，有些天然材料中含有重金属以及放射性物质，遗留在土壤环境中也会对环境造成一定的副作用，当它们累积到一定量时，这些材料的环境负效应就需要考虑了。因此在选用不同材料修复被重金属污染的土壤时，必须环境友好，同时要提高其修复效率。

（4）钝化机理与产物稳定性。钝化剂的性质是决定钝化重金属机理的主要因素。当前，宜对不同材料钝化重金属机制开展深入研究，为进一步的实践奠定理论基础。在所形成的重金属难溶物中，氢氧化物和碳酸盐的溶解度要大于磷酸盐沉淀物的溶解度，所以，利用重金属的溶解性选用不同的钝化剂和措施可以有效地降低重金属的生物活性，更多地将重金属离子转化为活性更低的难溶矿物，以达到更强的钝化效果。

7 农用地土壤污染修复实践

7.1 日本富山县神通川流域土壤物理修复实例

7.1.1 概况

20世纪三四十年代，三井金属矿业公司在神通川上游发现了一个铅锌矿，于是在那里建了铅锌矿厂。工厂在洗矿石过程中将含有镉的大量废水直接排入神通川，造成捕鱼量减少和水稻生长受阻，农业生产受损害范围和程度不断加大。河两岸的稻田用这种被污染的河水灌溉，镉经过生物的富集作用，使产出的稻米含镉量很高。周边地区土壤中镉含量超正常标准40多倍，导致该地区的水稻中镉含量普遍超标。人们常年吃这种被镉污染的大米，喝这种被镉污染的神通川水，久而久之，就造成了慢性镉中毒，引起肾脏损害，以及与此相伴随的骨软化症，即大名鼎鼎的“痛痛病”。20世纪50年代时，“痛痛病”患者逐渐增多，患者大多为女性，年龄从35岁到更年期不等，特别是有生育经历的人占较大比例。最初是从腰、肩、膝盖开始疼痛；随着症状加重，反复骨折，全身疼痛；接着无法活动，只能卧床。

“痛痛病”经历了发生、发现、研究、治疗等四阶段，目前还没有治愈的病例，其认定从1910~1968年，经历了长达半个多世纪的漫长过程。

7.1.2 政府采取措施

7.1.2.1 被污染农用地的修复

由于“痛痛病”事件主要是由于居民食用镉米导致，因此降低稻米中镉含量成为首要任务，表7-1列出了日本对糙米中镉的相关规定。

表7-1 日本对糙米中镉的相关规定

年份	规　定
1970	在食品卫生法中规定糙米中的镉浓度标准值为低于 1.0×10^{-6}
1971	《农用地土壤污染防治等有关法律》实行，遵照食品卫生法的标准，判定受污染农用地以糙米中的镉浓度超过 1.0×10^{-6} 为准
2010	根据改正后的食品卫生法（2011年2月28日施行），糙米和精米中的镉浓度必须小于 0.4×10^{-6}，标准值更为严格
2010	根据《农用地土壤污染防治等有关法律施行令》中部分改正政令，对农用地土壤污染地域的判定条件进行改正

基于《农用地土壤污染防治法》等有关法律，1971~1976年的6年中，日本国以约3130万平方米农地为对象，对2570万平方米糙米、1667万平方米土壤进行了调查。调查方法如下：每2.5万平方米选定一处农地采样范围；对采样范围中央地点以及范围内其他4点生长的稻子进行采样；去掉粘在稻子上的土壤，将稻子风干后脱粒去壳精选，对所得大米进行测定。

在土壤调查的基础上，对土壤进行污染对策地域的判定（表7-2），进而开展修复工程。从1973年起，6年内设置了10处试验田，尝试了50多种修复施工法。最终确定的施工法是将污染土填埋后，用含小碎石的土壤作为耕盘层，上面再覆盖约15cm厚的客土。

表7-2　农用地土壤污染对策地域的判定

农用地土壤污染地域的判定	糙米中镉浓度1.0×10^{-6}以上的污染米产出地域及其周围污染米产出可能性较高的地域共1500.6公顷，被判定为农用地土壤污染对策地域。（1974~1977年对大米进行了镉浓度调查）
	1991年，185.6hm^2的地域被判定为产出大米流通对策地域，即糙米中镉浓度为0.4×10^{-6}以上、1.0×10^{-6}以下的地域（1987~1988年对大米进行了镉浓度调查）

将被判定为农用地土壤污染对策地域的范围划分成3部分，从上游流域开始逐次进行修复（表7-3）。对于产出大米流通对策地域，自1997年2月制定修复计划，同年4月展开修复工程，至2012年3月完成修复工程。

表7-3　农用地土壤污染对策地域修复工程进展情况

第1次地区	1979年，神通川流域地区被认定为重金属污染防治特别土地改良工程地区，制定了工程计划 1980年起修复工程展开→1984年中修复工程完成
第2次地区	1984年起修复工程展开，1991年9月，因工程作业量以及工程费用减少而相应修订了对策计划。1994年中修复工程完成
第3次地区	1992年，确定工程计划。1992年起修复工程展开

经过修复的农用地，虽然可以栽种大米，但在进入市场前需要经过安全性确认检查（确认镉的浓度）。针对农用地土壤污染对策地域内的土地，按日本政府制定的要领指南，原则上需进行3年调查。安全性得到确认后，方可解除有关判定（即不再为“农用地土壤污染对策地域”）。至2012年，共计9次对部分地区解除了有关判定。当初判定的农用地土壤污染对策地域面积1500亩中，有1469亩解除了判定。安全性确认调查过程如图7-1所示。

7.1.2.2　对健康受损害者的救济补偿

从1967年起，富山县专门对患者进行诊断，实施公费医疗、救济。之后，按照新制定的法律条款，富山县首长听取“富山县健康受污染损害认定审查会”

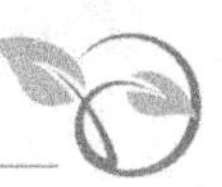

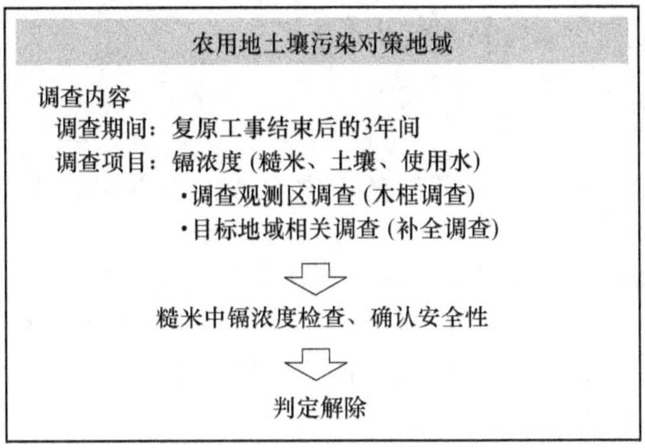

农用地土壤污染对策地域
调查内容
调查期间：复原工事结束后的3年间
调查项目：镉浓度(糙米、土壤、使用水)
·调查观测区调查(木框调查)
·目标地域相关调查(补全调查)
糙米中镉浓度检查、确认安全性
判定解除

图 7-1　为判定解除而进行的安全性确认调查过程

的意见，认定“痛痛病”患者。如果患者被认定患“痛痛病”，则责任企业将基于保证书条款对其进行赔偿。

7.1.3　责任企业采取措施

作为责任企业，根据居民方的要求，采取了各种各样的措施。把恢复神通川镉浓度至自然河流水平，并长期维持作为目标。实施了排水处理对策、排烟处理对策、堆积场的“池中处理”对策、坑内水的处理对策、在矿山周围的荒废地(裸露地)上栽种树木植被等举措。

7.1.4　居民方采取措施

基于“污染防治协定”，居民方自 1972 年起每年进入矿山区实施调查，对废渣、工场排水、排烟、报废矿山流出的水中的镉进行严格的监视。

基于富山县同三井金属矿业有限公司之间的“关于环境保全的基本协定”(1972 年)，富山县每个月在神通川的神一水坝进行水质调查。自从 1972 年调查开始以来，所有测定数据都表明镉的浓度在环境标准值 0.003mg/L 以下（即合乎环境标准)。通过责任企业实施防治污染对策，加之行政、居民的监视，使受污染的神通川的水质得到了恢复，如图 7-2 所示。

对此，日本采用了客土法和灌水技术来治理受污染农田。对于大米镉含量在 0.4～1.0mg/kg 的土壤采用灌水技术修复，对于大米镉含量超过 1.0mg/kg 的土壤采用客土法修复。据统计，富山县政府共更换了 863hm^2 的土地，耗费了 33 年时间，花了整整 407 亿日元。

1968年
0.0015mg/L
2010年
0.00007mg/L
神三水坝处测定的水质(科学技术厅的调查结果)
神三水坝农业用水取水口的水质(居民测定结果)

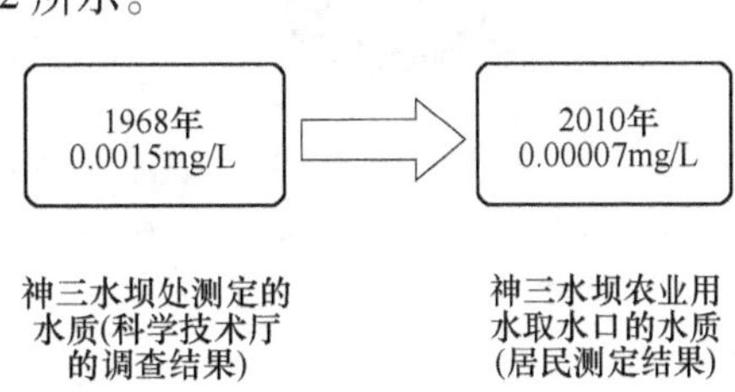

图 7-2　神通川的镉浓度变化

7.2 广西环江重金属污染农田修复工

7.2.1 案例概况

场地概况：2001 年，广西环江县因洪水冲击引发尾矿库垮坝事故，使下游近万亩农田受到严重污染，造成了极大的社会影响。

污染特征：调查结果显示，农田土壤主要是受砷、铅、锌、镉、铜等重金属污染。砷、铅和锌主要集中分布在土壤表层 0~30cm 范围。多金属污染的同时，农田还存在含硫尾矿的酸污染问题，pH 值最低为 2.5。

项目规模：1280 亩。

实施周期：2 年。

选用技术成本低；操作简单；环境友好、无二次污染；能够大面积应用。

7.2.2 修复工艺流程

在污染土壤中种植对砷具有超常富集能力的蜈蚣草，蜈蚣草可在生长过程中快速萃取、浓缩和富集土壤中的砷，通过定期收割蜈蚣草去除土壤中的砷，可实现修复土壤的目的，收割的蜈蚣草按环保要求无害化处置。具体如图 7-3 所示，（1）调查土壤重金属污染程度和污染物的空间分布，分析植物修复技术的可行性；（2）进行蜈蚣草快速繁育；（3）移栽蜈蚣草幼苗；（4）利用植物萃取，采用超富集植物并与经济作物间套作等技术；（5）用田间辅助措施提高蜈蚣草对土壤中重金属的去除能力；（6）评价植物修复效率，并评估污染土壤再利用的安全性；（7）对收获的蜈蚣草进行焚烧处理，焚烧灰渣填埋处置。

图 7-3　修复工艺流程

7.2.3 主要工艺及设备参数

蜈蚣草砷富集系数 10~100，迁移系数 5∶1；种苗参数高 15cm；种植模式单作和间作；种植密度 30cm×30cm；收割次数 2~3 次；留茬高度 5cm。

焚烧炉炉体形式：卧式链条炉排；点火方式：自动点火；辅助燃料：柴油；设备处理量：60kg/h；一燃室温度：750~850℃、二燃室温度 950~1200℃；出口烟气含氧量（干烟气）：6%~10%；停留时间≥3s；焚烧炉体表面温度≤35℃；炉膛负压值：-3~-10Pa；焚烧残渣的热灼率≤5%；年运转时间>2800h；使用寿命 10 年。

7.2.4 应用效果

经过两年修复，土壤 pH 值由修复前的 2~3 升高至 5~6，有效抑制了硫铁矿返酸状况；利用植物萃取技术每年从土壤中去除的镉、砷分别达到 10.5% 和 28.6%；玉米、水稻、甘蔗平均亩产量分别增加 154%、29.6%、105%；玉米籽粒中砷、铅、镉和锌的含量分别下降 39%、4.9%、4.1% 和 0.5%，农产品重金属含量的合格率大于 95%；同时，实现了重金属超富集植物收获物的焚烧和蚕粪的安全利用。项目的实施，仅种桑养蚕一项，农民增收 627 万元，受益人口超过 5600 人。

7.2.5 二次污染防治情况

蜈蚣草焚烧处理产生的烟气和灰渣中含有砷；烟气中砷的含量是 0.17mg/m^3，灰渣中砷及其化合物占灰渣总质量的 0.15%~0.76%。烟气采用“急冷+湿法除尘+布袋除尘”装置处理，烟气中砷的浓度 0.027mg/m^3，达到国家排放标准；灰渣中含有高浓度的砷，按照危险废物进行填埋处置。

7.2.6 投资运行费用

投资费：一般为 3 万~5 万元/亩。

运行费用：

除草：480 元/(亩·次)；移栽：800 元/亩（包括平整土地、打梗、划线等）；收割：600 元/亩（收割+搬运），北方地区冬季需要保温，另有根部培土、覆膜人工费用 300 元/亩；浇地：人工费 80 元/(亩·次)，电费 37 元/亩；焚烧设备：处理量为 100kg/h，一套设备约 100 万元，运行费用（电费+人工费）60~70 元/h，维护费约 1.5 万元/年。

7.3 甘肃白银重金属污染农田土壤化学修复工程

7.3.1 概况

从民勤村横贯而过的东大沟原是白银当地黄河上游的一条排洪沟，随着20世纪七八十年代沿岸的22家冶炼、化工企业陆续建成投产，东大沟受到污染变成了一条名副其实的污染沟。当地农民利用东大沟里重金属严重超标的工业废水进行农田灌溉，导致东大沟流域农田重金属污染面积高达7870亩，污染深度是0~60cm，镉、铅、砷、锌含量均超过国家二级标准值。

2011年5月，作为环保部示范工程的农田重金属污染土壤修复示范工程在白银市开工实施，投资1100万元。民勤村65亩受重金属严重污染的试点农田采用化学淋洗、化学固定、土壤改良等方式进行治理修复。2012年10月示范工程建设完成。监测结果显示，修复后的农田土壤中的重金属含量去除率达到了国家质量标准。

7.3.2 场地特征

对白银市土壤的重金属污染问题，近几十年不少学者做了大量的研究探索。李小虎等的研究表明，冶炼厂周围土壤存在不同程度的重金属污染，其中以东侧污染最为严重，其次为东南侧，西南侧土壤污染相对较轻，整个区域土壤存在严重的Cd污染；并发现距离冶炼厂越远，重金属含量越低。他们认为冶炼烟尘沉降是引起土壤重金属污染的重要原因。黄天龙等对沙坡岗、梁家窑、红星村、东台子、尾矿库渗坑等5个有代表性的地点进行土壤监测，6种重金属元素Cu、Pb、Zn、Cd、As、Hg在监测点处出现不同程度的超标，其中以沙坡岗、尾矿渗坑2处监测点超标最为严重。李春亮等的研究表明，白银市土壤中Cd均未达到国家土壤环境质量Ⅰ级标准，Ⅲ级、Ⅳ级污染面积占研究区面积的82.39%；Hg、Pb、Zn、Cu的Ⅲ级及其以上污染区面积分别占研究区的7.35%、5.59%、14.67%、5.71%。南忠仁等研究表明，东大沟污灌区作物籽粒重金属含量相对其他类型区明显为高，但只有Cd、Pb含量超标明显，虽然东大沟污灌区内作物籽粒Cu、Zn含量仍在食品卫生标准以内，但按照污染预报原则，东大沟污灌区生产的农作物产品不能用作食品加工的原料。可见，白银市土壤在一定范围一定程度上已经受到重金属的污染，而且有些地区污染表现十分严重。

7.3.3 修复工艺

甘肃白银市主要为砂质土，从介质与污染物（重金属）两个角度考虑，理论上适合采用土壤化学淋洗法与固化法。初步推断其工艺为：对于浓度较高的污染土采用化学淋洗法，对于浓度中、低的污染土采用化学固定法，结合土壤改良法恢复耕地的功能。

7.3.4 修复成本

根据甘肃新闻网2011年10月18日的报道，“甘肃白银市投资650万元对白银市四龙镇民勤村东大沟的65亩土地进行重金属污染土壤改良”。推定该1100万投资应为此一处试点（65亩），综合两次报道，则平均成本介于10万～16.9万元/亩之间。

7.4 江西贵溪冶炼厂周边土壤联合修复技术实例

7.4.1 概况

江西贵溪冶炼厂建于20世纪80年代初期，目前已发展为国内规模最大、技术最先进的闪速炼铜厂。早期由于没有有效地控制冶炼过程产生的废渣、废水和废气排放，经30多年的累积，给周边环境造成了不同程度的污染。污染物主要是重金属铜（Cu）和镉（Cd），污染浓度高、面积大。根据2008年环保部南京环境科学研究所对冶炼厂周边区域部分农地的地表水、土壤、水稻等的采样分析结果，对照《食用农产品地环境质量评价标准》（HJ 332—2006），调查区域内农田土壤的Cu超标率为100%，Cd超标率为87%～100%。

2010年，贵溪冶炼厂周边区域九牛岗土壤修复示范项目纳入国家《重金属污染综合防治“十二五”规划》和《江西省重金属污染综合防治“十二五”规划》的历史遗留试点项目。2012年初开始对冶炼厂周边区域重金属污染土地实施规模化修复治理工程，2014年底项目通过验收（图7-5）。

项目规模：2000亩。

实施周期：3年。

7.4.2 修复思路

修复方案的选择，不仅要考虑修复技术本身的特点，还要考虑污染物种类、污染程度、修复成本、土地的未来利用方式、修复目标和修复周期等因素。结合修复区当地的经济发展水平和大面积治理的现实，客土、土壤淋洗、电动修复、固定化和热脱附等技术对于大面积的污染农田不具有经济性和可行性，主要原因是工程量大、成本高、土壤理化性质恶化，修复后不利于农田的利用和作物的生长。鉴于此，该工程提出的修复技术总体思路为“调理—消减—恢复—增效”，具体如下：

（1）调理。用物理调节+化学改良，调理被污染土壤中重金属的介质环境。

（2）消减。用物理化学-植物/生物联合的方法，降低污染土壤重金属总量或有效态含量。

（3）恢复。在调理污染土壤介质环境、降低土壤重金属毒性基础上，联合植物及农艺管理技术，建立植被，逐次恢复污染土壤生态功能。

（4）增效。增加污染修复区土地的生态效益、经济效益和社会效益。

7.4.3 修复工艺

集成轻度、中度、重度重金属（Cu 和 Cd）污染土壤钝化/稳定化-植物联合修复技术，建立具有针对性的土壤调理—植物—农艺管理的综合修复技术体系。对重度污染区，采用土壤重金属钝化调理材料+镉铜超积累/耐性能源植物+优化农艺生态技术；对中度污染区，采用土壤重金属钝化调理材料+耐性植物/其他经济类植物+灌溉施肥等农艺技术；对轻度污染区，采用土壤重金属钝化调理材料+水稻/其他经济作物+生态农艺技术。

主要工艺流程：施撒土壤重金属钝化调理材料—翻耕—清水平衡—整地—植物/作物种植—农艺管理。

修复材料：采用生物质灰改性，配伍碱性材料、含磷矿物、有机肥等，合成后经过造粒等工艺，制造出便于施撒的 1~3mm 颗粒状产品。

施用工艺：（1）土壤检测。分析确定土壤重金属污染程度。（2）确定用量。依据土壤污染程度和修复治理目标确定施用量。（3）施用方法。作物播种或移栽前基施，将产品人工或机械均匀撒施于土壤表层后翻耕。（4）清水平衡。产品施后用清洁灌溉水平衡熟化 4~7 天后即可正常农事操作。（5）每 2~3 年施用 1 次。

工艺参数：重度污染区亩施用量 500kg；中度污染区亩施用量 300~500kg；轻度污染区亩施用量 100~300kg。修复材料不能与化学氮肥同时混合使用；存放时防水防潮。

7.4.4 修复目标

修复目标为在连片集中、面积大（2000 多亩）且污染程度不同、资金有限的条件下，使治理后的土壤特别是重度污染土壤既能达到国家《土地环境质量标准》（GB 15618—1995）三级标准，又不影响土壤的农业可利用性。综合比较各种工艺后认为依据不同地块污染程度，分类选择技术，或降低土壤重金属活性（主要是有效态含量），或降低其向其他介质迁移的环境风险，使污染土壤改良后能够安全利用，更具可行性和实际意义。鉴于此，最终确定的修复目标为：

（1）重度污染土壤修复后，重金属铜/镉的有效态降低 50%；植被逐步恢复，覆盖率不低于 85%；区域景观得到显著改善，生态效益显著；

（2）中度污染土壤修复后，能够生长纤维、能源、观赏或经济林木等植物，具有一定的经济效益（500 元/(亩·年)）；

（3）轻度污染土壤修复后能够选种水稻等粮食作物或纤维、能源等经济作物，且粮食作物可食用部分达到食用标准，经济效益显著（400kg 稻谷/(亩·季)）。

7.4.5 修复效果

7.4.5.1 环境效益

经过修复有效降低了污染土壤中重金属的活性。试验结果表明，所有修复后的土壤样点经 0.1mol/L $CaCl_2$浸提，有效态 Cu 和 Cd 的下降幅度均在 50%以上，实现了修复目标。修复材料可将重金属有效固定在土壤本体中，降低重金属污染物向污染主体外的迁移能力，进而减弱重金属通过地表径流和淋溶作用对地表水体和地下水的污染，达到了降低重金属污染物向其他介质迁移的环境风险的目的。污染土壤中重金属有效态的降低，为植物生长创造了条件。植物的生长为裸露的地表提供了植被覆盖，这样可以固持水土、减少重金属径流和地下水入渗，同时改善和美化景观。大面积污染农田在施用改良材料后，种植的巨菌草等植物能够生长，农田植被恢复，有利于昆虫和鸟类的栖息和繁殖以及污染土壤生态系统的恢复，治理区生态效益显著提升。种植巨菌草的土壤每亩每年可以吸收转移 Cu 454.3g、Cd9.5g。通过连续多年的吸收转移，最终实现减少土壤中重金属总量的目的。同时，为考察巨菌草作为生物质材料在焚烧过程中可能产生的环境问题，项目对燃烧后巨菌草的灰烬进行重金属总量测定和毒性浸出实验。燃烧后巨菌草灰烬重金属 Cu 含量为 1822.3mg/kg，Cd 含量为 10.2mg/kg。采用中华人民共和国环境保护行业标准（HJ—T 299）对燃烧后的巨菌草灰烬进行毒性浸出实验，浸出液中 Cu 和 Cd 含量均低于中华人民共和国《危险废物鉴别标准浸出毒性鉴别》（GB 5085.3—2007）规定的标准。另外，有研究表明，高 Cu 含量植物燃烧后，底灰中重金属含量占总体的 98%，空气挥发和飞灰中仅有 2%。可见，巨菌草在生物焚烧中环境风险较低。耐性植物如图 7-4 所示。修复前后潜在生态风险等级如图 7-5 所示。

图 7-4 耐性植物

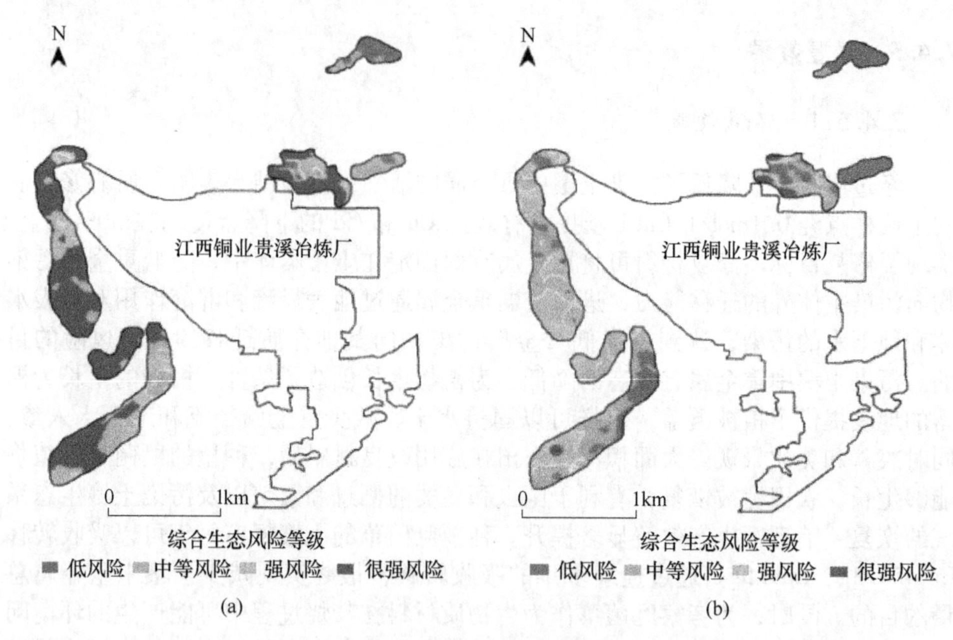

图 7-5 修复前后潜在生态风险等级

（a）修复前；（b）修复后

7.4.5.2 经济效益

该项目采用的物理/化学—植物—农艺联合技术修复重度污染的土壤，与其他修复技术相比成本较低。如固定化方法治理重金属污染土壤，每吨土壤需要90~200美元，土壤淋洗法需要250~500美元，土壤填埋需要100~400美元，本案例中治理每吨土壤（按土壤表层计算）费用为10~20美元。案例中，用改良材料与巨菌草联合治理，巨菌草具有较高的热值和其他多种用途，每亩每年鲜草产量在10~30t之间，见表。由于生物量大、碳含量高，作为生物质电厂发电的原料，每亩巨菌草生物量相当于2~3t标煤的发电量。对于轻度污染的农田区采用单一和复合改良材料钝化土壤重金属活性。见表7-5，修复后水稻每亩产量比对照组分别提高了32.8%和49.4%，且稻米中的Cu和Cd含量均低于食品中铜、镉国家限量标准（Cu：10mg/kg，Cd：0.2mg/kg）。项目区内不同修复区植物对土壤铜、镉的萃取情况见表7-4。

表 7-4 项目区内不同修复区植物对土壤铜、镉的萃取情况

修复区	植物	鲜重 /t·亩$^{-1}$	干重 /t·亩$^{-1}$	Cu 含量 /mg·kg^{-1}	Cd 含量 /mg·kg^{-1}	Cu 总量 /g·亩$^{-1}$	Cd 总量 /g·亩$^{-1}$
苏门	巨菌草	35.4	11.9	33.3	0.56	398	6.69
水泉	巨菌草	16.0	2.75	77.3	2.65	213	7.30
九牛岗	巨菌草	11.5	3.48	130	2.74	454	9.54

表 7-5　轻度污染区农田修复前后水稻产量和重金属铜、镉含量

处理	有效穗数/万·亩$^{-1}$	结实率/%	千粒重/g	产量/kg	Cu/mg·kg^{-1}	Cd/mg·kg^{-1}
对照	10.8	92	32.5	337	10.2	0.31
单一改良	16.3	89.5	29.5	448	6.37	0.18
复合改良	19.7	90.56	31	504	8.67	0.16

7.4.5.3　社会效益

该项目通过了大型重金属相关冶炼企业周边土壤污染治理示范工程及取得了较好的修复效果，受到国家领导，省、市和县政府的重视和推介，尤其得到当地群众的高度认可。他们认为重度污染的不毛之地在治理过程中能生长有经济价值的植物，在改善环境的同时还给他们带来了收益。另外，在工程实施中，引导和培训了农民运用重金属防治污染技术和技能，培养了项目区当地的环保技术与管理队伍，培育了污染治理的企业和产业。

7.4.6　工程实施中的难点

我国土壤重金属污染修复治理仍以理论探索为主，规模化治理重金属污染土壤技术与工程尚处于起步阶段，成熟的技术工程规模示范很少；修复目标、修复标准、技术路线、成本效益等难以确定和估算，工程实施和管理中存在一些重点和难点需要解决。

A　规模化治理技术思路与修复目标选择

与场地污染土壤治理不同，规模化治理重金属污染土壤目标的选择首先要注重土地的利用。修复治理是手段，安全利用才是最终目标，这是由我国国情决定的。尽管当前我们已经具有应用土壤淋洗和客土等技术来降低土壤中重金属总量，使之达到《土壤环境质量标准》（GB 15618—1995），但要修复成千上万亩的土壤，使得某种重金属总量降低到一定量值，通过类似淋洗的技术需要巨大资金的支持，而且此类技术处理后的土壤已无土壤的生态与耕种功能（土壤无生物活性、无可耕性）。针对大面积的污染土地，只有治理后能被安全利用，治理技术才有活力，才会为农户所接受和认可。本案例在技术研发和社会调研基础上，选择了低成本的农田原位钝化联合植物修复治理技术，将“消减存量”以减存土壤中重金属总量为唯一目标的思路，转变为“降活减存”以降低土壤重金属活性，植物能够生长，恢复土壤生态功能，再通过植物吸收消减总量，以时间换成本，达到利用大面积修复后的耕地，产生效益为主的治理目标。工程案例证明，这一目标现实可行，有技术依据。

B　技术路线和工程实施方案的确定

本案例中，由于污染区域面积大、污染程度差异大、土地利用方式不同，因

此单一的修复模式和路线并不可行。结合当地的实际情况和前期技术孵化过程，本案例工程的技术路线可以概括为以下四步。（1）分区。根据地理位置和空间单元将要治理的2000多亩污染区按地理、地形和耕地利用方式分为若干片区，采用“一区一策”，将治理技术个性化，使治理效果与治理成本理性平衡。（2）分类。对土壤中主要重金属污染物按照类型进行划分，进而采取不同的治理技术措施。（3）分级。对土壤中主要重金属按照污染的程度（轻度、中度和重度）进行划分，采用不同的治理目标和技术方案。（4）分段。工程实施中，按照先易后难，先选用改良材料配方等关键技术，后采用农艺措施等一般性技术，形成土壤污染治理的“物理+化学-生物/农艺一体化集合技术”。最后将土壤污染修复和耕地综合利用有效结合起来，治理产生效果，耕地产生效益，并将主要技术形成规范，转化为可落地、可复制、可借鉴的治理工程经验。

C　污染土壤改良材料与植物的筛选

规模化治理土壤重金属污染工程实施中首先应确定改良材料的种类、配方和用量，即工程化相关参数，其直接关系到工程的主要费用和治理目标的实现效果。该工程实施前，室内培养和温室盆栽实验已发现蒙脱石、凹凸棒石、微纳米羟基磷灰石、磷灰石、木炭和生物质灰等10多种材料，按照土壤质量的一定比例添加，对土壤中重金属钝化具有一定的效果；按正交实验设计经过田间试验验证，淘汰了蒙脱石、凹凸棒石、铁粉等材料；在考虑了材料成本、来源和施用后的二次污染风险后，最终将微纳米羟基磷灰石、磷灰石和生物质灰等按照最佳优化配比，制成一系列配方产品，在田间治理工程施工中直接施用。重金属污染土壤修复植物种类多样，理想的植物应具有大生物量、可富集重金属、安全利用等特点。综合污染区重金属污染的类型、程度和气候特点，经多次对比试验，最终筛选确定以巨菌草、海州香薷、伴矿景天、香根草、香樟、冬青和红叶石楠等为主体的修复植物。

D　治理工程施工、推广和管理难题

与普通建筑工程施工不同，规模化治理土壤重金属污染工程涉及面积千亩或万亩甚至更大范围，最重要的是涉及广大农民的切身利益。引导农民将自家污染的耕地进行治理，需要满足农户利益诉求，合理合情合法确定污染耕地治理过程及治理后权属利益，征求村干部同意，做到技术监管与培训到位，以及落地的技术、细化的施工方案和正确的工序，同时需要考虑材料和机械进场的天气许可，工程劳务组织以优先使用当地群众劳力，增加污染区群众治污增收能力等，还要控制工程施工和管理成本。本案例中遇到的这些施工和管理类的困难带有普遍性。案例中采取政府推动、村组动员、技术引导、示范引领、成效教育、利益保障等多种带有政策性、情感性、利益保障性的工作办法，解决了治理工程施工、推广和管理中的难题。

7.5 思考与展望

7.5.1 思考

7.5.1.1 规模化重金属污染土壤修复现状

目前，我国大规模治理土壤重金属污染总体形势处于守势，对局部典型地区发生的污染事件被动应对或者应急多，相对缺乏大规模大区域性的“攻坚”和打“歼灭战”治理的准备；虽然工程治理与修复市场逐步兴起，但缺少技术和行业规范；技术治理或修复公司不少，但真正有技术有责任有能力的不多；治理工程项目设置前期调研不足，影响项目质量；治理目标不明确，实施内容与治理目标关联性差；项目实施周期普遍过短；技术路线模糊，示范或推广性、可复制性差；治理工程的实效与时效关注度不够，后评估少。

7.5.1.2 技术力量组织

规模化治理土壤重金属污染技术力量组织应考虑3个方面：(1) 进行多学科的综合。包括技术方向，如物理/化学-生物农艺生态综合性系统技术，学科如材料学、化学、物理学、土壤学、环境工程、生态学、农学、生物学、植物营养学、农田水利等。(2) 多维度组合。不同重金属污染（类型、程度）影响不平衡，同一类型重金属污染土壤治理的修复材料、施用时间、田间工程等需要多维度的应用技术验证；技术工程化、规模推进的技术模式等需要多维度组合。(3) 多系统集合。包括土壤重金属污染修复材料系统技术、农田生态系统技术、风险评价系统技术、效益评估系统技术等。

7.5.1.3 治理利益博弈

尽管在项目工程启动前已经通过张贴宣传公告、乡镇干部和群众参与式培训和动员会议，并由乡镇干部做好村民工作，然而在项目实施初期大部分群众不愿意配合，出现阻工和怠工的事件。由于遭受污染长达30余年，当地群众已具有一定的环保意识，并能通过以往和专家学者的交流辨别主要污染物的毒性特征。然而，部分群众担心一旦修复好污染的土地，企业不再对被污染的土地进行赔偿，个人眼前利益受到影响；另有一些群众虽同意修复，但还要求加上土地修复补偿费用。在得到政府和企业承诺将继续赔偿并增加修复工程土地补偿费用以及优先使用当地群众劳动力后，修复工程得以开展。可见，利益是调节污染土壤修复工程的重要环节，这也是目前我国土壤污染修复事业发展的障碍之一。因此，须加强土壤环境保护宣教工作，如将《土壤污染防治行动计划》（“土十条”）内容做成展板，向周边居民讲解和展示，提高群众环保意识，强化污染土壤生态修复的舆论引导和环保科普知识宣传及公众参与的方式方法，鼓励群众参与土壤环境保护和污染防治工作。

7.5.1.4 修复技术和装备不足

土壤修复技术涉及土壤学、环境科学、环境工程、生态学等十几个学科领域，主要分为原位和异位修复两大类，是环境技术研究的最前沿。当前，我国现有的土壤修复技术大都存在工程技术单一、处理能力有限、成本高等不足，难以满足规模化污染土壤修复需求的不足。同时，尽管我们掌握了一些修复技术，但与之相配套的装备（多为进口）缺失阻碍了我国修复技术应用的步伐。因此，我国需要提高修复技术自主研发能力，加大投入研发安全、实用、高效、低廉的修复新技术、新产品和新装备。

7.5.1.5 资金来源单一

污染土壤修复和管理费用高，只有在充足资金的保证下才能使修复得以实施并达到预期目标。然而，与一些发达国家不同，目前我国污染土壤修复资金的投资机制比较单一，往往由政府主导，企业和开发商承担少部分资金，缺乏长久的修复资金或基金保障和分担机制。《全国土壤环境保护“十二五”规划》中指出，“十二五”期间，用于全国污染土壤修复的中央财政资金将达300亿元，然而对于大面积的农田土壤修复来说，这些资金显然难以满足需求。因此，应在污染土壤修复的投融资机制上进行积极探索，可大力借鉴其他行业资本进入经验以及发达国家的融资机制，如“土十条”强调的“通过政府和社会资本合作（PPP）模式，发挥财政资金撬动功能，带动更多社会资本参与土壤污染防治。加大政府购买服务力度，推动受污染耕地和以政府为责任主体的污染地块治理与修复。积极发展绿色金融，发挥政策性和开发性金融机构引导作用，为重大土壤污染防治项目提供支持。鼓励符合条件的土壤污染治理与修复企业发行股票。探索通过发行债券推进土壤污染治理与修复，在土壤污染综合防治先行区开展试点。有序开展重点行业企业环境污染强制责任保险试点”。最终把市场、技术和资本有机融合，让民间资本可以融入这个领域，变成现实的市场，促进环保产业的快速和健康发展，最终建立一种合理的体制机制，形成以“谁污染、谁治理；谁投资、谁受益”为前提，以灵活运用“污染者付费，受益者分担，所有者补偿”为原则，以“政府主导，市场主体，利益均衡”为投资模式的多渠道的融资平台和多元化的融资机制。

7.5.2 展望

从我国当前经济和技术发展的水平来看，我国还不具备对规模化重金属污染

土壤进行彻底清洁治理的修复技术和经济实力，但是已经具有降低一些严重污染土壤的环境风险的能力。今后一段时期内，我国污染土壤的修复治理工作的重点应是实施一批示范工程项目，尤其是对于一些亟待开发并成为城市土地开发利用中有环境隐患的污染土壤，根据轻重缓急采取不同的管理对策，尽可能地降低污染土壤的环境风险。在污染土壤修复示范工程中，我国应该做到以下几点：(1) 积极开展污染土壤修复技术适应性评价，从政府到市场分类建立土壤重金属污染治理资金投融资机制，探索“谁投资、谁受益”的土壤治理资金投入市场机制。(2) 分区、分类（土壤污染物类型）、分级（污染程度）制订土壤重金属污染治理战略思路、技术路线，建立土壤污染管理和防治技术支撑体系，编制修复技术指南，制订污染土壤的修复技术、治理目标并开展环境风险与治理效益后评估等。(3) 增强土壤污染治理工程的项目设置科学合理性，工程项目实施“官-学-研-产”结合，实现以污染土壤安全利用和“边修复、边利用”、“边治理、边受益”等符合我国现阶段国情的修复治理模式。(4) 在治理模式上积极推进环境污染第三方治理，将污染修复通过公开竞争机制委托给专业化环保企业按照相关标准进行治理，业主与环保监管部门共同监督治理成效。(5) 全国分区域、分类型建立规模化治理重金属污染示范区。在示范区内优化区域性应用技术，集成低成本高效技术体系，创新系统化修复工程；集中展示可组装、可移动技术模式。通过示范区平台，集中攻克形成一批需求迫切的关键成熟技术，研发安全、实用、高效、低廉的修复新技术、新产品和新装备等实用化修复技术体系，形成多样化的修复技术模式；通过示范工程积累经验，发现不足，有针对性地进行相关修复技术和装备的研发以及人才队伍的培养，构建我国主要土壤类型区、重金属污染类型及重点区域土壤环境管理技术体系。总之，在环保产业的发展中，要积极运用新思维、新观念、新方法，最大化地释放环保市场活力，建立多元化的投融资渠道，发挥市场和政策的作用，实现环保产业的社会化、市场化、专业化发展。

参考文献

[1] 环境保护部自然生态保护司. 土壤污染与人体健康 [M]. 北京: 中国环境科学出版社, 2013.

[2] 罗小玲, 郭庆荣, 等. 珠江三角洲地区典型农村土壤重金属污染现状分析 [J]. 生态环境学报, 2014, 23 (3): 485-489.

[3] 环境保护部, 国土资源部. 全国土壤污染状况调查公报, 2014.

[4] 任凌伟. 典型矿物材料钝化修复重金属污染农田土壤的作用及机理研究 [D]. 杭州: 浙江大学硕士学位论文, 2017.

[5] 孙垦. 天然粘土矿物的有机改性及其对阴离子型 PPCPs 的吸附研究 [D]. 北京: 中国地质大学博士学位论文, 2016.

[6] 赵其国, 沈仁芳, 滕应, 等. 中国重金属污染区耕地轮作休耕制度试点进展、问题及对策建议 [J]. 生态环境学报, 2017, 26 (12): 2003-2007.

[7] 赵玲, 滕应, 骆永明. 中国农田土壤农药污染现状和防控对策 [J]. 土壤 (Soils), 2017, 49(3): 417-427.

[8] 刘长江, 门万杰, 刘彦军, 等. 农药对土壤的污染及污染土壤的生物修复 [J]. 农业系统科学与综合研究, 2002, 18 (4): 295-297.

[9] 全国农业技术推广服务中心. 土壤分析技术规范 [M]. 2 版. 北京: 中国农业出版社, 2006.

[10] 仲维科. 我国药品的农药污染问题 [J]. 农药, 2000, 39 (7): 1-4.

[11] 何丽莲, 李元. 农田土壤农药污染的综合治理 [J]. 云南农业大学学报, 2003, 18 (4): 430-434.

[12] 赵为武. 农产品农药残留问题及治理对策 [J]. 植物医生, 2001, 14 (3): 10-13.

[13] 肖军, 赵景波. 农药污染对生态环境的影响及防治对策 [J]. 安徽农业科学, 2005, 33 (12): 2376-2377.

[14] 苏少泉. 加入 WTO 后我国农业与除草剂发展 [J]. 现代化农业, 2003, 291 (10): 4-6.

[15] 梁丽娜, 郭平毅, 李奇峰. 中国除草剂产业现状、面临的问题及发展趋势 [J]. 中国农学通报, 2005, 21 (10): 321-323.

[16] 魏福香. 除草剂的现状及发展趋势 [J]. 安徽农业, 1999 (3): 8-9.

[17] 王宏伟, 梁业红, 史振声, 等. 作物抗草甘膦转基因研究概况 [J]. 作物杂志, 2007 (4): 9-12.

[18] 苏少泉. 除草剂作用靶标与新品种创制 [M]. 北京: 化学工业出版社, 2001: 268.

[19] Kolpin D W, Sneck-Fahrer D A, Hallberg G R, et al. Temporal trends of selected agricultural chemicals in Iowa's groundwater, 1982-95: Are things getting better? [J]. Journal of Environmental Quality, 1996, 26 (4): 1007-1017.

[20] Oldal B, Maloschik E, Uzinger N, et al. Pesticide residues in Hungarian soils [J]. Geoderma, 2006, 135: 163-178.

[21] Tappe W, Groeneweg J, Jantsch B. Diffuse atrazine pollution in German aquifers [J]. Biodegradation, 2002, 13 (1): 3-10.

[22] 叶常明，雷志芳，弓爱君，等．阿特拉津生产废水排放对水稻危害的风险分析 [J]．环境科学，1999，20（3）：82-84.
[23] 王子健，吕怡兵，王毅，等．淮河水体取代苯类污染及其生态污染 [J]．环境科学学报，2002，22（3）：300-303.
[24] 严登华，何岩，王浩．东辽河流域地表水体中 Atrazine 的环境特征 [J]．环境科学，2005，26（3）：203-208.
[25] 王万红，王颜红，王世成，等．辽北农田土壤除草剂和有机氯农药残留特征 [J]．土壤通报，2010，41（3）：716-721.
[26] 苏少泉．草甘膦与抗草甘膦作物 [J]．农药，2008（9）：631-636.
[27] 陈燕玲．2014 年世界杀虫剂市场概况 [J]．现代农药，2016，15（2）：1-7.
[28] 刁春友．江苏省农用杀虫剂使用现状与前景分析 [J]．世界农药，2010，32（增刊）：1-3.
[29] 化学工业部农药情报中心站．国外农药品种手册 [M]．北京：科学出版社，1980.
[30] 徐鹏，封跃鹏，范吉，等．有机氯农药在我国典型地区土壤中的污染现状及其研究进展 [J]．农药，2014，53（3）：164-166.
[31] 安琼，董元华，王辉，等．南京地区土壤中有机氯农药残留及其分布特征 [J]．环境科学学报，2005，25（4）：470-474.
[32] 耿存珍，李明伦，杨永亮，等．青岛地区土壤中 OCPs 和 PCBs 污染现状研究 [J]．青岛大学学报，2006，21（2）：42-48.
[33] 武焕阳，丁诗华．硫丹的环境行为及水生态毒理效应研究进展 [J]．生态毒理学报，2015，10（2）：113-122.
[34] 杨德宝．浅析蔬菜农药污染及解决途径 [J]．湖北植保，2003（1）：35-36.
[35] 杀菌剂占比增加，新品难觅 [J]．行业观察，2013（8）：94-100.
[36] 宋卫国，李宝聚，赵志辉．杀菌剂安全风险及解决途径 [J]．中国蔬菜，2008（9）：1-4.
[37] 杨彩宏，田兴山，岳茂峰，等．农田杂草抗药性概述 [J]．中国农学通报，2009，25（22）：236-240.
[38] 唐振华．我国昆虫抗药性研究的现状及展望 [J]．昆虫知识，2000，37（2）：97-103.
[39] 黄顶成，尤民生，侯有明，等．化学除草剂对农田生物群落的影响 [J]．生态学报，2005，25（6）：1451-1458.
[40] Yuan S Z, Wu J C, Xu J X, et al. Influences of herbicides on physiology and biochemistry of rice [J]. Acta Phytophylacica Sinica, 2001, 28 (3): 274-278.
[41] Grinstein A, Lisker N, Katan J, et al. Herbicide-induced resistance to plant wilt diseases [J]. Physiological Plant Pathology, 1984, 24 (3): 347-356.
[42] 杨敏，李岩，王红斌，等．除草剂草甘膦对土壤过氧化氢酶活性的影响 [J]．土壤通报，2008，39（6）：1380-1383.
[43] 闫颖，袁星，樊宏娜．五种农药对土壤转化酶活性的影响 [J]．中国环境科学，2004，24（5）：588-591.
[44] 葛芳芳，等．我国农耕土壤 Cd 污染与植物修复现状 [J]．环境保护科学，2017，43（5）：105-110.

[45] 任光前，曹凡，黄琳琳，等. 中国“三废”产生排放量的年际变化研究［J］. 安徽农学通报，2015（17）：78-79.
[46] 蒋煜峰，王学彤，吴明红，等. 上海农村及郊区土壤中 PCBs 污染特征及来源研究［J］，农业环境科学学报，2010，29（5）：899-903.
[47] 林玉锁. 我国目前土壤污染治理工作的进展情况.
[48] 贺艳，我国农村土壤污染防治立法研究［D］，东北林业大学硕士学位论文，2015.
[49] 樊凯. 中国农用地土壤污染防治法律制度研究［D］. 西北农业科技大学，2018.
[50] 陈卫平，谢天，李笑诺，等. 欧美发达国家场地土壤污染防治技术体系概述［J］，土壤学报，2018，55（3）：527-541.
[51] 陈卫平，谢天，李笑诺，等. 中国土壤污染防治技术体系建设思考［J］，土壤学报，2018，55（3）：557-567.
[52] 臧文超，丁文娟，张俊丽，等. 发达国家和地区污染场地法律制度体系及启示［J］. 环境保护科学，2016，42（4）：1-5.
[53] 杨纶标，高英仪. 模糊数学原理及应用［M］. 广州：华南理工大学出版社，2002：129-156.
[54] 舒英格，叶春芳，何腾兵，等. 乌当区羊昌镇农用地土壤环境质量模糊评价［J］. 山地农业生物学报，2007，26（3）：228-232.
[55] Hakanson L. An ecological risk index for aquatic pollution control：A sedimentological approach［J］. Water Research，1980，14（8）：975-1001.
[56] 范拴喜，甘卓亭，李美娟，等. 土壤重金属污染评价方法进展［J］. 中国农学通报，2010，26（17）：310-315.
[57] 徐争启，倪师军，张成江，等. 应用污染负荷指数法评价攀枝花地区金沙江水系沉积物中的重金属［J］. 四川环境，2004，23（3）：64-67.
[58] 王晓蓉，郭红岩，林仁漳，等. 污染土壤修复中应关注的几个问题［J］. 农业环境科学学报，2006，25（2）：277-280.
[59] 龙新宪，杨肖娥，倪吾钟. 重金属污染土壤修复技术研究的现状与展望［J］. 应用生态学报，2002，13（6）：757-762.
[60] 何文清，严昌荣，赵彩霞，等. 我国地膜应用污染现状及其防治途径研究［J］. 农业环境科学学报，2009，28（3）：533-538.
[61] 马辉，梅旭荣，严昌荣，等. 华北典型农区棉田土壤中地膜残留点研究［J］. 农业环境科学学报，2008，27（2）：570-573.
[62] 沈燕，封超年，范琦，等. 苏中地区小麦籽粒和土壤中有机磷农药残留分析［J］. 扬州大学学报（农业与生命科学版），2004，25（4）：30-34.
[63] 史双昕，周丽，邵丁丁，等. 北京地区土壤中有机氯农药类 POPs 残留状况研究［J］. 环境科学研究，2007，20（1）：20-29.
[64] 滕应，郑茂坤，骆永明，等. 长江三角洲典型地区农田土壤多氯联苯空间分布特征［J］. 环境科学，2008，29（12）：3477-3482.
[65] 张慧敏，章明奎，顾国平. 浙北地区畜禽粪便和农田土壤中四环素类抗生素残留［J］. 生态与农村环境学报，2008，24（3）：69-73.

[66] 张劲强，董元华，安琼，等．不同种植方式下土壤和蔬菜中氨基甲酸酯类农药残留状况研究［J］．土壤学报，2006，43（5）：772-779.

[67] 周启星，王美娥，范飞，等．人工合成麝香的环境污染、生态行为与毒理效应研究进展［J］．环境科学学报，2008（1）：1-11.

[68] WILSON S C，JONES K C. Bioremediation of soil contaminated with polynuclear aromatic hydrocarbons（PAHs）：A review［J］. Environmental Pollution，1993，81（3）：229-249.

[69] 张弛，顾震宇，龙於洋，等．多氯联苯污染土壤植物修复的机理、遗传缺陷及转基因技术［J］．核农学报，2012，26（7）：1094-1099.

[70] 陈坚．环境生物技术［M］．北京：中国轻工业出版社，2000.

[71] 周启星，宋玉芳．污染土壤修复原理与方法［M］．北京：科学出版社，2004.

[72] Lee D H，Cody R D，Kim D J. Surfactant recycling by solvent extraction in surfactant aided remediation［J］. Separation and PurificationTechnology，2002，27（1）：77-82.

[73] Chu W，Kwan C Y. Remediation of contaminated soil by a solvent/surfactant system［J］. Chemosphere，2003，53（1）：9-15.

[74] Sahle-Demessie E，Richardson T. Cleaning uppesticide contaminated soils：Comparing effectiveness of supercritical fluid extraction with solvent extraction and low temperature thermal desorption［J］. Environmental Econology，2000，21（4）：447-456.

[75] 孙铁珩，周启星，李培军．污染生态学［M］．北京：科学出版社，2001.

[76] 周启星．污染土地就地修复技术研究进展及展望［J］．污染防治技术，1998，11（4）：207-211.

[77] 巩宗强，李培军，台培东，等．污染土壤的淋洗法修复研究进展［J］．环境污染治理技术与设备，2002，3（7）：45-50.

[78] 武晓风，唐杰，藤间幸久．土壤、地下水中有机污染物的就地处置［J］．环境污染治理技术与设备，2000，1（4）：46-51.

[79] O' Shaughnessy J C，Blanc F C. Aqueous solvent removal of contaminants from soils［M］// Donald L Wise，Debra J Trantolo，eds. Remediation engineering of contaminated soil，NewYork：Marcel Dekker Inc，2000.

[80] Yin Y J，Allen H E. Insitu chemical treatment. TE-99-01，Prepared for Ground- water Remediation Technologies Analysis Center（GWRTAC）. 1999

[81] Guo G L，Zhou Q X，Ma L Q. Availability and assessment of fixing additives for the in situ remediation of heavy metal contaminated soils：A review［J］. Environmental Monitoring and Assessment，2006，116（1/3）：513-528.

[82] Guo G L，Zhou Q X，Ma L Q. Availability and assessment of fixing additives for the in situ remediation of heavy metal contaminated soils：A review［J］. Environmental Monitoring and Assessment，2006，116（1/3）：513-528.

[83] Tessier A，Campbell P G C，Bisson M. Sequential extraction procedure for the speciation of particulate trace metals［J］. Analytical Chemistry，1979，51（8）：844-851.

[84] 刘祥英，乌阵腊梅，柏连阳，等．TiO_2光催化降解农药研究新进展［J］．中国农学通报，2010，26（12）：203-208.

[85] Page M M, Page C L. Electroremediation of contaminated soils [J]. Journal of Environmental Engineering, 2002, 128 (3): 208-219.

[86] Jurate V, Mika S, Petri L. Electrokinetic soil remediation-critical overview [J]. The Science of the Total Environment, 2002, 289: 97-121.

[87] 徐小希，陈胡星，刘浩，等. 水泥基材料对铬污染土壤的固化/稳定化研究 [J]. 材料导报，2012，26 (9): 132.

[88] Malviya R, Chaudhary R. Leaching behavior and immobilization of heavy metals in solidified/stabilized products [J]. Journal of Hazardous Materials, 2006, 137: 207-217.

[89] Du Yan-Jun, Jiang Ning-Jun, Shen Shui-Long, et al. Experimental investigation of influence of acid rain on leaching and hydraulic characteristics of cement-based solidified/stab ilized lead contaminated clay [J]. Journal of Hazardous Materials, 2012 (225-226): 195-201.

[90] Rabindra Bade, Sanghwa Oh, Won SikShin. Assessment of metal bio-availability in smelter-contaminated soil before and after lime amendment [J]. Ecotoxicology and Environmental Safety, 2012, 80: 299-307.

[91] 甘文君，何跃，张孝飞，等. 秸秆生物炭修复电镀厂污染土壤的效果和作用机理初探 [J]. 生态与农村环境学报，2012，28 (3): 305-309.

[92] Myoung SooKo, Ju Yong Kim, Sunbeak Bang, et al. Stabilization of the As contaminated soil from the metal mining are asin Korea [J]. Environ Geochem Health, 2012, (34): 143-149.

[93] 殷甫祥，张胜田，赵欣，等. 气相抽提法 (SVE) 去除土壤中挥发性有机污染物的试验研 [J]. 环境科学，2011，32 (5): 1454-1461.

[96] Khan F I, Husain T, Hejazi R. An overview and analysis of site remediation technologie [J]. Journal of Environmental Management, 2004, 71 (2): 95-122.

[97] Albergaria J T, Da A F M, Delerue-Matos C. Remediation efficiency of vapour extraction of sandy soils contaminated with cyclohexane: Influence of air flow rate, water and natural organic matter content [J]. Environmental Pollution, 2006, 143 (1): 146-152.

[98] Høier C K, Sonnenborg T O, Jensen K H, et al. Experimental investigation of pneumatic soil vapor extraction [J]. Journal of Contaminant Hydrology, 2007, 89 (1): 29-47.

[99] 王庆仁，刘秀梅，崔岩山，等. 土壤与水体有机污染的生物修复及其应用研究进展 [J]. 生态学报，2001，21 (1): 159-163.

[100] 滕应，骆永明，李振高. 污染土壤的微生物修复原理与技术进展 [J]. 土壤，2007，39 (4): 497-502.

[101] 喻龙，龙江平，李建军，等. 生物修复技术研究进展及在滨海湿地中的应用 [J]. 海洋科学进展，2002，20 (4): 99-108.

[102] 贺永华，胡立芳，沈东升，等. 污染环境生物修复技术研究进展 [J]. 科技通报，2007，23 (2): 271-276.

[103] 张锡辉. 高等环境化学与微生物学原理及应用 [M]. 北京：化学工业出版社，2001.

[104] 沈德中. 污染环境的生物修复 [M]. 北京：化学工业出版社，2002.

[105] 马文漪，杨柳燕. 环境微生物工程 [M]. 南京：南京大学出版社，1998.

[106] 刘世亮，骆永明，丁克强，等. 苯并 [a] 芘污染土壤的丛枝菌根真菌强化植物修复作

用研究［J］. 土壤学报，2004，41（3）：336-342.
［107］沈振国，陈怀满．土壤重金属污染生物修复的研究进展［J］. 农村生态环境，2000，16（2）：39-44.
［108］李凌．生物修复技术研究进展［J］. 企业家天地，2010（5）：66-67.
［109］徐磊辉，黄巧云，陈雯莉．环境重金属污染的细菌修复与检测［J］. 应用与环境生物学报，2004，10（2）：256-262.
［110］李飞宇．土壤重金属污染的生物修复技术［J］. 环境科学与技术，2011，34（S2）：148-151.
［111］刘世亮，骆永明，曹志洪，等．多环芳烃污染土壤的微生物与植物联合修复研究进展［J］. 土壤，2002，34（5）：257-265.
［112］金国贤，张莘民．植物根圈污染生态研究进展［J］. 农村生态环境，2000，16（3）：46-50.
［113］李法云，曲向荣，吴龙华．污染土壤生物修复理论基础与技术［M］. 北京：化学工业出版社，2006：55-63.
［114］骆永明．污染土壤修复技术研究现状与趋势［J］. 化学进展，2009，21（2/3）：558-565.
［115］戴树桂，等．污染土壤的植物修复技术［J］. 上海环境科学，1998，17（9）：25-31.
［116］周泽义．中国蔬菜重金属污染及控制［J］. 资源生态环境网络研究动态，1999，10（3）：21-27.
［117］张继先．治理畜牧业环境污染的生态保护对策［J］. 畜牧兽医科技信息，2004（3）：13-14.
［118］郭荣君，李世东，章力建，等．土壤农药污染与生物修复研究进展［J］. 中国生物防治，2005（3）：129-135.
［119］王一华，傅荣恕．辛硫磷农药对土壤螨类影响的研究［J］. 山东师范大学学报（自然科学版），2003（4）：72-75.
［120］张薇，宋玉芳，孙铁珩，等．土壤线虫对环境污染的指示作用［J］. 应用生态学报，2004（10）：1973-1978.
［121］王冲，郑冬梅，冀竣玲，等．蚯蚓脂肪及其在抗菌物理屏障中的作用［J］. 农业环境科学学报，2005（4）：732 -736.
［122］Sandermann H Jr. Plant metabolism of xenobiotics［J］. T rends Biocem Sci，1992，17：82-84.
［123］Scragg A. Environmental Biotechnology［M］. Beijing：World Books Press，2000.
［124］Schwitzguébel J P，Comino E，Plata N，et al. Is phyto remediation a sustainable and reliable approach to clean-up contaminated water and soil in Alpine areas?［J］. Environ. Sci. Pollut. Res，2011，18（6）：842-856.
［125］Yi H，Crowley D E. Biostimulation of PAH degradation with plants containing high concentrations of linoleic acid［J］. Environ. Sci. Technol.，2007，41（12）：4382-4388.
［126］Sundin P，Valeur A，Olsson S，et al. Interactions between bacteria-feeding nematodes and bacteria in the rape rhizosphere：Effects on root exudation and distribution of bacteria［J］.

FEMS Microbiol. Lett. , 1990, 73 (1): 13-22.

[127] Edwards C A. The use of earthworms in processing organic wastes into plant growth media and animal feed protein [M]//Edwards C A, Arancon N Q, Sherman R, ed. Vermiculture Technology-Earchworms, Orgainc Wastes, and Environmental Management, Boca Raton/London/New York: CRC Press/Taylor & Francis Group, 2004: 327.

[128] Khan S, Cao Q, Zheng Y M, et al. Health risks of heavy metals in contaminated soils and food crops irrigated with wastewater in Beijing [J]. China Environ. Pollut. , 2008, 152 (3): 686-692.

[129] Rajkumar M, Sandhya S, Prasad M N V, et al. Perspectives of plant-associated microbes in heavy metal phytoremediation [J]. Biotechnol. Adv. , 2012, 30 (6): 1562-1574.

[130] Yang Q, Tu S, Wang G, et al. Effectiveness of applying arsenate reducing bacteria to enhance arsenic removal from polluted soils by Pteris vittata L [J]. Int J Phytoremediat, 2012, 14 (1): 89-99.

[131] Glick B R. Using soil bacteria to facilitate phytoremediation [J]. Biotechnol. Adv. , 2010, 28 (3): 367-374.

[132] Babu A G, Reddy M S. Dual inoculation of arbuscular mycorrhizal and phosphate solubilizing fungi contributes in sustainable maintenance of plant health in fly ash ponds [J]. Water Air Soil Pollut. , 2011, 219 (1/4): 3-10.

[133] Leyval C, Binet P. Effect of poluaromatic hydrocarbons in soil on arbuscular mycorrhizal plants [J]. J Environ. Qual. , 1998, 27: 402-407.

[134] Mars A E, Kingma J, Kaschabek S R, et al. Conversion of 3-chloro catechol by various catechol 2, 3-dioxygenases and sequence analysis of the chloro catechol dioxygenase region of Pseudomonas putida GJ31 [J]. J Bacterial, 1999, 181: 1309-1318.

[135] Cerniglia C E. Biodegradation of polycyclic aromatic hydrocarbons [J]. Biodegradation, 1992, 3 (2/3): 351-368.

[136] Rohan G C, Richard D B. How changes in soil faunal diversity and composition within a-trophic group influencede composition processes [J]. Soil Biology & Biochemistry, 2001, 33: 2073-2081.

[137] Aresta M, Dibenedetto A, Fragale C, et al. Thermal desorption of poly chloro biphenyls from contaminated soils and their hydrode chlorination using Pd and Ph supported catalysts [J]. Chemosphere, 2008, 70 (6): 1052-1058.

[138] Song Y F, Jing X, Fleischmann S, et al. Comparative study of extraction methods for the determination of PAHs from contaminated soils and sediments [J]. Chemosphere, 2002, 48 (9): 993-1001.

[139] 张文，李建兵，韩有定，等. 超声波净化石油污染土壤试验研究 [J]. 环境工程学报，2010，4 (4): 941-944.

[140] 束善治，袁勇. 污染地下水原位处理方法：可渗透反应墙 [J]. 环境污染治理技术与设备，2002，3 (1): 47-51.

[141] Beitinger E. Permeable treatment walls-design, construction and cost. NATO/CCMS pilot

study1998. Special Section, Treatment Walls and Permeable Reactive Barriers, U. S. EPA-542-R-98-003, 1998 ,(229):6-16.

[142] Yamane C L, Warmer S D, Gallinati J D, et al. Installation of a subsurface groundwater treatment wall composed of granular zero-valentiron [C]//Proceedings of 209th ACS National Meeting, Anaheim, CA, 1995: 792-795.

[143] 李栋，孙午阳，谷庆宝，等. 植物修复及重金属在植物体内形态分析综述 [J]. 环境污染与防治，2017，39 (11)：1256-1263；

[144] 黄明煜，章家恩，全国明，等. 土壤重金属的超富集植物研发利用现状及应用入侵植物修复的前景综述 [J]. 生态科学，2018，37 (3)：194-203.

[145] 郑黎明，袁静. 重金属污染土壤植物修复技术及其强化措施 [J]. 环境科技，2017，30 (1)：75-78.

[146] 王连成，涂文军. 植物生态修复机理及其应用分析 [J]. 园林与景观设计.

[147] 杜俊杰. 植物修复复合污染土壤的影响因素及与纳米材料的交互作用 [D]. 天津：南开大学博士学位论文，2015.

[148] 陈科皓. 我国农用地土壤污染现状及安全保障措施 [J]. 农村经济与科技，2017，28 (23) (总第427期)：7-8.

[149] 徐奕，梁学峰，彭亮，等. 农田土壤重金属污染黏土矿物钝化修复研究进展 [J]. 山东农业科学，2017，49 (2)：156-162，167.

[150] 孙良臣. 重金属污染土壤原位钝化稳定性研究 [D]. 山东：山东师范大学硕士学位论文，2015.

[151] 任凌伟. 典型矿物材料钝化修复重金属污染农田土壤的作用及机理研究 [D]. 杭州：浙江大学硕士学位论文，2017.

[152] 袁毳，雷鸣. 重金属污染土壤化学修复后的农业安全利用的评估体系 [J]. 广东化工，2017，44 (7)：138-140.

[153] 曹心德，魏晓欣，代革联，等. 土壤重金属复合污染及其化学钝化修复技术研究进展 [J]. 环境工程学报，2011，5 (7)：1441-1450.

[154] 杨丽阎，王倩. 从环境公害解决方案到国家重金属污染对策制度建立——日本痛痛病事件解决启示 [C]//中国环境科学学会环境规划专业委员会2013年学术年会会议论文集 第三篇 规划实施、评估与经验借鉴，2013.